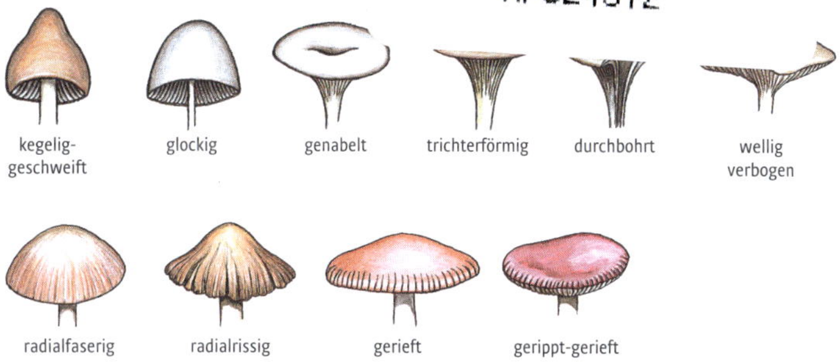

Ring - oder Ringzone als Reste einer Teilhülle

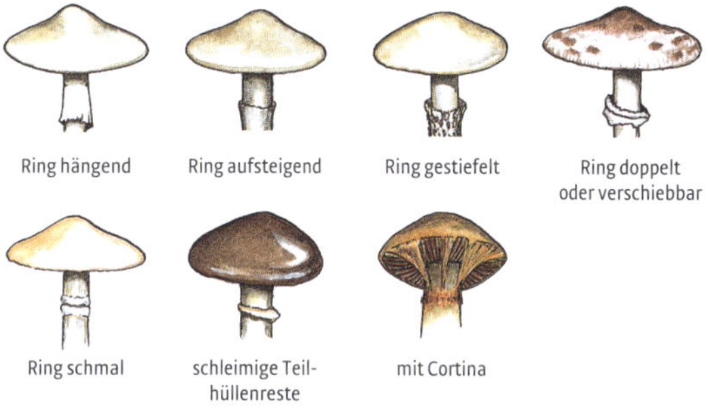

Lamellenansatz

Hutfleisch im Verhältnis zur Lamellenbreite

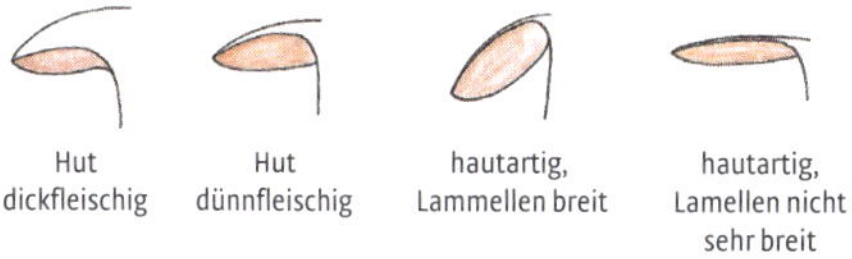

Lamellenscheide

Das 1 mal 1 auf einen Blick

WALTER PÄTZOLD · HANS E. LAUX

1 x 1 des PILZE sammelns

NIKOL VERLAG

Gewusst wann und wo

Vor Ihnen liegt ein Pilzbuch für Einsteiger, das Ihnen einen neuen, einfachen und sicheren Weg zum Pilzekennenlernen und -sammeln eröffnen möchte.
Anders als zumeist in bisherigen Anleitungen zum Kennenlernen, Sammeln und Verwerten von Pilzen beginnt dieses Buch nicht sofort mit den allgemein anerkannten Bestimmungsmerkmalen, den unterschiedlichen Verwechslungsmöglichkeiten, der Verwertung und der Vergiftungsproblematik. Schließlich müssen Sie Ihrer Beute ja erst mal habhaft werden. Deshalb lesen Sie in diesem Buch zuerst, wo sich zu welcher Jahreszeit und bei welcher Witterung die Suche überhaupt lohnen kann.
Wenn Sie dann mit dem „Gewusst wann und wo" ausgestattet auf die Suche gehen und fündig werden, sollten Sie versuchen, ganz langsam mit diesen mystischen kleinen Wichteln, genannt „Pilze", Bekanntschaft zu machen und – ich bin mir sicher – auch Freundschaft zu schließen. Bei sorgfältiger Betrachtung werden Ihnen die Unterschiede von Art zu Art, aber auch die Unterschiede von Einzelpilz zu Einzelpilz der gleichen Art auffallen. Was sind aber nun trennende Merkmale verschiedener Arten und was sind zufällige, individuelle Merkmale, wie etwa das Alter oder die Haar- oder Hautfarbe von Menschen, die ja unbestritten alle zu einer Art gehören? Dies zu ergründen dauert eine Weile und es ist ein schönes Gefühl, wenn einem beim Studium der Pilze Schlag auf Schlag ein Licht nach dem anderen aufgeht. Da kommen innerhalb weniger Jahre zig, ja vielleicht hunderte verschiedene Arten zusammen.
Auf Arten, das ist beruhigend, kann man sich verlassen. Eine Art, in gutem Zustand als essbar erkannt, ist gekocht oder gebraten immer essbar und eine giftige Pilzart ist immer giftig, auch wenn nicht alle Giftpilze gleich so verheerende Wirkung haben müssen wie etwa manche tödlich giftigen Knollenblätterpilze oder Schleierlinge.
Alsbald ist es ein Genuss, beim Waldspaziergang, auf der Liegewiese im Schwimmbad, an der Allee oder im nahen Park einen um den anderen „alten Bekannten" zu treffen; den Pilzen schon auf einige Meter Entfernung einen richtigen Namen geben zu können, weil man sie eben kennt. Wenn man sie dann als essbar erkennt und der ausreichend saubere Fundort das Einsammeln erlaubt, setzt sich dieser Genuss über die Zubereitung auf Zunge und Gaumen fort. Und dieses stolze Gefühl „selbst gefangen – gut geschmeckt" kann Tage anhalten.
Genießen Sie es aber auch, einfach mit ganz anderen, wacheren Augen die umgebende Natur zu betrachten und durch mehr Kenntnis mehr Einklang mit der Natur zu erfahren.
Fühlen Sie sich wie vom alten Großvater, Apotheker oder Oberförster (die Alten kannten meist noch Pilze) ein wenig an die Hand genommen und gehen Sie mit mir, mit diesem Buch, durch Wald und Flur. Entdecken Sie ebenso alte Bekannte wie neue Zusammenhänge, ein Sonntags- oder Festtagsmahl und manchmal auch ein Kleinod von besonderer Schönheit oder Seltenheit. Sie werden von einem gelben Falten-Schirmling im Blumentopf neben der Yucca genauso begeistert sein wie von einem Dreipfünder-Steinpilz, fast ohne Maden, oder einem Saftling auf der Herbstwiese, der der schönsten Orchidee die Schau stiehlt.

Walter W.A. Pätzold
Hornberg

Zu diesem Buch

Auf den folgenden Seiten finden Sie zunächst einmal eine Einteilung der **Landschaften und Lebensräume.** Es ist etwas völlig Verschiedenes, in einem Laubwald mit kalkhaltigem Untergrund oder in einem sauren Nadelwald auf Pilzpirsch zu gehen. Die Pilzarten in beiden Gebieten sind völlig verschieden. Noch viel unterschiedlicher sind die eingeschränkten Bedingungen, z. B. einer Straßenallee, die aber wenigstens noch Bäume hat, gegenüber einem baumlosen, kahlen Feld. Jedes Umfeld hat eben „seine" Pilze.

Welche Pilze wo überhaupt existieren können, lernen wir über die typischen **Lebensweisen** als Symbiosepartner, Fäulnisbewohner (= Folgezersetzer) oder Schwächeparasit. Etwas über die Lebensweise von Pilzen zu wissen, heißt, sie sich vertraut zu machen, sie verstehen zu lernen.

Das richtige **Sammeln** ist eine Voraussetzung sowohl für das erfolgreiche Bestimmen als auch für den uneingeschränkten Genuss sicher erkannter Speisepilze. Mit Grausen denke ich an Kindertage, wo ich stundenlang alle winzigen und winzigsten Pfifferlinge ausgerissen habe, mühselig von Sand, Erde und Moos befreite, um dann einen ebenso kleinen wie zweifelhaften, zwischen den Zähnen knirschenden Genuss zu verspüren. Selber sammeln, selber putzen sind pädagogisch sehr wertvolle Maßnahmen. Für die Bestimmung mitgenommene Pilzarten sollten immer aus einer Kollektion, das heißt aus zwei/drei unterschiedlich alten Exemplaren bestehen und immer mit ganzer Basis gesammelt worden sein.

Die **Bestimmungsarbeit** nach Großgruppen, wie auf der hinteren Umschlagklappe dargestellt, mag für den Anfang zu gewissen Erfolgen führen. Je tiefer man jedoch in die Pilzkunde eindringt, desto notwendiger erscheint dann aber doch die Benutzung zumindest eines einfachen Schlüssels, wie er hier erstmals vorgelegt wird (ab S. 272).

Die **Artenauswahl** wurde sowohl nach essbar und giftig als auch nach häufig und selten in einer ausgewogenen Mischung getroffen. Sicher wird der eine oder andere fragen: „Und warum ist der ... nicht drin?" Es sind eben nur 190 verschiedene Arten abgebildet und noch mal etwa so viele erwähnt. Das sind kaum 10 % der tatsächlich in Mitteleuropa vorkommenden Arten, aber es sind aus jeder wichtigen Gattung eine oder mehrere Arten berücksichtigt. Damit ist das vorliegende Buch auch ein Türöffner für tiefer gehende pilzkundliche Studien, denn es leitet schwerpunktmäßig zum Verstehen von Zusammenhängen, Ähnlichkeiten und Verwandtschaften an.

Zur **Verwertung**: Es gab und gibt immer wieder Kochbücher zum Thema, aber nur wenige davon sind wirkliche Pilzkochbücher. In einigen Fällen kann man sich des Eindrucks nicht erwehren, dass nur immer mal an Stelle von Gemüse oder geschnetzeltem Fleisch „Pilze" hingeschrieben wurde.

In diesem Buch soll nicht auf spezielle und immer wieder verblüffende Gourmet-Rezepte eingegangen werden. Stattdessen wird alles Wichtige bezüglich Lagerung, Zubereitung und Konservierung und vor allem der Vermeidbarkeit wesentlicher Fehler beschrieben.

Sollten Sie nach Studium und Gebrauch des Buches Lust auf noch mehr Pilzkunde bekommen haben, finden Sie eine ausgewogene Liste weiterführender Literatur zu zahlreichen Themen über Pilze wie Pilzgifte, Mikroskopie und Zubereitung im Innenteil (S. 77).

Welcher Pilz ist das?

Zum Gebrauch des Bestimmungsschlüssels

Der folgende Schlüssel ist weder wissenschaftlich aufgebaut, noch hat er den Anspruch, alle bei uns in der Natur vorkommenden Pilze zu berücksichtigen. Er ist dazu gedacht, Ihnen die Orientierung zum Erkennen und Wiedererkennen der häufigsten Pilzgattungen und typischer Arten daraus zu erleichtern.
Dabei werden Sie zumeist zu einer kleinen Gruppe in Frage kommender Arten oder einer speziellen Art geführt. Sind „Ihre Pilze" nicht dabei, kann es sich um besonders untypische Exemplare oder, obwohl Sie in der richtigen Gattung gelandet sind, um im Bildteil (ab S. 80) nicht berücksichtigte Arten handeln. Für diesen Fall nehmen Sie ein umfangreicheres Bildwerk, z. B. „Der große Kosmos Pilzführer" von Herrn Hans E. Laux, zur Hand und schauen unter der entsprechenden Gattung nach, ob „Ihr" Pilz abgebildet und übereinstimmend beschrieben ist.
Wichtig: Es gibt eine Reihe großer, unübersichtlicher Pilzgruppen (Gattungen), in denen, bis auf wenige Ausnahmen, die einzelnen Arten ohne mikroskopische Hilfe nicht zu unterscheiden sind (z.B. Risspilze, Rötlinge, usw.).

Wie benutze ich den Schlüssel?

1. Der Schlüssel „fragt" mit einer Hauptziffer (z.B. **1**.1, **1**.2) Möglichkeiten ab, die für die vor Ihnen liegenden Pilze zutreffen oder nicht. Nicht zutreffende Merkmalskombinationen werden abgelehnt, denn eine der Möglichkeiten muss zutreffen, oder Sie haben etwas derart Besonderes gefunden, dass es nicht in diesem Buch berücksichtigt wird. Bei zutreffender Merkmalskombination werden Sie zu einer folgenden Hauptziffer mit weiteren Möglichkeiten oder zu einem weiteren Teilschlüssel (grün unterlegt) und schließlich zu einem Ergebnis geführt (Gattungs-Seitenverweise sind gelb unterlegt, rechts neben dem zutreffenden Text). Wird z.B. auf eine **2** weiterverwiesen, prüfen Sie die Möglichkeiten unter **2**.1 und **2**.2 auf Zustimmigkeit usw.
2. Lesen Sie immer, wenn mehrere Möglichkeiten angeboten werden, alle durch. Wenn die erste oder dritte Möglichkeit einigermaßen passt, kann vielleicht die zweite oder vierte Möglichkeit in einer Hauptzifferngruppe erst die sein, die wirklich hundertprozentig zutrifft.
3. Achten Sie genau darauf, dass bei Aufzählungen alle Merkmale zutreffen müssen. Erst dann liegen Sie richtig.
4. Sind Alternativen aufgezählt, können alle aufgezählten Merkmale zutreffen, dann gilt das „oder" z. B. „zumeist auf der Unterseite von Pilzhüten, Konsolen oder fächer- bis tütenförmigen Fruchtkörpern", dann dürfen die Fruchtkörper in Hut und Stiel gegliedert, tütenförmig oder wie Konsolen gestaltet sein.
5. Bei jeder Schlüsselnummer finden Sie in Klammern die Stelle, von der Sie gerade kommen. Sollten Sie sich also „verrannt" haben, folgen Sie den in Klammern gesetzten Nummern rückwärts, bis Sie wieder an einer Stelle sind, wo noch alles stimmte.
6. Haben Sie sich einmal ein längeres Stück „verlaufen", sind „Notbremsen" eingebaut (rote Pfeile), die Sie wieder zurück auf den richtigen Pfad bringen.
7. Die wichtigsten Merkmale und grundsätzlichen anatomischen Unterschiede der Pilzfruchtkörper sind in Skizzen und Zeichnungen dargestellt.
Sollten Sie in diesem Schlüssel, der Ihnen in sonst kaum erreichter Weise das genaue Hinschauen vermittelt, Fehler entdecken, sind Verlag und Autor für Ihre Hinweise zur Verbesserung einer Nachauflage dankbar.

Wo und wann finde ich Pilze?

Gute Sammelorte und Sammelzeiten

Das „Wo“ und „Wann“ sind die Fragen aller Fragen, um das Hobby Pilzesammeln erfolgreich zu gestalten. Viele Einzelfaktoren beeinflussen diese beiden Parameter, und ich muss gestehen, dass ich immer wieder von plötzlichem, zu dieser Zeit, an jenem Ort und in solcher Menge auftauchendem Pilzreichtum überrascht werde. Einige Einzelfaktoren, die sich im Normalfall aber auch für Sie zu diesem geheimnisvollen Gesamtbild „Der riecht die Pilze“ zusammensetzen können, werden im Folgenden anhand von Landschaftstypen, Lebensweisen der Pilze und Klimaverhältnissen zusammengetragen.

Zunächst wollen wir einige grundsätzliche Bedingungen wie **Wetter** und **Jahreszeit** betrachten.

„Pilze sammelt man im Herbst nach einem Gewitter.“ So habe ich das von meinen Eltern gelernt. Und wenn es kein Gewitter, aber viele Pilze gab, oder im Juni schon das Moos unter den Buchen und Eichen wie gespickt voll mit kleinen Pfifferlingen war, habe ich als Kind meinen Vater genervt. Trotzdem steckt in dieser verallgemeinernden Regel der Eltern viel Wahrheit: Die meisten ansehnlichen Speise- und größeren Giftpilze wachsen tatsächlich im Herbst und mit dem Gewitter hat es auch seine Bewandtnis.

Pilzfruchtkörper wachsen hauptsächlich durch Flüssigkeitsaufnahme und damit einhergehende Zellstreckung. Dazu brauchen sie eine gewisse **Luftfeuchtigkeit**. „Pilze mögen es feucht“ bedeutet also nicht viel Regen, sondern eben diese hohe Luftfeuchtigkeit, und die ist z. B. in der abgekühlten Luft nach einem Gewitter garantiert. Die höchste Tagesluftfeuchtigkeit herrscht übrigens ohne besondere Wetterereignisse in den Morgenstunden, so irgendwann zwischen 2:00 und 6:00 Uhr morgens. Schon haben wir den Wahrheitshintergrund für eine andere Volksweisheit „Pilze wachsen über Nacht“, erkannt. Halten wir also fest, dass Tage und Wochen

hoher Luftfeuchtigkeit das Finderglück positiv beeinflussen und demgegenüber Wind oder Zugluft und trockene Wärme oder Kälte schädlich für das Wachstum von Pilzfruchtkörpern sind.
Natürlich bedarf es auch einer gewissen **Bodenfeuchtigkeit**, damit sich das Pilzgeflecht (Myzel) in Erde, Holz oder Rohhumus kräftig entwickelt und die kleinen Anfangsknöpfchen (Primordien) von Pilzfruchtkörpern überhaupt entstehen können. Aber es kann beim Gewitter noch so schütten, wenn es die Tage darauf wieder heiß und trocken ist und selbst an geschützten Stellen kein Morgentau entsteht, können die kleinen Knöpfchen nicht weiterwachsen und man wird kaum Pilze finden. Kühlt es ab, bleibt windstill und ist es die nächsten Tage eher bedeckt, dann stehen die Chancen gut.
Regenfeuchtigkeit (keine starke Nässe!) und eine gewisse **Wärme** bedingen also das Pilzwachstum, **hohe Luftfeuchtigkeit** und **kühlere Temperaturen** begleiten es.
Zu welcher Jahreszeit welche Pilzarten wachsen, ist, wie aus den Klimabetrachtungen hervorgeht, oft von Jahr zu Jahr etwas verschoben. Dennoch gibt es (manchmal zwei oder drei) **Hauptwachstumszeiten**. Diese spiegeln sich in manchen Pilznamen wieder, wie etwa Winter-Rübling, März-Schneckling, Frühjahrs-Lorchel, Maimorchel, Sommer-Steinpilz (S. 81), Herbstblattl (S. 187), Frost-Schneckling (S. 189) usw.
In diesem Buch finden Sie im Artenkapitel (ab S. 78/79) bei jeder vorgestellten Art eine **Monatsleiste** von Januar bis Dezember am Rand, in der die Monate dunkler unterlegt sind, in denen der jeweilige Pilz zu erwarten ist. Der dunkelste Farbton kennzeichnet die Monate mit der Hauptwachstumszeit des Pilzes. Der etwas hellere Farbton markiert die Monate, in denen die Art ebenfalls vorkommen kann.

Im Flachland, in wärmeren und in niederschlagsarmen Regionen des deutschsprachigen Raumes kann ich bei Frühjahrspilzen schon ein früheres und bei Herbstpilzen noch ein späteres Wachstum erwarten, derweil dort der Sommer und der Frühherbst oft enttäuschend pilzarm sind. **Im Gebirge** verdichtet sich das Herbstwachstum im frostarmen September/Oktober und setzt oft schon im August oder gar im Juli ein.
Der **pH-Wert des Bodens** spielt auch eine große Rolle für das Pilzwachstum. Basenreiche Böden, z. B. der Jura von Schwäbischer Alb und Teutoburger Wald, lassen gegenüber sauren Silikatböden, z. B. Westschwarzwald und Bayerischer Wald/Erzgebirge, meist ein verspätetes, oft aber umso artenreicheres Herbstwachstum erwarten.
Nach so viel „Wetter-" und „Bodenkunde" nichts wie raus in den Wald.

Ein schöner Fund und was dahinter steckt Die Krause Glucke (S. 229) ist unweigerlich an die Kiefer gebunden. Sie wächst dort jedoch als Schwächeparasit. Das Pilzgeflecht dieser Art wuchert mehrere Meter hoch, für uns unsichtbar, im Stammholz des von außen gesund erscheinenden Baumes. In Wirklichkeit wird das Stammholz vom Pilzgeflecht zerfressen und würfelig. Die Holznahrung, die das Pilzgeflecht dort aufnimmt, wird draußen, scheinbar aus der Erde wachsend, in für uns schmackhafte Pilzfruchtkörper mit Namen „Krause Glucke" umgewandelt. Man darf, wenn die Witterung es zulässt, Jahr für Jahr frische Fruchtkörper erwarten. Dass nur halb abgeschnittene Fruchtkörper infolge der Teilernte weiterwachsen, ist ein Gerücht. Entweder wächst der Pilz sowieso weiter (und der abgeschnittene dann scheinbar neu) oder man muss bis zur nächsten Fruktifikation (Fruchtkörperbildung) warten.

Im sauren Nadelwald

- **Fichten- und Kiefernforste** evtl. mit Douglasie, Weißtanne oder sogar ein paar Laubbäumen durchmischt
- **Strauchschicht** mit Heidelbeere
- **Krautschicht** mit Drahtschmiele, Frauenhaar oder Torfmoos
- **Charakterpilz** Trompeten-Pfifferling (S. 220)

Welche Bäume wachsen in diesem Wald? Bei saurem Nadelwald handelt es sich im Süden und Südwesten Deutschlands meistens um forstlich angelegte Fichtenwälder. Kiefernforste sind mehr im Norden, im Raum Berlin und im Nordosten charakteristisch. Oft findet sich in den niederschlagsreicheren Gebieten des Südens eine gesunde Durchmischung mit Tannen. Besonders in Baden-Württemberg ist seit etwa 60 Jahren verstärkt die aus Nordamerika eingeführte Douglasie beigemischt oder sogar Haupt-Baumart. Europäische Lärchen aus dem Alpenraum oder japanische Lärchenarten, Weymouthskiefern und andere standortfremde Nadelbäume werden da und dort ebenfalls beigemischt. Selbst in als Reinkultur gepflanzten Fichtenschonungen, die im Alter von 7 bis 15 Jahren manchmal massenhaft von Fichten-Blutreizkern oder Steinpilzen gesäumt sein können, siedeln sich immer ein paar Laubbäume durch natürlichen Samenflug an. Meist handelt es sich um Birken-, Pappel- oder Weidenarten. Durch Lichtmangel gehen sie im Verlaufe der Jahre zurück und werden durch forstliche Eingriffe zusätzlich dezimiert. In der Nähe von Bachläufen finden sich fast immer zusätzlich ein paar Schwarzerlen.

Welche Sträucher kommen hier vor? Zumeist ist hier die Heidelbeere charakteristisch, an feuchten Stellen finden sich Faulbaumbüsche und an den tro-

ckenen Waldrändern Besenginster. Gelegentlich, besonders an sonnenexponierten Stellen, entweder ganz feucht oder ganz trocken an Extremstandorten, sind Preiselbeere und Rauschbeere anzutreffen.
Manchmal kann man an aus Lichtmangel aussichtslosen Stellen dicht am Grunde einer alten Fichte üppig ausschlagende Haselnusssträucher bestaunen. Hier hat ein – durch Vergesslichkeit oder ein Raubtier verursacht – liegen gebliebenes Eichhörnchendepot ausgekeimt.
Im Allgemeinen sind diese Wälder arm an Hochstauden. Auf Kahlschlägen oder Lichtungen kann man jedoch im Verbund mit Rotem und Schwarzem Holunder gelegentlich massenhafte Fingerhutbestände und Himbeeren bewundern.

Der Trompeten-Pfifferling ist eine Charakterart im sauren Nadelwald.

Wie sieht der Bewuchs am Boden aus? Die Krautschicht ist von Moosen, je nach Durchfeuchtung Besengabelzahnmoos, Frauenhaar- oder Torfmoosen, geprägt. Sind diese Wälder sehr dicht mit Bäumen bepflanzt, findet sich nur die reine Nadelstreu – meist kein gutes Milieu für Pilze. An trockeneren Stellen siedelt sich hier, sobald etwas mehr Licht einfällt, Drahtschmiele, ein ganz dünnes, ganz hartes Gras, an. Feuchtere Stellen sind eher mit Waldsimse, Dornfarn oder Adlerfarn bestückt.

Auf welchem Untergrund wächst dieser Wald? Böden mit Granit, Buntsandstein, Stubensandstein usw. als Gesteinsgrundlage reagieren meist sauer. Das bedeutet, dass wenig Calcium, Kalium, Magnesium oder Phosphor vorhanden ist. Entstehen dort helle Böden, sind sie meist sandig, körnig oder wie Grieß (grusig) und leicht wasserdurchlässig. Dunkle, selbst fast schwarze Böden sind hier auf wenig wasserdurchlässiger Gesteins- oder Tongrundlage anzutreffen.
Die für die Pilze ebenso wichtige Humusschicht entsteht aus den darüber wachsenden und absterbenden Pflanzen und Pflanzenteilen.

Ist dieser Wald ein guter Pilzwald? Wechseln sich Moose, Nadelstreuflecken, niederwüchsige Gräser, Heidelbeeren und niedrigere Sträucher kleinräumig ab, ist von einem guten Pilzwald auszugehen. Vorausgesetzt sind jedoch – gemischt oder in Monokultur – Fichte, Tanne und Kiefer als Hauptbaumarten in diesem Wald.

Speisepilze
- Maronen-Röhrling **S. 100**
- Sand-Röhrling **S. 98**
- Steinpilz **S. 80**
- Krause Glucke **S. 229**
- Kuhmaul **S. 103**
- Trompeten-Pfifferling **S. 220**

Keine Speisepilze
- Hörnlinge **S. 261**
- Gallen-Röhrling **S. 99**

Giftpilze
- Kegelhütiger Knollenblätterpilz **S. 114**
- Gift-Häubling **S. 147**

Giftpilze, die hier ausnahmsweise vorkommen
- Grüner Knollenblätterpilz **S. 113**

Speisepilze, die hier ausnahmsweise vorkommen
- Birkenpilze **S. 90/91**

Im sauren Laubwald

- **Buchen- oder Eichenwälder, nordisch geprägte Birkenwälder** an feuchten Stellen mit Schwarzerle und Weidenarten
- **Strauchschicht** mit Heidelbeere
- **Krautschicht** mit Hainsimsen, Ordenskissen- oder Torfmoos
- **Charakterpilze**
  Sommer-Steinpilz (S. 81), Grüner Knollenblätterpilz (S. 113)

Welche Bäume wachsen in diesem Wald? Ausgedehnte Laubwälder auf saurem Boden sind nur noch als Birkenwälder im Norden Europas ausgeprägt. Ansonsten handelt es sich um eher kleinparzellige Relikte von Eichen- und Buchenwäldern, die nicht der Beforstung mit Fichte zum Opfer gefallen sind. Viele Orts- und Gewann-Namen, wie Buchen, Buchberg, Buchklingen oder Büchereck, stehen noch in den Landkarten, aber in den Landschaften stehen Fichten.

Der auch in Fachbüchern als feststehender Begriff genannte saure Hainsimsen-Buchenwald ist weit weniger verbreitet, als sein natürliches Areal es zuließe. Die Artenvielfalt an Bäumen und damit an Partnern für Symbiosepilze ist dort meistens nicht sehr groß. Dennoch versucht sich die lichthungrige Schwarzerle in allen feuchteren Flächen in diesen Biotopen zu behaupten. An tiefgründigen und damit etwas nährstoff- und mineralreicheren Stellen gesellen sich Berg- und Spitzahorn, gelegentlich Hainbuchen und, wenn es feucht genug ist, auch Eschen hinzu.
Haselnusssträucher von fast baumartigem Wuchs säumen die Waldränder und besiedeln brachliegende Niederwald-Bewirtschaftungen. Nicht selten kann sich in Randlagen auch die mit vielen Pilzarten vergesellschaftete Zitterpappel ansiedeln.

Welche Sträucher kommen hier vor? Die schon genannte Haselnuss versucht überall Terrain zu besetzen, aber im sauren Buchenwald lässt das dichte Blätterdach meist nur zögerliche Naturverjüngung der Buche selbst in der Strauchschicht zu. An deutlich lichteren Stellen findet sich oft die Vogelbeere, die hier aufgrund der Konkurrenz mit anderen Holzpflanzen ein strauchförmiges Dasein fristet. Das Waldgeißblatt („*Je-länger-je-lieber*") windet sich an jungen Stämmen, in anderen Sträuchern und an abgestorbenen Bäumen hoch, denn es braucht Licht.

Wie sieht der Bewuchs am Boden aus? Die Krautschicht im trocken-sauren Buchenwald ist von Weißer Hainsimse und Ordenskissenmoos geprägt. Birkenwälder an kälteren Orten und besonders auf nassen Böden haben oft eine artenreiche, dicke, mit Sauergräsern durchsetzte Moosschicht. Wegränder werden im Schatten vom Wald-Ehrenpreis geschmückt, an lichteren Stellen gesellt sich der Wiesenwachtelweizen dazu. Trockene Ränder sind dem Salbeiblättrigen Gamander vorbehalten und in den nassen Schwarzerlenbrüchen ziert das Sumpf-Blutauge die Moorränder.

Auf welchem Untergrund wächst dieser Wald? Neben den bereits erwähnten Granit- und Sandsteingrundlagen können kristalline Schiefer oder Quarzite, wie z. B. in Hunsrück und Taunus, als Bodengrundlage dienen. Entscheidend für saure Böden ist immer der Mangel an Calcium, Kalium, Magnesium oder Phosphor. Wir müssen uns jedoch damit abfinden, dass die Erdoberfläche meistens nicht so bilderbuchmäßig sortiert ist, wie wir uns das wünschen und vorstellen. Alte und durch Faltungen der Erdkruste, durch Vulkane, das Auseinanderdriften von Kontinenten und viele andere Ursachen an die Oberfläche gebrachte und junge, erst vor einigen Millionen Jahren aus ehemaligen Meeren entstandene Gesteine wechseln sich ab und erschweren den Überblick.

Ordenskissenmoos – hier mit Fichtensämlingen – prägt die Krautschicht des sauren Laubwalds.

Ist dieser Wald ein guter Pilzwald? Birkenhaine, eventuell gemischt mit Zitterpappeln können richtige Doraden für Pilzsammler sein, aber auch Buchen-, Weißmoos- oder Hainsimsenwälder sind oft z. B. Pfifferlingsparadiese. Gesellen sich Eichen dazu, ist hin und wieder mit massenhaftem Auftreten tödlicher Grüner Knollenblätterpilze zu rechnen.

Häufige Speisepilze
- Pfifferling **S. 219**
- Flockenstieliger Hexen-Röhrling **S. 87**
- Sommer-Steinpilz **S. 81**
- Frauen-Täubling **S. 206**
- Pfeffer-Milchling **S. 196**

Häufige Giftpilze
- Grüner Knollenblätterpilz **S. 113**
- Spei-Täubling **S. 216**
- Orangefuchsiger Schleierling **S. 156**
- Rettich-Helmling **S. 174**

Weitere Arten
- Rotfuß-Röhrling **S. 102**
- Goldblatt **S. 92**

Arten, die ein anderes Hauptbiotop haben
- Düsterer Röhrling **S. 93**

Im sauren Mischwald

- **Eichen-Kiefern- und Birken-Kiefern-Wälder** dominieren, Buchen-Weißtannen-Wälder kommen vor
- **Strauchschicht** mit Besenheide, Preiselbeere und Verwandten
- **Krautschicht** mit Adlerfarn
- **Charakterpilze** Rotkappen (S. 90), Pfifferlinge (S. 219)

Welche Bäume wachsen in diesem Wald? Fast überall, außer vielleicht im natürlichen Fichtengürtel der Alpen, würde ohne Menscheneinfluss Mischwald entstehen. Eichen-, Kiefern- oder Buchen-Weißtannen-Wälder und andere stellen dabei nur besonders typische und häufige Waldtypen dar. Im Grunde genommen muss man in sauren Mischwäldern mit fast allen Baumarten rechnen, selbst mit den durch künstlichen Waldbau eingebrachten Fichten, Lärchen, Weymouthskiefern und Douglasien. Nur die auf ausgesprochen basenreiche Böden beschränkten Arten, wie z. B. Feldahorn und Elsbeere, fehlen. Die Zusammensetzung ist hauptsächlich von der Nutzungsgeschichte (es gibt in Mitteleuropa keine ungenutzten Urwälder), der Durchfeuchtung der Böden, der Höhenlage bzw. dem Breitengrad und der Jahresniederschlagsmenge abhängig. Typische Buchen-Weißtannen-Wälder findet man zum Beispiel nur rund um die Alpen, weil die Weißtanne zur Existenz 1000 mm Jahresniederschlag braucht und gleichzeitig keine dauerhaften strengen Winterspätfröste verträgt.

Welche Sträucher kommen hier vor? Zumeist ist hier die Heidelbeere charakteristisch; an feuchten Stellen finden sich Faulbaumbüsche und an den trockenen Waldrändern Besenginster. Gelegentlich, besonders an sonnenexponierten Stellen, entweder ganz feucht oder ganz trocken an Extremstandorten, sind Preiselbeere und Rauschbeere anzutreffen. Manchmal kann man an aus Lichtmangel aussichtslosen Stellen dicht am Grunde einer alten Fichte oder Buche üppig ausschlagende Haselnusssträucher bestaunen. Hier hat ein liegen gebliebenes Eichhörnchendepot ausgekeimt. Im Allgemeinen sind diese Wälder arm an Hochstauden. Auf Kahlschlägen oder Lichtungen kann man jedoch im Verbund mit Rotem und Schwarzem Holunder gelegentlich massenhafte Fingerhutbestände und Himbeeren bewundern.

Wie sieht der Bewuchs am Boden aus? Die Krautschicht ist von Moosen, je nach Durchfeuchtung von Besengabelzahnmoos, Frauenhaar- oder Torfmoosen, geprägt.
Sind diese Wälder sehr dicht mit Bäumen bepflanzt, findet sich nur die reine Nadel- und Laubstreu – meist kein gutes Milieu für Pilze. An trockeneren Stellen siedelt sich hier, sobald etwas mehr Licht einfällt, Drahtschmiele an, ein ganz dünnes, ganz hartes Gras. Feuchtere Stellen sind eher mit Waldsimse, Dornfarn oder Adlerfarn bestückt.

Auf welchem Untergrund wächst dieser Wald? Böden mit Granit, Buntsandstein, Stubensandstein usw. als Gesteinsgrundlage reagieren meist sauer. Das bedeutet, dass wenig Calcium, Kalium, Magnesium oder Phosphor vorhanden ist. Entstehen dort

Der Flockenstielige Hexen-Röhrling ist in bodensauren Laub- und Nadelwäldern zu finden.

helle Böden, sind sie meist sandig, körnig oder wie Grieß („grusig") beschaffen und leicht wasserdurchlässig. Dunkle, selbst fast schwarze Böden sind hier auf wenig wasserdurchlässiger Gesteins- oder Tongrundlage anzutreffen.
Die für die Pilze ebenso wichtige Humusschicht entsteht aus den darüber wachsenden und absterbenden Pflanzen und Pflanzenteilen.

Ist dieser Wald ein guter Pilzwald? Wechseln sich Moose, Nadel- und Laubstreuflecken, niederwüchsige Gräser, Heidelbeeren und niedrigere Sträucher kleinräumig ab, ist von einem guten Pilzwald auszugehen. Vorausgesetzt sind jedoch Fichten, Buchen, Kiefern, Eichen und Birken als Hauptbaumarten in diesem Mischwaldtyp.

Häufige Speisepilze

- Pfifferling **S. 219**
- Rotkappen **S. 90**
- Brätling **S. 194**
- Stockschwämmchen **S. 140**
- Hexen-Röhrling **S. 87**

Häufige Giftpilze

- Schönfuß-Röhrling **S. 82**
- Grüner Knollenblätterpilz **S. 113**
- Orangefuchsiger Schleierling **S. 156**
- Spei-Täubling **S. 216**

Weitere Artengruppen

- Schirmlinge **S. 123**
- Grünblättriger Schwefelkopf **S. 141**

Arten, die ein anderes Hauptbiotop haben

- Kegelhütiger Knollenblätterpilz **S. 114**
- Schwarzblauender Röhrling **S. 83**
- Austernseitling **S. 192**
- Pfeffer-Milchling **S. 196**
- Fichten-Blutreizker **S. 193**
- Sand-Röhrling **S. 98**

Im basischen Nadelwald

- **Circumalpine Tannenwälder, Fichten, seltener auch Kiefern oder Hochgebirgs-Lärchenwälder** immer mit der Tendenz, dass sich in tieferen Lagen Buchen oder Eichen, in höheren Lagen Birken hinein versamen
- **Strauchschicht** mit Schneeball, Heckenkirsche und Seidelbast
- **Krautschicht** mit Orchideen (Händelwurz, Nestwurz) und Quirlblättriger Weißwurz
- **Charakterpilze** Semmelgelber Schleimkopf (S. 152), viele andere Schleierlinge (S. 150), viele Schnecklinge (S. 189)

Welche Bäume wachsen in diesem Wald? Im Ostschwarzwald und auf der Baar, einer Hochebene westlich des Neckars, sind ausgedehnte Fichtenwälder auf Muschelkalkboden angelegt. Forstlich nicht sonderlich ertragreich, sind sie mykologisch oft ein wahres Dorado. Da gibt es Herbsttage, wo Betreten, ohne auf einem Pilz zu stehen, nicht möglich ist. Natürlicherweise würde die Fichte nur ausnahmsweise und nur langsamwüchsig in Hochlagen auf Kalkboden vorkommen. In Lagen von 1000 m über NN und darunter wird sie fast immer vom Gemeinen Wurzelschwamm befallen und kernfaul. Die Hügelland- und unteren Berglandzonen sind eigentlich der Weißtanne oder, wenn der Jahresniederschlag 1000 mm nicht erreicht, den Kiefern unter den Nadelbäumen vorbehalten. Alles andere wäre Laubwald.

Welche Sträucher kommen hier vor? Die Strauchschicht im basischen Nadelwald entspricht, wenn es künstliche Fichtenforste sind, fast immer der des basischen Laub- oder Mischwaldes, soweit es der Lichtmangel zulässt. Oft fehlt die Strauchschicht gänzlich, weil das Kronendach zu dicht abschließt und nur wenige Schatten tolerierende Kräuter und Moose noch ein Auskommen finden. Im Weißtannenwald findet man nicht selten eine Strauchschicht aus Naturverjüngung, eben der Weißtanne, aber auch der Fichte und, wo immer ein Samenbaum steht, auch der Buche.

Wie sieht der Bewuchs am Boden aus? Oft reicht die Oberflächenversauerung aus, dass sich große Teppiche von Etagenmoos *(Hylocomium splendens)* ausbilden. Da ist dann ein wenig Durcheinander zu erwarten. Im vom Gestein geprägten Bodenhorizont leben Vogelnestwurz, Gemeine Stendelwurz. Der Seidelbast kümmert wegen der Dauerbeschattung durch die Nadelbäume vor sich hin. Im von der (Fichten-)Nadelstreu geprägten Oberboden und im Humushorizont sind, je nach Stärke der sauren Humusschicht sogar schon kleine Pflanzen der Heidelbeere vertreten. In feuchteren Mulden zeigt einem immer die Kohlkratzdistel, dass der Untergrund kalkreich ist.

Auf welchem Untergrund wächst dieser Wald? Der normale Bewuchs im basenreichen Nadelwald wäre Misch- oder Laubwald und das genau auf den Untergründen, die eben dort bereits beschrieben worden sind. Anders sieht es im Hochgebirge aus. Hier finden sich auf kalkreicher, z. B. Dolomit-Grundlage, reine Lärchen- und Arvenwälder mit ihrer typischen Pilzflora, die von Schmierröhrlingen, Ritterlingen,

Die Quirlblättrige Weißwurz benötigt eine hohe Luftfeuchtigkeit.

Schnecklingen und einigen Schleierlingen geprägt ist.

Ist dieser Wald ein guter Pilzwald? Gerade die künstlich angelegten Fichtenforste, untermischt mit Weißtannen und einzelnen Kiefern, sind in manchen Jahren ein wahres Pilzparadies. Der an sich auf sauren Böden beheimatete Fichten-Steinpilz kommt oft in riesigen Mengen im sauren Nadelstreu-Humus vor und dazwischen stehen nicht minder zahlreich Semmelgelbe Schleimköpfe. Zwischen Etagenmoos breiten sich, mit der Weißtanne vergesellschaftet, Teppiche Goldstieliger Leistlinge aus.

Häufige Speisepilze
- Fichten-Steinpilz **S. 80**
- Mönchskopf **S. 186**
- Schweinsohr **S. 223**
- Goldstieliger Leistling **S. 221**
- Semmelgelber Schleimkopf **S. 152**

Häufige Giftpilze
- Tiger-Ritterling **S. 179**
- Gift-Häubling **S. 147**
- Rettich-Helmling **S. 174**
- Dottergelber Klumpfuß **S. 151**
- Kegelhütiger Risspilz **S. 160**

Arten, die ein anderes Hauptbiotop haben
- Anis-Egerling **S. 110**
- Wolliger Milchling **S. 195**
- Gurken-Schnitzling **S. 163**
- Tannen-Lackporling **S. 247**

Im basischen Laubwald

> **› Buchen- oder Eichenwälder, Ahorn-, Eschen- und Hainbuchen-Wälder** an nassen Stellen mit Grauerle und Weidenarten
> **› Strauchschicht** mit Schneeball, Heckenkirsche und Seidelbast
> **› Krautschicht** mit Orchideen (Händelwurz, Waldvögelein) und Echtem Lerchensporn
> **› Charakterpilze** Satanspilz (S. 85), Riesen-Rötling (S. 128), Rotstieliger Leder-Täubling (S. 211)

Welche Bäume wachsen in diesem Wald? Ausgedehnte Laubwälder auf basenreichen Böden sind in den großen Jurazügen, wie dem Schweizer-Schwäbisch-Fränkischen Jura, oder einigen Vulkangebieten, wie der Eifel oder dem Hegau, ausgeprägt. Viele Orts- und Gewann-Namen, wie Buchloe, Buchhof, Buchbach, Buchberg, Buchheim oder einfach Buch, wie z. B. Buch am Erlbach, erinnern an die ursprüngliche Waldvegetation. Buch am Erlbach erinnert im Ortsnamen gleich auch an die sich anschließenden nassen Bachtälchen. Die lichthungrige Grauerle behauptet sich auf allen feuchteren Flächen in diesen Biotopen. An tiefgründigen, nährstoffreichen Stellen gesellen sich Hainbuche, Bergahorn und, wenn es feucht genug ist, auch Eschen hinzu. Der Hainbuchen-Eichen-Wald ist auf basenreichen Böden eine pilzkundlich ganz besonders interessante Ausprägung, die leider allzu oft der ertragreicheren Waldwirtschaft mit Buchen oder Nadelbäumen geopfert wurde.

Welche Sträucher kommen hier vor? Der Laubmischwald enthält eine große Menge charakteristischer Sträucher, solange das Blätterdach nicht zu dicht wird. Besonders häufig trifft man auf Schneeball-Arten und Heckenkirschen. Wenn sich die krüppelwüchsige Hainbuche dazugesellt, ist das Artenspektrum gleich enorm gesteigert. Der zumeist recht kleinwüchsige Seidelbast ist ein sicherer Kalkzeiger.

Wie sieht der Bewuchs am Boden aus? Die Krautschicht kann von ihrem Anspruch her in Frühblüher und Schattenpflanzen eingeteilt werden. Typische Frühblüher sind hier das Leberblümchen, Schlüsselblumen, Lerchensporn und Buschwindröschen. Viele Orchideenarten, die in diesem Biotop typisch sind, haben sich auf den Lichtmangel eingestellt. Die Waldvögelein- und Sumpfwurzarten versuchen es mit Vergrößerung der Assimilationsfläche, also der Blattfläche im Verhältnis zum Gesamtpflanzenvolumen.

Auf welchem Untergrund wächst dieser Wald? Meistens entwickelt sich der basenreiche Laubwald unter natürlichen Bedingungen im Hügelland oder der Vorbergzone auf Jurakalken oder basenreichem Vulkangestein. Je höher die Gebirgsketten ansteigen, desto höher werden im Allgemeinen auch die Niederschlagsmengen, und damit siedelt sich fast immer auch die Weißtanne, im höheren Bergland auch Fichte und Lärche mit an, sodass automatisch ein Mischwald entsteht. Auch die Lösszüge entlang des Oberrheins bieten ideale Bodenverhältnisse. Hier entstehen dann meistens Edellaub-Mischwälder.

Dieser Seitenstielige Knoblauch-Schwindling sitzt an einem Buchenästchen.

Ist dieser Wald ein guter Pilzwald? Buche, Eiche und Hainbuche, aber auch Grauerle sind sehr pilzfreundliche Baumarten, die eine Menge Mykorrhizapartner (Symbiose-Pilze) haben. Ahorn, Esche und die Geißblattgewächse (Heckenkirsche usw.) haben keine Symbiose-Pilze. In ausreichend niederschlagsreichen Herbstzeiten können nicht zu dicht bestockte Laubwälder auf basenreichen Böden zu den artenreichsten Biotopen überhaupt gehören. In trockenen Jahren meint man allerdings, die Pilze seien ausgestorben, denn diese Wälder trocknen sehr schnell aus, und dann kann die Fruchtkörperbildung eins ums andere Jahr fast völlig ausbleiben.

Häufige Speisepilze
- Herbsttrompete **S. 222**
- Rotstieliger Leder-Täubling **S. 211**
- Schweinsohr **S. 223**
- Goldstieliger Leistling **S. 221**

Häufige Giftpilze
- Riesen-Rötling **S. 128**
- Satanspilz **S. 85**
- Grüner Knollenblätterpilz **S. 113**

Weitere Arten
- Graugrüner Milchling **S. 200**
- Hainbuchen-Röhrling **S. 91**
- Breitblatt **S. 171**
- Seitenstieliger Knoblauch-Schwindling **S. 173**

Arten, die ein anderes Hauptbiotop haben
- Anis-Egerling **S. 110**
- Wolliger Milchling **S. 195**
- Ziegelroter Risspilz **S. 161**
- Netzstieliger Hexen-Röhrling **S. 86**
- Maipilz **S. 182**

Im basischen Mischwald

- **Buchen-Weißtannen- oder Eichen-Kiefern-Wälder** mit allerlei Laub- und Nadelbäumen durchmischt
- **Strauchschicht** mit Schneeball
- **Krautschicht** mit Waldmeister und Riesenschwingel
- **Charakterpilz** Herbsttrompete **(S. 222)**

Welche Bäume wachsen in diesem Wald? Bei Mischwäldern auf basenreichen Böden stoßen Gegensätze aufeinander. Entweder sind es naturnahe Zusammensetzungen von wenigen Hauptbaumarten oder es sind aus der Bewirtschaftung genommene, meist kleinparzellige Bauernwälder, die dereinst als Weidewälder, Niederwälder oder einfach zur hofnahen Brennholz-Gewinnung gedient haben.
Man kann je nach Durchfeuchtung des Bodens mit nahezu allen Laub- und Nadelbaumarten, die waldbildend sind, rechnen. Nur Fichten gedeihen schlecht. Häufig versamen sich in den kleineren Bauernwäldern Eschen und Ahorn sowie Vogelkirsche und andere Rosengewächse. Die oftmals auch forstlich gepflegten Hochwälder, im Süden Deutschlands z. B. als Tannen-Buchen-Wälder ausgeprägt, können dagegen ebenso arten- wie ertragreich sein. Buche-Weißtanne oder Eiche-Kiefer sind mit allen anderen Baum-Beimischungen Erfolg versprechende Konstellationen. Man braucht aber mehr Geduld als im sauren Milieu, denn auf kalkhaltigen Böden ist oft erst später im Jahr, ungefähr ab September, mit reichlichem Pilzwachstum zu rechnen.

Welche Sträucher kommen hier vor? Wolliger Schneeball und eventuell Schlehen oder Weißdorn zieren die Waldränder. Innerhalb der Wälder findet sich Seidelbast, leicht kenntlich an den schmalen, am Ende abgerundeten Blättern, sodass sie „wie falsch herum angewachsen" aussehen. Heckenkirschen mit ihren charakteristischen roten oder tiefblauen Doppelfrüchten auf einem langen Stiel kommen an den lichteren Stellen vor. Einige Brombeerarten machen im schattigen Bereich viele Meter lange Kriechäste, die – sobald etwas mehr Licht hereinkommt – innerhalb kürzester Zeit zu undurchdringlichen Bodendeckern heranwachsen können.

Wie sieht der Bewuchs am Boden aus? Die Krautschicht ist meist ausgesprochen artenreich. Haselwurz, selbst an dunkel-schattigen Stellen vorkommend, wird vom nur im Frühjahr wachsenden, ausdauernden Bingelkraut (im Bild links im Vordergrund) abgelöst. Die Hosenbeine hängen in der Pilzzeit meist voll mit den Klettfrüchten des Waldsanikels. Eine auffällige Hochstaude dieses Biotops ist die sehr giftige Tollkirsche, deren Erscheinungsbild an den verwandten Tabak erinnert.

Auf welchem Untergrund wächst dieser Wald? Die großen Meere vergangener erdgeschichtlicher Epochen haben in vielen Regionen mächtige Kalksedimente aus den Schalen von Muscheln und Schnecken hinterlassen. In Zeiten heißer Wüsten im heutigen Alpenraum wurde mit ungeheuren Stürmen das verwitternde Gestein z. B. in den Oberrheingraben geblasen und hat sich dort als Löss abgelagert. Das sind die Hauptgrundlagen für basenreiche Böden. In jüngeren vulkanischen Gebieten, über Basalt und über Gesteinen, die durch Eis- und Erdbewegungen verfrachtet wurden, können sich ebenfalls basenreiche Böden bilden.

Der Rotstielige Leder-Täubling – hier mit Waldmeister – gehört zu den häufigen Speisepilzen des basischen Mischwaldes.

Ist dieser Wald ein guter Pilzwald? Wenn der Stickstoffeintrag und die Bodenverkrautung nicht zu stark sind, handelt es sich hier um den potenziell artenreichsten Waldtyp. Leider ist er sehr trockenheitsempfindlich und so können bei geringen Niederschlägen die erhofften Pilze manchmal erst kurz vor den ersten Herbstfrösten erscheinen und in widrigen Jahren ganz ausbleiben.

Häufige Speisepilze

- Totentrompete **S. 222**
- Goldstieliger Leistling **S. 221**
- Schweinsohr **S. 223**
- Rotstieliger Leder-Täubling **S. 211**

Häufige Giftpilze

- Dottergelber Klumpfuß **S. 151**
- Grüner Knollenblätterpilz **S. 113**
- Riesen-Rötling **S. 128**
- Tiger-Ritterling **S. 179**
- Erdblättriger Risspilz **S. 162**

Weitere Arten

- Netzstieliger Hexen-Röhrling **S. 86**
- Flaschen-Stäubling **S. 256**
- Maipilz **S. 182**
- Blasse Koralle **S. 230**

Arten, die ein anderes Hauptbiotop haben

- Semmelgelber Schleimkopf **S. 152**
- Graugrüner Milchling **S. 200**
- Kronen-Becherling **S. 266**
- Mandel-Täubling **S. 205**

Auf Weiden und Wiesen

- › **Wiesen** zur Erzeugung von Heu oder Grasschnittsilage
- › **Gedüngte Weidewiesen** mit oder ohne Einsaat von Futtergräsern
- › **Jungviehweiden** mit ausschließlicher Düngung durch das Weidevieh
- › **Magerrasen** extensiv, nährstoffarm
- › **Charakterpilz** Wiesen-Champignon (S. 108)

Was ist grundsätzlich zu beachten?
Wir haben eine sehr facettenreiche Grünlandwirtschaft in Mitteleuropa, auch wenn die intensive Milchwirtschaft und Fleischtierhaltung überwiegt. In eben diesen überwiegenden Teilen müssen wir besonders darauf achten, wann und wie gedüngt wurde, bevor es sorglos auf Speisepilzpirsch gehen kann. Auf der Fläche verdorrte Stauden, z. B. vom Stumpfen Ampfer, sind ein ernstes Warnsignal, denn hier könnte ein Zweikeimblättlergift, wie es leider immer noch im Gebrauch ist, verwendet worden sein. Nicht immer führt eine Vergiftung mit diesen Mitteln zu einer sofortigen Reaktion. Es sind auch chronische Schäden möglich, was noch mehr Vorsicht geboten erscheinen lässt.
Auf Jungviehweiden, zumal wenn noch ein wenig Wald- oder Sumpfgelände mit umzäunt ist, und natürlich auf Magerrasen braucht man mit solchen Gefahren kaum zu rechnen. Am besten und sichersten ist immer noch ein Gespräch mit dem Eigentümer bzw. dem für die Bewirtschaftung Verantwortlichen. Das führt dann auch gleich zur Klärung des Betretungsrechts.

Fettwiesen zur Erzeugung von Heu oder Silage sind im Allgemeinen artenarm. Wenn wirklich mal Pilze wachsen, sieht man sie im hohen Bewuchs nicht oder nur noch die Spuren nach dem Grasschnitt. Unmittelbar nach der Ernte verirren sich hier und da, besonders im

Randbereich, Wiesen-Stäublinge, Heftel-Nabelinge oder Heu-Düngerlinge.

Gedüngte Weidewiesen sind, sofern der Ertrag dort mit Gülle oder Kunstdünger optimiert wird, auch nicht wesentlich ertragreicher. Allenfalls stellen sich mal Schopf-Tintlinge ein. Nur mit Stallmist gedüngt, aber selbst dadurch von einer hohen Stickstoffbelastung beeinträchtigt, können die Flächen schon etwas ertrag- und artenreicher sein. In manchen Jahren finden sich die für ausgerottet gehaltenen Wiesen-Champignons, Großsporige Riesen-Champignons und Schopf-Tintlinge wieder ein. In direktem Einfluss von Kuhfladen oder anderem Wiederkäuerkot finden sich allerlei Düngerlinge, Kahlköpfe und kleinere Träuschlingsarten, die natürlich alle nicht zum Verzehr geeignet sind. Sofern diese Flächen teilweise aus der intensiven Nutzung genommen werden, z. B. durch Mutterkuhhaltung, können Wiesen-Champignon-Ernten, wie man sie nur aus den 50er-Jahren kennt, wieder normal werden.

Jungviehweiden, die oft auf relativ wertlosem Land – zumindest aus der Sicht des Grundbesitzers – angelegt werden, sind sehr ertragreich und beherbergen am Waldrand nicht selten auch Mykorrhizapilze, wie z. B. Speise-Täublinge oder sogar Steinpilze. Bei Einbindung von Feuchtgebieten sind die für dieses Biotop typischen Pilze, wie z. B. der Gesäumte Häubling, ebenfalls vertreten.

Der Feld-Egerling kommt oft gesellig oder in Ringen auf Weidewiesen vor.

Magerrasen schließlich sind im Graslandbereich auch aus pilzkundlicher Sicht die wertvollsten Biotope. Sie bringen zwar nur wenig Speisepilze hervor, sind aber das Hauptbiotop der wunderschönen Saftlinge. Auch viele zum Teil sehr seltene Rötlingsarten, Nabelinge und Bauchpilzartige finden hier ihr Auskommen.

Welche Graslandbereiche sind gute Speisepilzplätze? Überall, wo eine vielfältige Gras- und Kräuterflur vom Vieh kurz gehalten, nicht oder wenig mit Fremddünger behandelt wird, kann man größere Mengen an Speisepilzen oder zumindest eine große Artenvielfalt erwarten. Grundsätzlich ist jedoch das offene Grasland Trockenzeiten und anderen Witterungsschwankungen stärker ausgeliefert, sodass es nichts Schlimmes heißen muss, wenn die Pilze mal ein, zwei Jahre ausbleiben.

Häufige Speisepilze

› Feld-Egerling **S. 108**
› Schopf-Tintling **S. 130**
› Stäublinge **S. 256**
› Rötelritterlinge **S. 165**

Häufige Giftpilze

› Rötlinge **S. 128**
› Spitzkegeliger Kahlkopf **S. 144**
› Dunkelrandiger Düngerling **S. 134**

Weitere Arten

› Amiant-Körnchenschirmling **S. 124**
› Träuschlinge **S. 145**
› Faserlinge **S. 136**

Arten, die ein anderes Hauptbiotop haben

› Knollenblätterpilze **S. 113**
› Speise-Täubling **S. 207**
› Steinpilze **S. 80/81**

Auf dem Feld

- **Grünfutteranbau** z. B. mit Englischem Raygras *(Lolium perenne)* oder Luzerne
- **Getreide- und Maisanbau**
- **Kartoffeln und anderer Hackfruchtanbau** und Raingesellschaften wechseln sich ab
- **Charakterpilz** Größter Scheidling (S. 126)

Was ist grundsätzlich zu beachten?
Unsere Feldwirtschaft ist trotz aller Intensivierung noch recht vielgestaltig und überall, wo biologischer Anbau betrieben wird, sind auch dort wild wachsende Pilze, soweit essbar, durchaus für den Verzehr bedenkenlos geeignet.
Auf intensiv bewirtschafteten Feldern würde ich hingegen kaum Speisepilze zum Verzehr ernten, nicht mal dort ausgewilderte Zucht-Champignons, was man durch Fremdhumus-Einbringung nicht selten im Gemüseanbau erleben kann. Was nutzt das einwandfreie Restsubstrat vom Zucht-Champignon, wenn auf dem Feld, wo es ausgebracht wurde, Pestizide gespritzt werden?
Deshalb ist die erste Grundregel: Speisepilze von Feldern nur aus biologischem Anbau ernten oder wenn der Besitzer glaubwürdig versichern kann, dass keine Spritzmittel oder künstlichen Wachstumsbeschleuniger ausgebracht worden sind, deren Zerfallszeit (Unbedenklichkeitszeit) nicht abgelaufen ist.

Welche Felder lassen welche Pilze vermuten? Dem an Masse größten je erlebten Pilzaufkommen begegnete ich auf einem Getreidefeld, das umgepflügt worden war, nachdem Hagelschlag die Ernte vernichtet hatte. Der Ernteschaden musste wohl etwa Mitte Juni eingetreten sein und im September war das ganze umgepflügte Feld übersät mit dem Größten Scheidling.

In Maisäckern konnten schon oftmals große Mengen unterschiedlicher Egerlingsarten geerntet werden, vielfach musste aber auch wegen ungeklärter Spritzmittelanwendung darauf verzichtet werden. Längs eines mit Stroh gedeckten Zuckerrübenvorrates wurden einmal Riesen-Träuschlinge entdeckt, die ihrem Namen alle Ehre machten. Am Feldrain ertragsarmer Gerstenfelder begegneten mir hier und da Feld-Schwindlinge in lohnender Menge. Lebhaft erinnere ich mich an einen Luzerne-Raygras-Acker in Nordbaden, der auf einer vorjährigen Getreidebrache angelegt war. Im November war dieses ausschließlich mit Hühnermist gedüngte Feld übersät mit großen Büscheln von Panzer-Raslingen *(Lyophyllum decastes)*, immer wieder unterbrochen von Gruppen mit Stadt-Champignons und Gegürtelten Egerlingen. Speziell auf diesem Feldstück waren aber auch eine Reihe Giftpilze, allen voran der Feld-Trichterling *(Clitocybe dealbata)* zu finden.

Pilze an Wegrändern, Rainen und Triften Zumeist findet sich die größte Artenvielfalt dort, wo auch die unterschiedlichsten Lebensbedingungen auf engem Raum ineinander übergreifen. Es ist sozusagen die Kampfzone der Biodiversität. Herrscht ein lockerer Bewuchs mit Margeriten, Kamille, Wegwarte usw. vor, kann ein erstaunlicher Artenreichtum an Großpilzen, über das Jahr verteilt, erwartet werden. Saftlinge als Schönheitstupfen gehören fast immer dazu.

Der Büschelige Rasling oder Panzer-Rasling wächst häufig an den Rändern von Fettwiesen.

Pilze an Hecken In traditioneller Feldwirtschaft sind Triften und Wege oft von Hecken gesäumt. Diese natürlichen Schattenspender beherbergen im Frühjahr dann meist auch einige Rötlinge oder auch Maipilze.

Wie sind die Böden beschaffen? Grundsätzlich sind es immer Bewirtschaftungsböden, das heißt Böden, die durch Umarbeiten und überdurchschnittliche Humusversorgung der Feldfrucht optimale Bedingungen bieten sollen. Alles Übrige ist eine Frage der Mineralisierung von der Gesteinsgrundlage her und der Menge an Düngesalzen, die eingebracht worden sind.

Häufige Speisepilze
- › Größter Scheidling **S. 126**
- › Panzer-Rasling **S. 181**
- › Nelken-Schwindling **S. 173**

Häufige Giftpilze
- › Feld-Trichterling **S. 185**
- › Dunkelrandiger Düngerling **S. 134**
- › Weißer Anis-Trichterling **S. 185** (erwähnt)

Weitere Arten
- › Glimmer-Tintling **S. 131**
- › Glocken-Düngerling **S. 133**
- › Schwärzender Saftling **S. 191**

Arten, die ein anderes Hauptbiotop haben
- › Wiesen-Champignon **S. 108**
- › Knollenblätterpilze **S. 113**

Am Wegesrand

- › **Feld- und Waldwege** ohne Durchgangsverkehr
- › **Straßenränder und Parkplätze**
- › **Wegböschungen** abseits der Straßen
- › **Autobahnen**
- › **Charakterpilz**
  Parasol (S. 122)

Was ist grundsätzlich zu beachten?
Die problematischsten Pilzstandorte sind sicher die von Motorfahrzeugen, Hunden und Menschen stark frequentierten Straßen und Wege. Aus der Sicht des Speisepilzsammlers sind nur Wegränder mit relativ geringer Fahrzeug- und Hundedichte interessant. Wie viel an technischen Verbrennungsrückständen oder fäkalen Verschmutzungen toleriert werden kann, muss jeder für sich selbst entscheiden. Für mich sind Autobahnen und Durchgangsstraßenränder als Speisepilzplätze ebenso tabu wie Pfade und deren Ränder, wo ich Hundehaufen sehe, denn die meisten davon sehe ich ja schon nicht einmal mehr. Ausnahmen sind hier ansteigende Pfadböschungen, da die Tiere selten für ihr „Geschäft" nach oben steigen.
Leider wird entlang gepflegter Wege immer noch da und dort Pflanzengift als „Pflegehilfe" ausgebracht. Sollte also in unnatürlich aussehender Weise das Gras am Wegrand gelb oder verdorrt sein oder völlig fehlen, sammeln Sie keinesfalls Speisepilze. Eine Spritzmittelvergiftung wäre nicht auszuschließen.
Ansteigende Böschungen mit normalem unauffälligem Bewuchs an nicht zu stark befahrenen Wegen oder Gemeinde-Verbindungsstraßen können dafür entschädigen und sehr ertragreich sein.

Autobahnen Obwohl selbstverständlich von Speisepilzsammlern gemieden, können Autobahnböschungen und -Rastplätze insbesondere in den ersten

Jahren nach Neuanlage sehr interessante Standorte darstellen. Ich kenne beispielsweise am Ostrand des Südschwarzwaldes/Hegaualp Autobahnböschungen, die über viele Jahre hinweg seltene Orchideen ebenso beherbergten wie seltene Saftlinge. Natürlich sind diese Standorte im Laufe der Verkehrsnutzung durch den hohen Stickstoffeintrag erloschen. Ein Rastplatz bei Beaune/Ostfrankreich bot frisch nach der Anlage ein Dorado an Bauchpilzartigen. Übrigens sind seine Spielgeräte großen Pilzen aus Holz nachempfunden.

Der Weiße Rasling bevorzugt grasige und krautreiche Waldwegränder.

Durchgangsstraßenränder haben meist einen weit geringeren Abstand zu Wäldern als Autobahnen und sind häufig besonders artenreich. Nicht selten entstehen gefährliche Verkehrssituationen, wenn prächtige Parasole im Straßengraben stehen und vorbeifahrende Pilzfreunde nicht widerstehen können. An einem Kiefernwaldrand mit Birken, direkt neben einer stark befahrenen Landesstraße, konnten wir über 80 Pilzarten, darunter große Mengen Ritterlinge, Blutreizker und Röhrlinge, feststellen. Aber auch Pfifferlinge, Weichritterlinge und Risspilze sind häufig solche Straßenrandspezialisten.

Feld- und Waldwegränder zeigen, meist aber in größerer Menge, die gleichen Pilze wie das Gelände dahinter. Das liegt daran, dass im Falle von Baumbestand der Weg immer zugleich auch den Traufbereich der Bäume darstellt, wo also das Wasser von den Baumkronen abtropft und unter der Erde die Wurzelsymbiose (Mykorrhiza) zwischen den Haarwurzeln der Bäume und dem Myzel der Pilze stattfindet. Feldwegeränder sind meistens gut mit abgestorbenen Pfanzenresten versorgt, stärker verdichtet als das Land dahinter und trocknen deshalb nicht so leicht aus. Typische Folgezersetzer sind dort einige Arten büschelig wachsender Raslinge und einige Weichritterlinge.

Welche Wegebereiche sind gute Speisepilzplätze? Grundsätzlich ist der ansteigende Böschungsbereich das weniger kontaminierte Randgebiet von Wegen. Und tatsächlich wachsen im abfallenden Böschungsbereich von Wegen auch weniger Pilze. Das liegt daran, dass Rohhumusteile die Böschung hinunter verfrachtet werden, und daran, dass Bäume eine stärkere talseits gerichtete, oberflächliche Bewurzelung haben. Flache Wegränder, oft sehr pilzreich, müssen von Fall zu Fall auf ihre Kontamination mit Schadstoffen hin beurteilt werden.

Häufige Speisepilze
- Blutreizker **S. 193**
- Parasolpilz **S. 122**
- Schmierröhrlinge
- Schopf-Tintling **S. 130**

Häufige Giftpilze
- Risspilze **S. 160**
- Tiger-Ritterling **S. 179**
- Ziegelroter Risspilz **S. 161**
- Trichterlinge

Weitere Artengruppen
- Weißer Rasling **S. 185**
- Stäublinge **S. 256**
- Rötelritterlinge **S. 165**
- Gurken-Schnitzling **S. 163**

Im Park

- › **Parkanlagen** mit heimischem Baumbestand
- › **Exotenparkanlagen** mit außerkontinentalem Baumbestand
- › **Biotop-Parkanlagen** mit Sumpf- und Feuchtgebietsanlagen
- › **Charakterpilze** Filzröhrlinge (S. 101)

Was ist grundsätzlich zu beachten?
Für Parkanlagen gelten in verstärktem Maße die gleichen Vorsichtsregeln wie für bewirtschaftetes Grünland. Erfreulicherweise hat jedoch zumindest im Bereich öffentlicher Parkanlagen, nicht zuletzt aus Rücksicht auf Hunde und spielende Kinder, der Spritzmitteleinsatz sehr stark nachgelassen. Sollte „Ihr“ Park lohnende Speisepilzaufkommen zeigen, was häufig der Fall ist, oder besonders seltene und schutzwürdige Pilzarten, z. B. Wärme liebende Röhrlinge, Wulstlinge, Porlinge usw. beherbergen, hilft ein Gespräch mit den Verantwortlichen auf der Besitzerseite oft, die Pflege der Anlage noch natur- und artengerechter zu gestalten, um den vorhandenen Artenbestand zu schützen.

Parkanlagen mit heimischem Baumbestand sind sicher die interessantesten. Hier können oft einzeln stehende Bäume oder Baumgruppen, die konkurrenzlos im Grasland mächtige Kronen ausbilden, sehr alt werden.
Diese alten Bäume, nehmen wir eine Gruppe Stieleichen als Beispiel, gehen im Verlaufe der Jahrzehnte Symbiosen mit allen Pilzen ein, die es, irgendwie als mikroskopisch kleine Sporen beiderlei Geschlechts angeflogen, zu einem ausreichend lebensfähigen Myzel gebracht haben. Als einer der ersten, robust genug für diese Verhältnisse, schafft es meistens der Eichen-Milchling. Ihm folgen zum Beispiel der Blutrote Filzröhrling, Grüngefelderte Täubling, der

Gelbe und Grüne Knollenblätterpilz und schließlich noch so mancher Schleierling.
Werden solche Parks behutsam gepflegt und wird nicht sofort alles, was kränklich ausschaut, umgesägt und ausgegraben, haben auch eine Reihe Schwächeparasiten und Folgezersetzer (Saprobionten) ihr Auskommen. In einem Park bei Zagreb habe ich die schönsten und größten Eichen-Feuerschwämme meines Lebens gesehen und in einem Frankfurter Gelände wurde ich von mächtigen Leber-Reischlingen am Fuße einer lebenden Eiche überrascht.

Exotenparkanlagen mit außerkontinentalen Baumarten haben ihren Reiz darin, dass sie bisweilen spezielle, auf diese Bäume angewiesene Pilzarten gleich mitbringen. Ein Beispiel ist hier der Eingesenkte Borstling *(Sepultaria sumneriana)*, der praktisch ausschließlich mit Zedernarten zusammen vorkommt. Es gibt dort aber auch eine Reihe Pilze, die von heimischen auf außerkontinentale Baumarten der gleichen Gattung überwechseln. So wurde mir von einer massenhaften Fruchtkörperbildung vom Gelben Raustielröhrling *(Leccinum nigrescens)* unter amerikanischer Spitzeiche berichtet. Die meisten der außerkontinentalen Baumarten bringen aber ihre Pilzpartner nicht mit.

Biotop-Parkanlagen bieten eine besondere Vielfalt an Lebensräumen für Pflanzen und Tiere, also ist auch das Angebot für die Pilze besonders groß. Werden dort z. B. für Igel und Schlangen größere Mulchhaufen angelegt, ist entsprechend auch eine Grundlage für die Pilze geschaffen, die als Folgezersetzer diese Pflanzenreste verzehren. Massenvorkommen von Riesen-Träuschlingen *(Stropharia rugosoannulata)* versetzen dann manchmal das ahnungslose Pflegepersonal in Erstaunen. In Feuchtbiotopen an Schilf und Röhrichten können sich winzige Schlauchpilze ausbreiten, denen sonst in der Kulturlandschaft kaum noch ein Auskommen gegeben ist.

Der tödlich giftige Grüne Knollenblätterpilz wird immer wieder mit Egerlingen und grünen Täublingen verwechselt.

Welche Parkanlagen sind gute Speisepilzplätze? Je ungepflegter vom Baumbestand her ein Park gehalten wird, desto mehr Pilze sind zu erwarten. Wird dann nur alle vier Wochen gemäht, ist es ideal.

Häufige Speisepilze
- Scheidenstreiflinge **S. 112**
- Perlpilz **S. 120**
- Ziegenlippe **S. 102**
- Blutroter Filzröhrling **S. 101**

Häufige Giftpilze
- Rötlinge **S. 128**
- Grüner Knollenblätterpilz **S. 113**
- Pantherpilz **S. 117**
- Feld-Trichterling **S. 185**

Weitere Artengruppen
- Saftlinge **S. 191**
- Faserlinge **S. 136**
- Hexen-Röhrlinge **S. 86/87**
- Rotbrauner Scheidenstreifling **S. 112**

In Alleen

- **Birkenallee** evtl. Randbewuchs anderer lichthungriger Sträucher und Bäume
- **Pappelallee**
- **Lindenallee** mit beidseitiger Wegeführung
- **Charakterpilz** Netzstieliger Hexen-Röhrling (S. 86)

Was ist grundsätzlich bei Pilzen an Straßen, im bebauten Gebiet oder direkt in der Stadt zu beachten? Pilze sind aufgrund ihrer speziellen chemischen Fähigkeiten wohl diejenigen Lebewesen, die praktisch alle Biotope besiedeln können, wo Leben schon einmal stattgefunden hat. Es ist also nicht verwunderlich, dass Pilze unter allen frei lebenden Organismen den weitaus größten Artenanteil im von Menschen besiedelten oder verkehrstechnisch genutzten Lebensraum haben. Wenn Bäume gepflanzt sind, noch dazu sortenrein in überschaubarer Fläche, wie das in Alleen meist der Fall ist, findet man ideale Studienflächen vor, seine speziellen Pilzkenntnisse zu erweitern. Dass man hier Speisepilzkörbe füllen würde, ist wohl eher die große Ausnahme. Die Schadstoff-Kontaminationen und sonstigen Verunreinigungen, insbesondere durch Hunde, lassen da kaum Appetit aufkommen.

Was finde ich wann in der Birkenallee? Alleen sind durchweg ein wenig wärmere Standorte als die umgebende Landschaft. Das hat etwas mit der verkehrstechnischen Nutzung, den Schadstoffen und deren Abbau sowie der häufigen Bebauungsnähe zu tun.
Das führt dazu, dass bei entsprechend feuchter Witterung Pilze, die normalerweise im Juni erscheinen, schon Ende April/Anfang Mai angetroffen werden. Ein Beispiel dieses ungewöhnlich frühen Erscheinens ist der Verblassende Täubling. Aber auch Birkenpilze und

Rotkappen werden oft schon sehr früh an solchen Standorten angetroffen. Neben den vielen typischen Birkenbegleitern aus der Täublings-, Milchlings- und Röhrlingsverwandtschaft finden sich hier auch regelmäßig verschiedene Ritterlinge und Scheidenstreiflinge.

Was bietet die Pappelallee? An die endlosen Pappelalleen vergangener Jahrzehnte und Jahrhunderte erinnern wir uns meist nur anhand entsprechender Landschaftsgemälde. Dass es dort auch Pilze geben soll, wird so manchen erstaunen. Tatsächlich ist es aber der häufigste Standort des größten aller Milchlinge, des Rosascheckigen Milchlings *(Lactarius contraversus)*, der dem Wolligen Milchling *(Lactarius vellereus)* auf den ersten Blick recht ähnlich sieht. Ein anderer Pappelspezialist ist der Härtliche Raustiel-Röhrling und etwas ganz Besonderes stellt für diesen Standort der Pappel-Schleimkopf dar.
Es finden sich aber auch eine ganze Reihe Folgezersetzer ein, die das Pappellaub zu einem relativ milden Humus umsetzen.

Was bietet die Lindenallee? Auf Grund moderner Forstwirtschaft sind Linden aus den Wäldern praktisch verschwunden. Aus ihrer früheren natürlichen Existenz als fester Bestandteil der Laubmischwälder haben sie aber eine Menge Mykorrhizapilze mit in die Alleen gebracht. Besonders häufig in Lindenalleen sind Netzstielige Hexen-Röhrlinge, aber auch andere rotporige Dickröhrlinge, die mit Laubbäumen zusammenleben. Zweithäufigst finden sich Täublinge aus der Verwandtschaft des Frauen-Täublings ein und unter den Humus bewohnenden Folgezersetzern ist der Maipilz nicht selten.

Der Netzstielige Hexen-Röhrling kommt häufig in Parkanlagen oder Lindenalleen vor.

Seltene, besondere Alleen sind solche mit Nadelbäumen. Im Schwarzwald entdecke ich immer wieder Waldstraßen, die, von Lärchen gesäumt, zu Hunderten Gold-Röhrlinge hervorbrachten. Da lohnt sich das sorglose Sammeln von Speisepilzen. Eher im Süden Europas findet man hier und da Kiefernalleen, die – aus Schirmkiefern aufgebaut – besonders attraktiv sind. Aber egal, welche Kiefernart Verwendung findet, solche Alleen sind immer Garantien für verschiedenste Schmierröhrlinge, aber auch einige Gelbfüße.

Häufige Speisepilze
- Birkenpilze
- Papagei-Täubling
- Rotkappen **S. 90**

Häufige Giftpilze
- Rettich-Helmling **S. 174**

Weitere Artengruppen
- Wurzelnder Schleimrübling **S. 170**
- Rotfuß-Röhrling **S. 102**
- Faserlinge **S. 136**
- Netzstieliger Hexen-Röhrling **S. 86**

Arten, die ein anderes Hauptbiotop haben
- Violetter Lacktrichterling **S. 188**
- Knollenblätterpilze **S. 113**
- Saumpilze **S. 135**
- Saftlinge **S. 191**

Typische Lebensweisen von Pilzen

Pilze sind weder Pflanzen noch Tiere. Mit den Pflanzen haben sie den Mangel an Bewegungsmöglichkeiten – außer durch zielgerichtetes Wachstum – gemeinsam. Sie können jedoch im Gegensatz zu Pflanzen keine organischen Stoffe aus Sauerstoff, Wasserstoff, Kohlenstoff und Stickstoff aufbauen, sind also auf vorgefertigte Fremdnahrung angewiesen. Das haben sie wiederum mit den Tieren gemeinsam. Durch die Tatsache, dass – wie bei den Insekten – Chitin als Zellbaustoff vorkommt und bei manchen Gruppen Schwärmsporen gebildet werden, rücken Pilze den Tieren näher als den Pflanzen.

Was ist grundsätzlich wissenswert?
Mangels besserer Erklärungsmöglichkeiten galten Pilze noch bis vor wenigen Jahrhunderten allgemein als „geheimnisvolle Ausschwitzungen des Bodens, des ewigen Vergehens und der Fäulnis".

Viele Pilznamen nehmen Bezug auf das Mystische. So führt die Stinkmorchel auch noch den volkstümlichen Namen „Leichenfinger". Auch der Hexenring bedarf hier besonderer Erläuterung. Der Begriff ist geschichtlich erst relativ spät entstanden. Vor der Christianisierung hieß diese Erscheinung Elfenring, was wir heute noch im Namen des Elfenring-Fälblings *(Hebeloma circinans)* oder im Gattungsnamen Egerlinge (aus dem Mittelhochdeutschen „Elfen-Gartenlinge" zusammengezogen) wiederfinden. Gemeint ist das Auftreten in Kreisen.
Zu erklären ist das ganz einfach: Zwei Pilzsporen, eine männliche und eine weibliche, keimen aus, bilden ein winziges Geflecht (Initialmyzel), vereinigen sich zu einem gemeinsamen Geflecht und wachsen – solange das Nahrungsangebot gleichmäßig gut ist – zu allen Seiten gleich schnell nach außen. Innen entsteht eine kreisrunde, leer gefressene Fläche und außen entstehen – wenn

Bild links: Der Fichten-Blutreizker ist streng an die Fichte als Symbiosepartner gebunden.

es dem stark gewordenen Geflecht gut genug, aber nicht zu gut geht – Fruchtkörper.

Pilze sind heterotroph, das heißt, sie sind auf organische Nahrung angewiesen. Nur Pflanzen können mit Hilfe ihres Chlorophylls in den grünen Blättern und Stängeln aus Kohlendioxid und Wasser mithilfe des Lichts organische, dem Leben zuzurechnende chemische Verbindungen herstellen. Pilze, alle Tiere und natürlich wir Menschen können das nicht. Wir sind auf das, was von den Pflanzen geschaffen wurde, angewiesen. An welcher Stelle der Nahrungskette wir dann stehen (ob wir Karotten oder Kaninchen essen), ist unwichtig. Die meisten Pilze ernähren sich vegetarisch, aus Pflanzenprodukten, viele, z. B. Käseschimmel, Puppenkernkeulen oder Fußpilz, sind aber auch auf den Verzehr tierischer Produkte spezialisiert.

Chemische Tricks Wohl kaum eine andere Gruppe von Lebewesen hat so viele chemische Tricks als Überlebensstrategien entwickelt wie die Pilze. Für uns sind drei spezielle Lebensweisen der Großpilze von besonderem Interesse: Symbiosepilze (= Mykorrhizapilze), Folgezersetzer (= Fäulnisbewohner oder Saprobionten) und Schwächeparasiten (= Schmarotzer).

Mykorrhizapilze ist der Fachausdruck für **Symbiosepilze**, die ihre Nahrung vorgefertigt von lebenden Bäumen und Sträuchern beziehen. Einige der durch Fotosynthese im Blattgrün hergestellten zuckerähnlichen Verbindungen brauchen die Bäume oder Sträucher nicht zum direkten Lebensunterhalt und so werden sie als wässrige Lösung

Mykorrhizapilze – hier das Geflecht (Myzel) vom Fichten-Blutreizker – im Feinwurzelbereich.

über Äste, Stamm und Wurzeln in den Feinwurzelbereich transportiert, wo umgekehrt auch die Wasser- und Nährsalzaufnahme abläuft. Dort findet der Austausch mit dem Pilzgeflecht statt. Die Pflanze hat aus dieser Lebensgemeinschaft größte Vorteile.

Folgezersetzer oder **Saprobionten** nennen wir diejenigen Pilze, die abgestorbenes Pflanzen- oder seltener Tiermaterial abbauen können. Sie sind für die Humusbildung mitverantwortlich und machen z. B. im Fall des Wiesen-Champignons aus Kuhfladen oder Pferdeäpfeln nach einer Reihe anderer Abbauschritte die für uns so wohlschmeckenden Fruchtkörper.

Schwächeparasiten schließlich sind diejenigen Pilze, die bereits im noch lebenden Organismus abzubauen beginnen und damit u. U. erheblichen Schaden anrichten können. Viele der Holzbewohner, Porlinge (z. B. der Schwefel-Porling), aber auch Blätterpilze (wie Hallimasch oder Sparriger Schüppling) gehören zu dieser Gruppe. Man kann sie, wie Fußpilz oder Pilzinfektionen bei Haustieren schlicht als Krankheit am jeweiligen Substrat betrachten.

Symbiosepilze

Viele große Gattungen von Pilzen leben ausschließlich in **Symbiose mit Bäumen (Mykorrhiza)**, z. B.
- **Dickröhrlinge** (S. 80–87)
- **Schleierlinge** (S. 150–158)
- **Täublinge, Milchlinge** (S. 193–218)
- **Leistenpilze** (S. 219–222)

Was ist grundsätzlich zu beachten?
Eine ganz spezielle Art der Nahrungsversorgung, besser gesagt des Ressourcen-Austausches hat sich bei der Großpilz-Mykorrhiza entwickelt.

Bäume produzieren mit Hilfe des Chlorophylls in den grünen Pflanzenteilen organische Verbindungen, darunter auch solche, die sie nicht gebrauchen können. Diese „Fehlproduktion" wird als wässrige Lösung zu den Feinwurzeln transportiert, und genau hier setzt das feine Fadengeflecht (Myzel) der Pilze an, um sich zu bedienen. Das Myzel seinerseits bringt eine Menge Wasser und Mineralstoffe für den Baum mit. Zu dieser Lebensweise gegenseitigen Nutzens (Symbiose) haben sich sehr viele Pilzarten, oft ganze Gattungen in Wäldern entwickelt.

Bilder links: Symbiosepartner: Birken und Birken-Rotkappe (oben), Kiefern und Frost-Schnecklinge (unten)

Bei den Röhrlingen beispielsweise sind es fast alle Gattungen und oft hören wir schon im Pilznamen gleich den Baumpartner mit. Beispiele sind Espen-Rotkappe, Lärchen-Röhrling, Fichten-Steinpilz usw. Es lohnt sich also, genau hinzuschauen, denn Fichten-Steinpilze haben ein anderes Biotop und andere Erscheinungszeiten als etwa Sommer-Steinpilze, die besonders mit Buche vergesellschaftet sind. Auch alle Wulstlinge, Knollenblätterpilze und Streiflinge, die zusammen die Gattung *Amanita* bilden, leben ausschließlich in Symbiose mit Bäumen. Das ist besonders für Champignon-Sammler wichtig. Wichtig ist da aber auch zu wissen, dass die Pilzgeflecht-Feinwurzel-Verbindung mehr als doppelt so weit vom Stamm des zuständigen Baumes entfernt sein kann als der Baum an Kronendurchmesser aufweist. Ein tödlicher Knollenblätterpilz kann also scheinbar „mitten auf der Wiese" stehen. Manche Pilze sind in ihrer Bindung an Bäume hoch spezialisiert, andere können mit fast jedem Gehölz, das überhaupt eine Großpilz-Mykorrhiza eingehen kann, Lebensgemeinschaften bilden.

Pilze mit enger Baumpartnerschaft
Die Espen-Rotkappe kann nur mit der Zitterpappel (Espe) eine Lebensgemeinschaft bilden und der seltene, sehr schöne stattliche Schwarzgrüne Klumpfuß, ein Schleierling, ist genauso auf die Weißtanne angewiesen wie der schmackhafte Lachs-Reizker, ein Verwandter des Fichten-Blutreizkers (S. 193).

Pilze mit Partnerschaften in einer Baumfamilie Der in Südeuropa heimische Kaiserling kann mit Esskastanien und Eichen gleichermaßen eine Lebensgemeinschaft bilden, Sommer-Steinpilze (S. 81) können es zusätzlich mit der ebenfalls zur gleichen Familie gehörenden Rotbuche. Die meisten heimischen Kiefernbegleiter, wie Sandpilz (S. 98) und Butterpilz, können mit allen Kiefernarten leben und der Hainbuchen-Röhrling wächst, wo es keine Hainbuche gibt, mit der verwandten Haselnuss zusammen.

Übergreifende Pilzpartnerschaften, deren Hintergründe bisher ungeklärt sind, kommen sogar über die Schranken verschiedener Klassen von Bäumen vor. So haben z. B. der Fliegenpilz, der Olivbraune Milchling und viele andere eine Hauptpartnerschaft mit Fichte oder Birke. Mit Buche und Weißtanne ist eine ähnliche Neigung festzustellen.

Beliebige oder fast beliebige Partnerschaften sind zwar auffällig, aber nicht so besonders häufig. Sie kommen hauptsächlich bei Filzröhrlingen, dem Pfeffer-Röhrling, manchen Scheidenstreiflingen und Wulstlingen vor. Wenn ein mykorrhizafähiger Baumpartner in der Nähe ist, hat auch ein Perlpilz oder Rotfuß-Röhrling zumeist sein Auskommen.

Die Bodenazidität, das heißt die Frage, ob mehr oder weniger Kalk bzw. kalkvergleichbare Mineralien verfügbar sind, spielt zusätzlich zu der Baumpartnerschaft auch stets eine wichtige Rolle. So können der Lachs-Reizker und die meisten Schleierlingsarten, die ausschließlich oder zumindest gern mit Weißtanne vergesellschaftet sind, nur auf basenreichen Böden gut gedeihen. Die meisten rotporigen Dickröhrlinge sind auf kalkvergleichbare Böden angewiesen. Hier bildet der Flockenstielige Hexen-Röhrling als Säurezeiger die große Ausnahme.

Folgezersetzer

Denken wir an den Zucht-Champignon, haben wir einen klassischen Folgezersetzer vor uns. Die ganze Gattung **Egerlinge** enthält ausschließlich Folgezersetzer. Weitere typische Gattungsbeispiele oder sogar Familien ausschließlich mit Folgezersetzern sind:

- › **Trichterlinge** (S. 185–187)
- › **Helmlinge** (S. 174–176)
- › **Tintlingsverwandte** (S. 130–132)
- › **Schwefelköpfe** (S. 141–143)

Was ist grundsätzlich zu beachten?
Folgezersetzer kommen der alten Vorstellung, Pilze entstünden sozusagen aus der Fäulnis heraus, am nächsten. Sie zersetzen in jedem Falle totes organisches Material, was schließlich wieder in pflanzenverfügbaren Bruchstücken als Humus vorliegt. Meistens arbeiten die Pilze eng mit Bakterien zusammen und teilen sich das Substrat je nach Fortschritt im Zersetzungsgrad untereinander auf.
Machen wir uns das am Beispiel von Kuhfladen und Wiesen-Champignon deutlich: Als Erstes liegt der Kuhfladen noch warm und mit seinem typischen Geruch frisch auf der Wiese. Wenige Stunden, höchstens wenige Tage später sind schon die ersten Fliegeneier abgelegt und Fliegenlarven („Maden“) versorgen sich mit den Nährstoffen, welche die Kuh nicht verdauen konnte. Parallel oder kurz danach machen sich schon die ersten Pilzgeflechte über den noch sehr nahrhaften Fladen her und durchwachsen für sie leicht erschließbare Restorganica. Meist sind kleine Becherlinge mit dem beziehungsreichen Namen „Kotlinge“ diese Initialzersetzer. Ihnen folgen etwas anspruchsvollere Arten, was den Zersetzungsgrad angeht, z. B. Düngerlinge und Kahlköpfe. Inzwischen ist kaum noch etwas zu sehen von dem ehemals dampfenden Ausscheidungsprodukt, aber noch

Bild links: Der Stiel vom Mönchskopf ist an der Basis mit Myzelfäden filzig mit dem Substrat verwachsen. Dieser Folgezersetzer wächst gern in Form von Hexenringen.

genug zu verzehren. Reste des schon weitgehend vergangenen Fladens werden von Regenwürmern und anderen kleinen Tieren unter die Erde geschafft und dort kompostiert.
Fast überflüssig zu erwähnen, dass das Kompostieren von Pilzen bewerkstelligt wird. Dieser Restkompost ist dann genau die finale richtige Speise für das Myzel des Wiesen-Champignons, und wenn die Versorgung mit derart (und noch anders) gewonnenem Kompost unter der Grasnarbe einer gesunden Wiese gut und gleichmäßig ist, entsteht ein Hexenring.

Folgezersetzer an Holz Alles natürlicherweise aus Alters- oder Lichtmangel-Gründen abgestorbene Holz im Wald wird von Pilzen entsorgt und wieder zu pflanzenverfügbarem Humus aufbereitet – ob das die kleinsten Ästchen sind, an denen man Eckenscheibchen finden kann, oder riesige Baumstümpfe, die von Schwefelköpfen und Schüpplingen gleichzeitig im Verbund mit Lackporlingen und Glucken langsam aber sicher entsorgt werden. Oft sind hier Schwächeparasiten beteiligt, die als Folgezersetzer noch lange weiterleben können. Diese grenzenlosen Übergänge im Werden und Vergehen am Beispiel der Pilze

Judasohren kommen vor allem an totem Laubholz vor, besonders an Holunder.

zu verfolgen, kann eine unheimlich spannende Geschichte für Hobbyforscher sein.

Spezialisten unter den Folgezersetzern haben sich auf ganz bestimmte Substrate festgelegt. Der Ohrlöffel-Stacheling beispielsweise zersetzt nur Koniferenzapfen, und das fast ausschließlich von Kiefern. Nur ganz ausnahmsweise verirrt er sich auch mal auf Fichtenzapfen. Auch die Zapfen-Rüblinge sind je nach Art auf Fichte oder Kiefer spezialisiert und der Mäuseschwanz-Rübling ist praktisch nur auf Fichtenzapfen zu finden. Bestimmte Becherlinge sind auf die Zapfenschuppen von Weißtannen als Nahrung angewiesen usw.

Art	Substrat	Bodenazidität	Genusswert
Wiesen-Champignon	Kompost unter der Erde	neutral	essbar
Schopf-Tintling	Kompost unter der Erde	neutral	essbar
Riesen-Giftschirmling	Kompost unter der Erde	neutral	giftig
Blasiger Becherling	Kompost	neutral	kein Speisepilz
Spitzkegeliger Kahlkopf	Dung	neutral	giftig
Gift-Häubling	Holz	neutral	giftig
Stockschwämmchen	Holz	neutral	essbar
Rosablättriger Helmling	Laubholz	neutral	kein Speisepilz

Schwächeparasiten

In fast allen Ordnungen von Großpilzen sind auch Gattungen mit einzelnen Schwächeparasiten enthalten, z. B.
- **Filzröhrlinge** (S. 100)
- **Schüpplinge** (S. 139)
- **Schillerporlinge** (S. 248)
- **Kernkeulen** (S. 269)

Was ist grundsätzlich zu beachten?
Den Begriff Schwächeparasit könnte man durch den Begriff Krankheit ersetzen, wenn man einschränkt: „durch fremde Lebewesen verursachte Krankheit." Eine eiternde Wunde am Fuß, verursacht durch Bakterien, erkennen wir als Krankheit und nehmen unterbewusst zur Kenntnis, dass Bakterien natürlich Lebewesen sind, von denen es auch viele nützliche gibt. Fußpilz oder eine Candidose (von Pilzen verursachte Schleimhauterkrankung) im Mund erkennen wir auch als Krankheit und nehmen unterbewusst zur Kenntnis, dass auch diese Pilze natürlich Lebewesen sind und dass es sehr viele nützliche Verwandte davon gibt.
Bilden andere Pilze, die andere Organismen krank machen, etwa die leckere Krause Glucke an einer Kiefer, große Fruchtkörper aus, sprechen wir von Schwächeparasiten. Wir könnten auch sagen: „Die Kiefer hat Glucke, sie ist krank und wird daran eingehen." Auch bei diesen durch Großpilze verursachten Erkrankungen gibt es ziemlich aggressive, die (fast) gesunde Bäume befallen können, wie etwa der Zottige Schillerporling (S. 248) am Walnussbaum, und andere, die eigentlich friedlich als Folgezersetzer leben, aber unter besonderen Bedingungen auch stark vorgeschwächte, noch lebende Bäume befallen können.

Parasitische Großpilze an Bäumen sind besonders häufig und auffällig. Sie sind besonders zahlreich im Verwandtschaftskreis der Porlinge vertreten.

Bild links: Der Schwefel-Porling lebt parasitisch an Laub-, seltener an Nadelbäumen. Im Holz verursacht er eine intensive Braunfäule.

Zunächst einige essbare Beispiele Der Schwefel-Porling verursacht besonders häufig eine recht aggressive Braunfäule in Obstbäumen, Weidenarten und Fichten. Junge Fruchtkörper können durchaus wohlschmeckend sein, und gleichzeitig trägt beispielsweise der Kirschbaum, an dem er parasitiert, Jahr für Jahr noch Kirschen. Die stabile Splintholzröhre trägt den Baum und sorgt in ihren Leitungsbahnen für ausreichenden Nährstofftransport. Das biologisch wenig aktive Kernholz wird derweil vom Myzel des Schwefel-Porlings verzehrt. Ganz ähnlich sieht es bei der Krausen Glucke an Kiefern aus, nur dass man bei den Glucken, die oft scheinbar nur aus der Erde wachsen, nicht immer erkennen kann, dass sie als Myzel in der Kiefer wohnen und dort bis in mehrere Meter Höhe das Holz verzehren. Auch der große Schuppen-Porling zerstört oft lebendes Holz, allerdings als Weißfäule-Erreger, z. B. an Ahorn, Esche oder Linde.

Parasitische Großpilze an Kräutern und Stauden sind zwar auch nicht selten, aber meist recht unscheinbar. Der wohl bekannteste Vertreter ist der zudem sehr giftige Mutterkornpilz. Er bildet am Getreide die sehr giftigen Nahrungsreserven in Form von umgebildeten Körnern (= Sklerotien), aus denen dann im darauf folgenden Frühjahr Pilzfruchtkörper aus der entfernten Verwandtschaft der Holzkeulen wachsen.

Die Orangegelbe Puppen-Kernkeule ist unterirdisch mit den Puppen von Nachtfaltern verbunden.

Parasitische Großpilze auf Tieren sind wirklich selten, aber gerade aus der Verwandtschaft der Kernkeulen gibt es einige, die sich auf Schmetterlinge, Wespen und andere Insekten spezialisiert haben. Die Puppen-Kernkeule ist ein besonders auffälliger, leuchtend orangefarbener, bis 4 cm hoher, keulenförmiger Pilz aus dieser Gruppe.

Art	Wirt	Genusswert
Schwefel-Porling	Kernobst, Weiden, Fichten	ganz jung essbar
Krause Glucke	ausschließlich an Kiefern	essbar
Großer Schuppen-Porling	Ahorn, Pappel, Linde, Esche	ganz jung essbar
Austernseitling	Laub- und Nadelholz	essbar
Mutterkorn-Sklerotium	Getreide, andere Süßgräser	giftig
Puppen-Kernkeule	Nachtfalter-Puppen	kein Speisepilz
Parasitischer Röhrling	Kartoffel-Bovist	essbar
Zwitterlinge	Hartfleisch-Täublinge	keine Speisepilze
Parasitischer Scheidling	Nebelkappe	kein Speisepilz

Wie sammle ich Pilze?

Pilze sammeln – aber richtig

Sechs goldene Regeln zum richtigen Sammeln:

- 1. Nur Pilze sammeln, die man sicher kennt und als Speisepilze erkennt.
- 2. Zu alte und zu junge Exemplare stehen lassen.
- 3. Niemals schon abgeschnittene oder herausgerissene Pilze sammeln.
- 4. Kein Sammelgut von selbst ernannten „Kennern" übernehmen.
- 5. Im Zweifelsfall geprüfte Pilzsachverständige hinzuziehen.
- 6. Pilze, die zum Bestimmen mitgenommen werden, essen wir bestimmt nicht, denn wir kennen sie ja nicht, wir sind ja noch beim Bestimmen, beim Kennenlernen.

Wann ist die beste Zeit? Jede Pilzart hat ihre Haupt-Erscheinungszeit, doch was nutzt diese Erkenntnis, wenn das Wetter nicht mitmacht? Das „richtige" Pilzwetter ist keineswegs mit „feucht-warm" ausreichend umschrieben. Manche mögen es ausgesprochen kühl (Schwefelköpfe, Austernpilze, Violette Rötelritterlinge), andere lieben große Trockenheit, um mit einigen Gewitterschauern oder einem Landregen durchzustarten (Feld-Egerling, Hallimasch). Wieder andere genießen tatsächlich die sommerliche Wärme, soweit der Regen reicht (Sommer-Steinpilz, Frauen-Täubling u. v. a. Täublinge).
Selbst die im Frühjahr erscheinenden Morcheln haben ihr Lieblingswetter. Hat sich der Boden im Frühjahr, je nach Höhenlage ab März oder April/Mai, ausreichend erwärmt und folgt dem eine frostfreie, aber kühle Niederschlagsperiode, ist, soweit die Feuchtigkeit zwei Wochen anhält, Morchelzeit. Zu viel bodennaher Wind oder ein hohes Tag-Nacht-Temperaturgefälle kann aber selbst unter den genannten günstigen Bedingungen alle Hoffnung wieder zunichte machen. Die Sache ist also komplexer als man meint.

Im Ganzen gibt es einen guten Beobachtungstrick: Stellen sich in Parks, auf Grünstreifen oder an Waldwegrändern bei feuchter Witterung kleine, nicht gerade zum Essen einladende Pilzchen ein, die meist als Folgezersetzer leben, dauert es noch wenige Tage bis eine Woche, und die Großpilze der jeweiligen Saison werden folgen.

Wo lohnt sich die Suche? Für alle im Buch erwähnten Arten sind die Hauptlebensräume angegeben und auf den Lebensraumseiten (ab S. 14) finden Sie einen Kasten mit den für diesen Landschaftstyp häufigen Pilzarten. Dennoch gibt es einige Grundregeln für mehr oder weniger Erfolg:

- Die besten Plätze sind oft direkt am Wegrand. In der Traufe der Bäume, dort, wo das Wasser vom Blätterdach oder der Nadelkrone abtropft, wird man am ehesten fündig.
- Hohe Gräser, besonders Pfeifengras, sind schlechte Wegbegleiter des Speisepilzsammlers.
- Starke Verbuschung und reichlicher Brombeerbewuchs stören ebenfalls.
- Die Umgebung von Faulbaum oder Holunder ist nie besonders großpilzfreundlich.
- Ahorn, Eschen und Obstgehölze, wie z. B. Vogelbeere, haben keine oder fast keine Symbiosepartner unter den Pilzen.

Welche Ausrüstung ist nötig?
Zur richtigen Ausrüstung gehören neben der waldgerechten Kleidung Korb, Messer und ein wenig Alufolie oder festes Butterbrotpapier. Alle als Speisepilze sicher erkannten Fruchtkörper werden abgeschnitten, grob vom Waldschmutz befreit, eventuell durch einen Längsschnitt auf Madenfraß kontrolliert und in den sauberen Korb gelegt.
Wer so sorgfältig sammelt, kann es sich auch leisten, schleimige Huthäute z. B. von Gold-Röhrling oder Kuhmaul zu entfernen, denn von den anderen, ebenfalls sauberen Pilzen kann kein Schmutz an die abgezogenen Pilze kommen. Nicht ganz sicher erkannte Exemplare werden vorsichtig mit dem Messer aus dem Boden oder vom Holz abgemacht und vollständig, ohne Abschneiden oder Vorsäubern, mit Folie oder Papier von den Speisepilzen getrennt, in der Pilzberatung vorgelegt oder nach eigenem Gutdünken bestimmt.
Als giftig im Verdacht stehende „Bestimmlinge" sollten separat eingewickelt werden. Zuhause-Bestimmen nach diesem Buch sollte einfach sein, wenn der vorliegende Pilz auch unter den 190 in diesem Buch vorgestellten Arten zu finden ist oder zumindest einer der Gattungen, die im Schlüssel behandelt sind, zugeordnet werden kann. Dennoch werden Sie den Bestimmungsvorgang einige Male mit der gleichen Art zu dem gleichen Ergebnis führend wiederholen müssen, bis Sie sich Ihrer Bestimmung sicher sind und eine neue Pilzart als „bekannt und rein in die Pfanne" oder „Vorsicht Gift" abhaken können.

Steinpilz-Funde sind immer eine große Freude!

Wie erkenne ich zu alt, zu jung oder schon verdorben? Glaubt man eine Pilzart sicher zu kennen, stellt man erstens schon von weitem und zweitens auch in untypischer Form meistens gleich fest: „Das ist", z. B., „mein Gold-Röhrling."

Bei genauerem Hinschauen können aber durchaus Zweifel angebracht sein. Wie schnell hat man einen von oben völlig gleich aussehenden jungen Schleierling mit einem jungen Gold-Röhrling (S. 97) verwechselt. Der Spitzgebuckelte Schleierling *(Cortinarius rubellus)* kann durchaus ähnlich, seine Parallelart, der vermutlich auch sehr giftige Löwengelbe Schleierling *(Cortinarius limonius)* völlig identisch aussehen.

In einem Experiment dazu habe ich einmal je vier junge, vom Hut her noch geschlossene Gold-Röhrlinge und vier gleich junge Löwengelbe Schleierlinge über Nacht im Kühlschrank gelagert und dadurch antrocknen lassen. Tags darauf habe ich sie von Experten, welche die Pilze nur betrachten, aber nicht anfassen durften, begutachten lassen. Keiner der Pilzsachverständigen war in der Lage, alle Exemplare eindeutig zuzuordnen. Dieses Beispiel mag die allzu oft belächelte Ähnlichkeit von Röhren- und Blätterpilzen bei oberflächlicher Betrachtung mit aller Deutlichkeit unterstreichen.

Zu alte Pilze äußern sich meistens durch einen stark nach oben gerichteten Hutrand, im Falle von farbigem Sporenpulver durch dunkle Färbung von Röhrenschicht oder Lamellen. So sind z. B. noch als Handelsklasse 1 angebotene, geschlossene Champignons, wenn sie braune Lamellen haben, einfach alt. Zurücktrocknen oder Verfärbung der Ränder und meist Weichwerden besonders des Hutfleisches sind ebenfalls Kriterien der Überständigkeit.

Nach Frosteinwirkung können auch augenscheinlich noch nicht überalterte Pilze eine weiche Konsistenz aufweisen. Diese sind dann ebenfalls nicht mehr genießbar und können Bauchweh und Erbrechen verursachen.

Schneckenfraß dagegen sagt nichts über den Genusswert der Pilze aus. Als störend empfundene, angefressene Teile kann man wegschneiden und den Rest durchaus genießen.

Der Frauen-Täubling gehört zu den wenigen roh essbaren Arten. Diese Exemplare sind jedoch bereits durch Schneckenfraß zu sehr mitgenommen, vom Verzehr ist abzuraten.

Wie gehe ich mit zweifelhaften Arten oder Exemplaren um? Bei jedem erfolgreichen Pilzsammelausflug sieht man irgendetwas vorher nicht Entdecktes oder zumindest nicht Beachtetes. Im „Handbuch für Pilzfreunde, Band V" ist ein 36-seitiges Kapitel allein den häufigen Missbildungen bei Pilzen gewidmet. Auch ohne gleich so ein hartes Wort gebrauchen zu müssen, gibt es sehr oft Größen-, Bildungs- und Farbabweichungen bei Pilzfruchtkörpern. Wenn also z. B. ein Perlpilz wirklich alle Merkmale richtig ausgebildet hat, aber nirgends fleischrötliche Mischtöne zu entdecken sind, soll es ruhig ein Perlpilz sein. Gegessen wird er nicht! Den guten Überblick über die Erscheinungsvariabilität kann ich auch so glaubwürdig dar-

stellen. Zur letzten Beweisführung brauche ich das zweifelhafte Stück sicher nicht zu essen oder gar an meine Familie zu verfüttern.
Auch Pilze, die man so gut wie sicher, aber eben nicht sicher kennt, werden nicht gegessen. Nicht selten werden solche Mahlzeiten tatsächlich nur „so gut wie gegessen". Häufigere Berichte von Sammlern, die Pilze gesucht, vermutlich erkannt, zu Hause noch einmal nachbestimmt, geputzt und zubereitet und schließlich voller Restzweifel doch weggeschüttet haben, sind mir immer wieder Anlass zum Schmunzeln. Entweder ich kenne sie und erkenne sie als Speisepilze, dann werden sie bei Bedarf auch zum Essen eingesammelt, oder ich habe auch nur geringste Restzweifel, dann werde ich darauf verzichten. Kompromisse sind an der Stelle unzulässig.

Wenn wir Pilze zur Bestimmung sammeln, werden die ganzen Pilze abgeschnitten. Haben wir aber die Pilze bereits sicher erkannt, schneiden wir nur die Hütchen ab.

Pilzberatung, was bringt sie mir?

In vielen Städten und Kreisen gibt es von Landesbehörden oder der Deutschen Gesellschaft für Mykologie geprüfte Pilzsachverständige, die ihr Wissen der Allgemeinheit ehrenamtlich zur Verfügung stellen. Diese Beratungsstellen sind wichtige Einrichtungen für die Vergiftungsvorsorge, aber auch für den Naturschutz.
Glaubt man, vermutlich essbare Pilze entdeckt zu haben, kann der Sachverständige die letzte Sicherheit über Richtig oder Falsch aussprechen und vor allem auch erläutern, sodass man auf diesem Wege in Verbindung mit einem guten Buch sehr viel schneller neue Speisepilze sicher kennen lernt.
Glaubt man eine Rarität gesehen zu haben und hat sie im günstigsten Falle sogar stehen lassen, ist der Sachverständige sicher dankbar, den besonderen Fund oder besser den Standort zu dokumentieren und eventuell sogar gegen Umnutzung zu schützen. In der Speisepilzberatung sollte man keinesfalls nur einen Teil des Sammelgutes mit den kritischen Arten vorlegen, sondern immer alle Pilze auf Genusswert überprüfen lassen. Ist alles geprüft und es wird einem trotzdem schlecht, ist die Ursachenermittlung um einen ganz wesentlichen Punkt einfacher. Mit zwei Pilzen in die Beratung zu gehen, um dann die ganze Fundstelle abzusammeln, ist ebenfalls höchst risikoreich. Wie will man sicher sein, dass die anderen Pilze am Standort die gleichen und nicht eventuell nur ähnliche mit ganz unterschiedlichem Genusswert sind?
Das Fazit der ganzen Sache lautet: Bei allem, was ich esse und Freunden oder Angehörigen vorsetze, bin ich mir hundertprozentiger Unbedenklichkeit sicher. Dann sind die Pilzvergiftungen ausgestorben.

Wie bestimme ich Pilze?

Pilze bestimmen – gewusst wie

- › **Pilze bestimmen** bedeutet nicht gleich **Pilze kennen**.
- › Immer wieder **wiederholte Bestimmungen mit dem gleichen Ergebnis** führen zu einer gewissen Sicherheit.
- › Die **Bestätigung** des Ergebnisses **durch einen Fachmann** führt zur Gewissheit.
- › Solange ich noch bestimme, esse ich die Pilze auf keinen Fall.
- › Nur Pilze, die ich kenne, kommen auf den Tisch.

Erste Schritte der Pilzbestimmung

Zunächst wird jeder versuchen, einen im Wald gefundenen Pilz mit Bildern in einem mitgeführten Buch zu vergleichen. Falsch ist das ganz sicher nicht, denn wenn nichts übereinstimmt, bleibt zumindest dieser Pilz stehen. Stimmt etwas oder sogar viel vom Bild mit dem Fund überein, kann ich mich über das Bild hinaus mit den Textangaben über die vermutete Art näher orientieren und sollte eine Verwechslung, wie z. B. beim Schopf-Tintling (S. 130), weitgehend ausgeschlossen sein, so genügt eine Absicherung durch einen Fachmann oder wiederholte Bestimmung, eventuell unter Hinzuziehen eines zweiten Buches, und ich kenne den Pilz. Nicht immer ist einem aber beim bloßen Blättern in einem Bilderbuch das Glück gleich hold.

Hilfreich kann da eine Übersicht der verwandtschaftlichen Gruppen sein, wie sie in und auf der hinteren Klappe dieses Buches gegeben ist. Grobe Zuordnungen helfen, nicht das ganze Buch durch- und zerblättern zu müssen, sondern bestimmte Gruppen von vorneherein auszuschließen.

Ein weiterer, wesentlicher Schritt ist die Erkennung und Vertiefung der typischen Fruchtkörperformen für bestimmte Gruppen. Das ist in Zeichnungen dem Schlüsselteil auf den Seiten

274/275 vorangestellt. Beides, der Vergleich mit den Verwandtschaftsgruppen und das immer wiederholte Betrachten typischer Formen, schult den so unverzichtbaren „Blick für die Sache". Erfahrene Sammler erkennen „ihre" Pilze meist schon von weitem und auch in untypischer Formgebung wieder. Mit dem immer wieder wiederholten Betrachten der typischen Formen machen Sie nichts anderes, als Ihr Pilzauge zu schulen – ein ganz wichtiger Schritt zum Erfolg.

Gattungskenntnis als Schlüssel zum Erfolg Viele Pilze sehen sich zufällig äußerlich ähnlich, gehören aber zu ganz verschiedenen Gattungen, die einen sind harmlos, die anderen haben giftige Vertreter in der Verwandtschaft. Sichere Kenntnis der Gattungsmerkmale, wie sie mit diesem Buch erworben werden kann, schützt vor tragischen Irrtümern. Nehmen wir als Beispiel den Lila Dickfuß (S. 150) und den Violetten Rötelritterling (S. 165). Die beiden sehen sich im Idealfall nicht ähnlich. Unter ungünstigen Bedingungen, besonders im Spätherbst bei kaltem Wetter, können aber täuschend ähnliche Formen auftreten. Da ist es hilfreich, etwas über die mit rostbraunem Sporenstaub eingefärbte Schleierzone der Schleierlinge, wozu der Lila Dickfuß gehört, zu wissen. Rötelritterlinge haben nie eine Schleierzone und der blasscreme gefärbte Sporenstaub bleibt am Fruchtkörper meist unsichtbar. Um etwas über die Gattungszugehörigkeit der verschiedenen Pilze zu wissen, hilft besonders auch, weiterführende Bücher, wie z. B. „Der große Kosmos-Pilzführer", sinnvoll einzusetzen.

Pilzbestimmung mit einem Bestimmungsschlüssel, das ist der Königsweg zu weiteren Kenntnissen. Der Bestimmungsschlüssel macht nämlich nichts anderes, als den Benutzer in gnadenloser Konsequenz nach sich ausschließenden Merkmalen abzufragen. Röhren

Der Größte Saftling ist mit seiner leuchtenden Farbe leicht zu erkennen.

oder Lamellen auf der Unterseite von Hüten, Lamellen leicht ablösbar, Lamellen mit dem Hutfleisch fest verwachsen usw. Das sind Kriterien, die das Wiedererkennen von Zugehörigkeiten schulen. Sicher wird so ein Bestimmungsschlüssel für den Anfang als ein unnötig umständliches Instrument betrachtet, aber spätestens wenn man auf Pilze stößt, die im vorliegenden Buch nicht abgebildet sind, ist der Schlüsselweg für jeden erkennbar der Königsweg. Sie haben, dem Schlüssel folgend, ein Gattungsergebnis erzielt.
Mit diesem Ergebnis können Sie in einem weiterführenden Pilzbuch direkt bei dieser Gattung schauen, ob sich eine Abbildung findet, die eine Erfolg versprechende Ähnlichkeit erkennen lässt. Stimmt dann der beschreibende Text auch in allen Teilen überein, haben Sie einen „Fortgeschrittenen-Pilz" mit Hilfe Ihres „Anfängerbuchs" richtig bestimmt. Noch mehr ist beim besten Willen nicht zu erwarten.
Den verständlichen und ausführlichen Bestimmungsschlüssel finden Sie in dem Kapitel „Welcher Pilz ist das?" ab Seite 271.

Was muss ich über Pilzvergiftungen wissen?

Pilzvergiftungen – was tun?

Vier Schritte, aber in der richtigen Reihenfolge!

Bei jedem Verdacht einer ernsthaften Pilzvergiftung sind immer die gleichen vier wichtigen Schritte zu tun:

1. Ärztliche Hilfe suchen
2. Betroffene beruhigen
3. Reste von Sammelgut, Mahlzeiten und eventuell bereits Erbrochenem sicherstellen
4. Liegt die Mahlzeit weniger als 5 Stunden zurück, zum Erbrechen bringen

Wichtig:

- Keine Milch trinken lassen
- Keine Mittelchen aus der Hausapotheke verabreichen
- Kein konzentriertes Salzwasser ohne ärztliche Anordnung

Welche Pilzvergiftungen gibt es?

Unter allen Fällen von Gesundheitsstörungen durch Pilze sind die „unechten" Pilzvergiftungen am häufigsten. An zweiter Stelle liegen Vergiftungen durch Pilze, in denen für Menschen giftige Stoffe in jedem Zustand, das heißt also in frischen Pilzen, auch ordentlich gebraten, vorhanden sind, gefolgt von Unverträglichkeiten und Allergien. Darüber hinaus gibt es eine Menge Sonderformen, wie Pilze, die bei gleichzeitigem Alkoholgenuss krank machen usw. Wenden wir uns erst den klassischen Pilzvergiftungen durch Pilzgifte in Giftpilzen zu.

Was ist grundsätzlich zu beachten?

Als giftig definieren wir alle Pilzarten, die bei ortsüblicher Zubereitung in Mahlzeitmenge aufgrund ihrer Inhaltsstoffe zu Gesundheitsstörungen führen können. Das heißt: 150 bis 250 g frische, geputzte Pilze mindestens 10 Minuten erhitzen, dünsten oder braten, und warm oder als Salatzubereitung serviert verzehren. Sollte dann einem von zehn Tischgenossen schlecht werden, liegt eher eine Unverträglichkeit vor. Wird allen außer einem (der wenig gegessen hat?) schlecht, müssen wir bei den häufigsten Ursachen – unechte oder echte Pilzvergiftungen – suchen. Liegt eine Pilzvergiftung vor, wird unter Berücksichtigung der Fallumstände mit dem Schlimmsten gerechnet, und das wäre der Verzehr tödlich giftiger Pilze. Als tödlich giftig bezeichnen wir die Pilze, deren giftige Inhaltsstoffe bei Genuss einer ganzen Mahlzeit ohne rechtzeitige ärztliche Hilfe zum Tode führen können. Alle Pilze, die gedünstet oder gebraten in Mahlzeitmenge im Allgemeinen keine Störungen verursachen, nennen wir essbar, wohl wissend, dass die meisten Speisepilzarten roh giftig sind.

Tödlich giftige Pilze enthalten Giftstoffe, die Körperorgane so stark schädigen, dass ohne ärztliche Hilfe der Tod eintritt. Grüner und Kegelhütiger Knollenblätterpilz, Gift-Häublinge und einige kleine Schirmlinge, wie der Fleischrote Gift-Schirmling, enthalten Giftstoffe, welche die Leberfunktion zerstören.
Orangefuchsiger Raukopf, Spitzgebuckelter Schleierling und vermutlich einige weitere Arten enthalten Gifte, welche die Nierenfunktion zerstören.
Frühjahrs-Lorchel, Riesen-Lorchel und einige andere enthalten unterschiedlich stark hitzeempfindliche Inhaltsstoffe, die das Organsystem multifunktional stören, sodass der Patient daran sterben kann.
Die Latenzzeit, also die Zeit zwischen dem Verzehr und den ersten Symptomen, kann gerade bei tödlich giftigen Arten extrem lang sein. Bei Grünen Knollenblätterpilzen und den anderen Arten mit leberschädigender Wirkung kann die Zeit bis zu den ersten Symptomen über zwei Tage dauern. Bei einer Vergiftung mit nierenfunktionszerstörender Wirkung kann die Latenzzeit sogar über eine Woche lang sein. Da denkt keiner mehr an eine Pilzmahlzeit, wenn das Nierenversagen eintritt! Je länger die Pilzmahlzeit zurückliegt und je mehr gegessen wurde, um so schlechter ist die Genesungsprognose, auch bei allem Einsatz der ärztlichen Kunst.

Giftig im Magen-Darm-Trakt nennen wir diejenigen Pilze, nach deren Genuss Übelkeit, Durchfälle oder beides eintreten kann. Begleitend können durchaus auch stärkere Symptome wie Darmbluten, Austrocknen des Körpers usw. auftreten. Da gibt es sehr stark wirkende Arten, wie beispielsweise Tiger-Ritterling und Riesen-Rötling.
Schwächer wirkende Arten sind Karbol-Egerling, Bauchweh-Koralle und viele

Diese Rotfuß-Röhrlinge sind offensichtlich vom Goldschimmel befallen und nicht mehr genießbar.

andere. Ganz schwach in der Wirkung sind z. B. Klebriger Hörnling (S. 261) und Breitblättriger Rübling, die in vielen Büchern nicht zu Unrecht lediglich als ungenießbar und schwer verdaulich bezeichnet werden. Die ersten Symptome treten meist schon nach 20 Minuten bis 2 Stunden auf.

Psychotrop wirksame Pilze, also nervengiftig mit einer Hauptwirkung auf das bewusste Nervensystem, sind viele Kahlköpfe und Düngerlinge. Hier sind die Menge wirksamer Inhaltsstoffe und die verzehrte Menge in direkten Zusammenhang mit dem Eintritt der Wirkung zu setzen. Eine größere Menge Spitzkegeliger Kahlköpfe beispielsweise wird schon nach etwa 10 Minuten schwere Störungen des bewussten Erlebens verursachen und kann zu einer nicht wieder zu behebenden Psychose führen. Störungen im Magen-Darm-Trakt sind selten, aber möglich. Von Selbstversuchen ist jedenfalls strikt abzuraten.
Leider gibt es bei diesen Pilzen einen grauen und illegalen Markt, auf dem sehr oft ganz andere Pilze als vermeintliche „Rauschpilze" angeboten werden. Solange unbedenkliche Pilze für viel Geld gehandelt werden, ist das nur ärgerlich, aber nicht schlimm. Es gibt aber immer wieder Fälle, wo giftige Pilze ohne Rauschwirkung, mit ganz anderer gesundheitsschädlicher Wirkung, als so genannte Rauschpilze angeboten werden.

Der Grüne Knollenblätterpilz warnt mit seinen weißen Lamellen, der Zwiebelknolle und der lappigen Scheide: Vorsicht, Lebensgefahr!

Gleichzeitig den Magen-Darm-Trakt und das Nervensystem beeinträchtigend Eine große Zahl von Pilzen aus verschiedenen Blätterpilz-Familien beeinträchtigen gleichzeitig den Magen-Darm-Trakt und das Nervensystem. Zu den hochwirksamen Arten gehören hier Ziegelroter Risspilz (S. 161) und andere Risspilze, einige Trichterlinge sowie Pantherpilze (S. 117) und Fliegenpilze (S. 118). In den meisten Fällen handelt es sich bei dem wirksamen Inhaltsstoff um Muskarin, eine giftige chemische Verbindung, die neben Rauschzuständen und verengten Pupillen häufig auch heftige Magen-Darm-Reaktionen hervorruft. Die Wirkung setzt immer recht schnell nach wenigen Minuten bis Stunden ein, wie bei den Pilzen, die im Magen-Darm-Trakt giftig sind.

Unechte Pilzvergiftungen Zu viel gegessen, üble Scherze über Verwechslungen usw. oder reichlicher Alkoholgenuss zu einer reichlichen und schwer im Magen liegenden Mahlzeit können die Ursachen für eine unechte Pilzvergiftung sein. Der häufigste Grund ist aber zweifelsfrei die Zubereitung von aus irgendeinem Grund zu alten Pilzen. Wenn die frischen Pilze schon streng riechen, merkt man das nicht ohne weiteres, und fatalerweise sind die Pilze meist längst, bevor sie anfangen zu stinken, schon schlecht.
Eine andere Ursache ist unsachgemäße (zu warme) oder zu lange Lagerung. Auch hier beginnt bereits die Eiweißzersetzung, obwohl die Pilze nicht schlecht

Das Foto zeigt unterschiedliche Altersstadien des Grünen Knollenblätterpilzes.

aussehen müssen, sind sie dennoch schon gesundheitsgefährdent.

Die **Alkoholunverträglichkeit** stellt eine Sonderform unechter Pilzvergiftung dar. Bei gleichzeitigem Genuss von Pilzen und alkoholhaltigen Getränken oder Speisen stellen sich Gesundheitsstörungen ein, die sehr unangenehm sein können. Ein bis zwei Stunden nach der Mahlzeit zeigen sich Hautrötungen. Übelkeit und Schwächegefühl werden von Angstzuständen, Pulsrasen und Blutdruckschwankungen begleitet. Dieser Zustand kann viele Stunden anhalten. Verursacht werden solche Geschehnisse durch Falten-Tintlinge oder auch Netzstielige Hexen-Röhrlinge. Auch andere Tintlinge (ab S. 130) und der sehr seltene Stier- oder Ochsen-Röhrling sollen hin und wieder zu solchen unechten Pilzvergiftungen (man könnte ja auf den Alkohol verzichten) geführt haben.

Schwere Allergien kann der Kahle Krempling (S. 106) verursachen. Obwohl nur 7 Fälle in all den Jahrzehnten der Beobachtung sicher nachgewiesen sind, gibt es häufiger Kremplings-Vergiftungen, die eher als schwerste Magen-Darm-Störungen aufzufassen sind. Sicher ist auch manche Kremplingsallergie nicht derart schwer verlaufen, dass sie als solche erkannt wurde. Auch andere Pilze, Speise- wie Giftpilze, können ursächlich oder zusätzlich Allergien oder ähnliche Symptomatiken verursachen. In jedem Falle sollte man sich genau merken oder besser aufschreiben, wenn nach einem an sich ordentlichen Pilzgericht, was eventuell andere gut vertragen haben, Probleme auftreten. Sollte sich, auch nach Monaten oder Jahren, das Gleiche wieder abspielen, ist sicher von einer Unverträglichkeit oder sogar von einer Allergie auszugehen.

Mit **Rhabdomyolyse**, einer sehr seltenen speziellen Erkrankung, wird der Grünling in Verbindung gebracht. Hierbei werden Muskelzellen durch Inhaltsstoffe des Pilzes in massiver Weise zerstört und infolgedessen in hoher Konzentration im Blut tödlich wirkende Abbauprodukte freigesetzt. Zwölf in Frankreich untersuchte Fälle, davon drei mit tödlichem Ausgang, führen dazu, dass wir den Grünling von der Liste der Speisepilze streichen müssen.

Das Acromelalgra-Syndrom ist die bis auf weiteres neueste Form der Erkrankungen durch Pilze. Schon seit langem in Japan bekannt, führt ein dort vorkommender Trichterling Stunden nach dem Genuss zu heftigsten Schmerzen und Überhitzungen der Hände und Beine. In den 1970er-Jahren wurde eine solche Erkrankung erstmals auch aus Frankreich beschrieben. Nach weiteren Fällen konnte der Parfümierte Trichterling *(Clitocybe amoenolens)* als Ursache ermittelt werden. Dieser Pilz und die noch seltenen Vergiftungen kommen bisher hauptsächlich in Mittelmeerländern vor, doch aufgrund der Klimaerwärmung müssen wir damit rechnen, dass der Pilz vielen anderen Spezies nach Norden folgt, die früher hauptsächlich südlich des Alpenhauptkamms verbreitet waren. Ich empfehle deshalb den Fuchsigen Röteltrichterling *(Lepista flaccida)*, der ohnehin nicht besonders lecker ist, nicht mehr als Speisepilz.

Der giftige Orangefuchsige Raukopf taucht immer wieder unerkannt in Sammlerkörben zwischen essbaren Schmier-Röhrlingen und Pfifferlingen auf.

Roh giftig sind die meisten Speisepilze und man sollte, wenn überhaupt, nur Arten, die ausdrücklich als roh genießbar bekannt sind, auch roh essen. Schließlich kommt ja zumindest bei Wildpilzen noch eine theoretische Gefahr durch äußere Verunreinigung mit Bakterien oder anderen krank machenden Mikroorganismen und Kleinlebewesen, z. B. durch Tierkot, hinzu.

Das Wiederaufwärmen von Resten einer Pilzmahlzeit ist nicht bedenklich, solange der Rest nicht länger als 24 Stunden bei Keller- oder Kühlschranktemperatur aufbewahrt wurde. Zu langes und zu warmes Aufbewahren oder Zur-Seite-Stellen in Buntmetall-Gefäßen wie Kupfer oder Messing führte früher häufiger zu ernsten Beschwerden nach Verzehr dieser falsch gelagerten Reste.

Die Behandlung von Vergiftungen ist Sache des Arztes! Sollte sich trotz aller Kenntnis und Vorsicht in Ihrem Umfeld einmal eine Pilzvergiftung ereignen, sind die eingangs im Kasten dargestellten Schritte, vor allem auch in dieser Reihenfolge, immer richtig.
Niemand von uns ohne medizinische Vorbildung wird die Behandlung einer Vergiftung oder die Verantwortung für verspätete Behandlung übernehmen wollen. Deshalb ist in jedem Falle als Erstes der Arzt gefragt. Die Betroffenen (insbesondere Kinder und besorgte Eltern) beruhigen, ist gleichermaßen eine ganz wichtige Maßnahme. Sollte wirklich eine gefährliche Vergiftung vorliegen, ist bei verängstigten Patienten die Gesundheitsprognose messbar schlechter.
Das Aufbewahren von Putz- und Mahlzeitresten sowie eventuell Erbrochenem ist für die Eingrenzung der zur Vergiftung führenden Arten sehr wichtig.

Nicht nur, dass dadurch von den Pilzen auf die richtige weitere ärztliche Behandlung geschlossen werden kann, auch unnötige und unter Umständen nicht ungefährliche Behandlungen können nach einer sorgfältigen Analyse der in Frage kommenden Vergiftungsursachen vermieden oder abgebrochen werden.

Verhütung von Pilzvergiftungen ist das sicherste Mittel im ganzen Themenkomplex. Wenn Sie sich Ihrer Kenntnisse immer ganz sicher und Ihrer Verantwortung bewusst sind, notfalls der geprüfte Sachverständige vor dem Pilzeputzen zu allen für den Verzehr gesammelten Pilzen um Begutachtung gebeten wird und alles Fragliche aus der Pfanne bleibt, gehören Pilzvergiftungen zu den aussterbenden Ereignissen.

Gift-Häublinge enthalten Knollenblätterpilzgifte und können tödlich sein.

Giftnotrufzentralen

Deutschland

Berlin Landesberatungsstelle für Vergiftungserscheinungen
Tel.: +49 (0)30/19 240

Berlin Giftberatung Virchow-Klinikum
Tel.: +49 (0)30/45 05 35 55

Bonn Informationszentrale gegen Vergiftungen
Tel.: +49 (0)228/19 240

Erfurt Gemeinsames Giftinformationszentrum der Länder Mecklenburg-Vorpommern, Sachsen, Sachsen-Anhalt und Thüringen
Tel.: +49 (0)361/730 730

Freiburg Informationszentrum für Vergiftungen
Tel.: +49 (0)761/19 240

Göttingen Giftinformationszentrum Nord: GIZ-Nord der Länder Niedersachsen, Bremen, Hamburg, Schleswig-Holstein
Tel.: +49 (0)551/19 240

Homburg Informations- und Beratungszentrum für Vergiftungsfälle
Tel. +49 (0)6841/19 240

Mainz Beratungsstelle bei Vergiftungen
Tel.: +49 (0)6131/19 240

München Giftnotruf München
Tel.: +49 (0)89/19 240

Nürnberg Gifttelefon
Tel.: +49 (0)911/398 24 51

Österreich

Wien Vergiftungsinformationszentrale
Tel.: +43 (0)1 406 43 43

Schweiz

Zürich Tox-Zentrum
Tel.: +41 (0)44 251 51 51
Notrufnummer für die Schweiz: 145

Champignonbürste

Wie bereite ich Pilze zu?

Selbst gefunden und selbst zubereitet

Vorbereitung im Wald Über die erfolgreiche, wohlschmeckende und vor allem mit Freude zubereitete Mahlzeit aus selbst gesammelten Pilzen wird bereits im Wald entschieden. Nehmen Sie keine nur vermutlich essbaren Pilze mit und schon bleibt die ungewollte Spannung bei der Zubereitung aus der Sache draußen. Wenn Sie dann das „Saubersammeln", Kontrolle nach Madenfraß und Entfernen von schleimigen Teilen beherzigen, macht die Arbeit zu Hause viel mehr Spaß.

Zu Hause geht's weiter Dort angekommen, wird die Beute flach ausgebreitet und nach Arten sortiert. Diese Übung zur Selbstsicherheit und Schulung der „Pilzaugen" ist nicht zu unterschätzen. Außerdem wird so der ansehnliche Zustand des Sammelgutes am wenigsten beeinträchtigt.
Am besten werden die Pilze ganz frisch verarbeitet; Lagerung über maximal 24 Stunden (flach ausgebreitet, kühl im Keller oder Kühlschrank) schadet aber auch nicht sehr. Diese Lagerzeit ist eine sichere Untergrenze. Manche Arten (Pfifferling, Shiitake) dürfen durchaus eine Woche oder sogar noch ein paar Tage mehr aufbewahrt werden. Es geht jedoch immer ein wenig Aroma verloren.
Entscheidend für unerfahrene Sammler: Das Aroma der frischen Pilze ist meist nicht übertrieben stark und man sollte sich das, bei Zimmertemperatur wahrgenommen, einprägen. Mit der Zeit der Lagerung lässt das Aroma nach, intensiviert sich aber bei längerer Lagerung infolge eines gleichzeitigen Trocknungsprozesses. Wenn dieses „Trocknungsaroma" intensiv wird, oder umgekehrt einzelne Stücke augenscheinlich weich werden und nass oder glasig erscheinen, beginnen die Pilze schon zu verderben und können Magen-Darm-Störungen hervorrufen oder zumindest sehr stark verdauungsfördernd sein oder Durchfall verursachen.

Pilze waschen? Bei mir werden Pilze nie in Wasser gewaschen. Da zur richtigen Zubereitung immer ausreichendes Erhitzen gehört, sind Gefahren durch Fuchsbandwurm-Eier oder Mikroorganismen ausgeschlossen. Sollte wirklich mal mit einem Haushaltsbürstchen kaum entfernbarer Schmutz die Laune verderben, ist Abspülen unter fließendem kalten Wasser die schonendste Methode.

Sonderfall Krause Glucke Besonders lästig wird das Reinigen von Krausen Glucken empfunden. Deshalb hier gleich ein heißer Tipp. Diesen robusten, von der Fleischsubstanz her wenig Wasser aufsaugenden Pilz kann man in 1 bis 2 cm dicke Scheiben schneiden und dann in einem Sieb mit heißem Wasser kurz überbrühen. Die brüchigen Äste werden völlig elastisch. Scheibchen für Scheibchen kann das Ganze sauber gepult und gekratzt werden. Anschließend werden die Scheiben mit minimaler Wertminderung paniert (mindestens 10 Minuten bei großer Hitze backen!) oder in Streifen geschnitten und als Pilzgulasch weiterverarbeitet.

Was sind verwertbare Speisepilze? Die Definition für „Speisepilz" geht weit auseinander und ist von Autor zu Autor sehr verschieden. Was in der einen Region als „essbar" bezeichnet wird, heißt in einer anderen Region schon ungenießbar, weil es einfach kein Genuss ist, so etwas zu essen (z. B. den Purpurfilzigen Holzritterling). So etwas füllt bestenfalls den Magen und macht satt. Die Grauzone von „nicht besonders wertvoll", „kaum Speisepilz", „schwer verdaulich" usw. ist recht groß und führt dazu, dass z. B. der Breitblättrige Holzrübling als essbar, ungenießbar oder sogar als giftig (aufgrund schwerer Verdaulichkeit) bezeichnet in verschiedenen Büchern zu finden ist. Hier sind keineswegs die Bücher falsch, sondern die Geschmäcker gehen auseinander, und der eine Autor geht von robusterer Grundgesundheit aus als der andere.

Essbare Pilze und ihre Verwendung Alle in diesem Buch als essbar bezeichneten Pilze habe ich zumindest auch schon einmal bzw. viele Male gegessen. In der Tabelle sind folgende Pilze mit Kennzahlen aufgeführt:
Kategorie 1: gut als Speisepilze geeignete Pilze, von denen ich Einzelgerichte gegessen habe, sei es nun, weil ich sie besonders lecker finde oder weil sie sich nicht für Mischgerichte eignen.
Kategorie 2: Mischpilze Pilze, die sich mit anderen vertragen oder von denen ich keinen besonderen Eigengeschmack und keine besonders ansprechende Konsistenz nachempfinden kann.
Kategorie 3: roh giftige oder unverträgliche Pilze, die teilweise wirklich wohlschmeckend, roh aber lebensbedrohlich giftig sind oder häufiger zu Unverträglichkeiten geführt haben, ordentlich zubereitet jedoch nicht als giftig bezeichnet werden können.

Schopf-Tintlinge müssen schnell verarbeitet werden.

Genusswerttabelle: Essbare Pilze und ihre Verwendung

In der Tabelle sind folgende Pilze mit Kennzahlen aufgeführt:

Kategorie 1: *nur als Einzelgericht geeignete oder von mir als wohlschmeckend empfundene Speisepilze*

Kategorie 2: *Mischpilze*

Kategorie 3: *roh giftig oder unverträglich, ordentlich zubereitet jedoch nicht giftig Nähere Erklärungen im Text S. 63 und 66.*

Zur Orientierung *Die Pilze sind alphabetisch sortiert, sodass die gesuchte Pilzart sehr schnell gefunden werden kann. Bei mehrteiligen deutschen Namen sind die Pilze aus Platzgründen nur einmal aufgeführt, und zwar mit vorangestelltem Gattungsnamen (z. B. Steinpilz, Fichten-). Pilze mit sehr häufigen Synonymen sind unter beiden gängigen Namen zu finden.*
Zum Nachschlagen im Buch finden Sie in der äußersten Spalte den **Seitenverweis** *zur Artvorstellung des Pilzes.*

Pilzart	Kategorie	Seite
Ackerling, Südlicher	1, 2	138
Austernpilz	1	192
Blutreizker, Fichten-	1	193
Bovist, Riesen-	1	255
Brätling	1	194
Brotpilz	1, 2	153
Champignon, Schaf-	1, 2	110
– Wiesen-	1, 2	108
– Zucht-	1, 2	109
Dachpilz, Hirschbrauner	2	125
– Rehbrauner	2	125
Egerling, Anis-	1, 2	110
– Feld-	1, 2	108
– Zweisporiger	1, 2	109
Eierschwamm	1, 2	219
Eispilz	1	262
Essenkehrer	1, 2	197
Faserling, Behangener	2	136
Fette Henne	1, 2	229
Grauhederl	2	91
Graukappe	3	187
Habichtspilz	2	228
Hallimasch	3	183
Herbsttrompete	1, 2	222
Herrenpilz	1, 2	80
Judasohr	1	260
Krause Glucke	1, 2	229
Lackpilz, Amethystblauer	2	188
Lacktrichterling, Violetter	2	188
Leberpilz	1	236
Leistling, Goldstieliger	1, 2	221
Maipilz	2	182
Mehlpilz	2	127
Mehlräsling	2	127
Milch-Brätling	1	194
Milchling, Mohrenkopf-	1, 2	197
Mönchskopf	2	186
Morchel		
– Graue Morchel	1	264
– Speise-Morchel	1	264
Nagelschwamm	1, 2	173
Nelkenschwindling	1, 2	173
Ochsenzunge	1	236
Parasolpilz	1	122
Perlpilz	3	120
Pfifferling	1, 2	219
– Herbst-	1, 2	220
– Keulen-	1, 2	223
– Trompeten-	1, 2	220
Porling, Großer Schuppen-	1	235
– Schwefel-	1	237
– Semmel-	1, 2	232

Wichtiger Nachtrag zur Tabelle auf der vorherigen Doppelseite Die Tabelle gibt ausdrücklich keine Werturteile über den Wohlgeschmack wieder, da dieser sehr verschieden beurteilt wird. Ich persönlich finde Stäublinge und den Riesen-Bovist z. B. nicht besonders wohlschmeckend. Sie sind aber hier in der Kategorie „1", weil sie zu Mischpilzgerichten nicht gut geeignet sind. Viele der von mir als besonders lecker beurteilten Pilze, z. B. Frauentäublinge, sind wegen des Wohlgeschmacks als Einzelgericht in Kategorie 1, können aber auch mit anderen Pilzen gemischt werden und sind deshalb mit „1, 2" gekennzeichnet.

Einzelgerichte kann man grundsätzlich von allen Arten (S. 64/65) ausprobieren. Umgekehrt kann man aber einige Arten nicht gut als Mischpilze verwenden.

Braten Ganz voran steht da der Brätling, der seine einzig gute Zubereitungsart schon im Namen trägt. Er muss gebraten werden, gedünstete Brätlinge sind einfach grauslich. Gelegentlich wird er roh gegessen, doch zum Rohverzehr von einigen Pilzen werden weiter unten noch einige Ratschläge folgen.
Ebenfalls am besten gebraten zu genießen sind ganze Hüte von Riesenschirm-

Trockenpilze eignen sich ausgezeichnet zum Verfeinern edler Speisen.

pilzen, sowohl paniert als auch „nature" als „Schnitzel" zubereitet. Junge, kugelig geschlossene Pilze lässt man noch ein, zwei Tage stehen, bis sie aufschirmen. Sollte sie zwischenzeitlich ein anderer Sammler entdecken, hat man auch was Gutes getan.
Auch Reizker aller Art sind besonders gut zum Braten geeignet. Ein Reizkersüppchen ist auch was Feines, aber ganze Hüte und längs halbierte Stiele gebraten geben das volle Aroma wieder. Sollte man Pfeffer-Milchlinge und Wollige Milchlinge für essbar halten, müssen auch die kräftig, knusprig angebraten werden. Ich finde sie so fad, dass ich kaum Speisepilz sagen möchte. Ebenfalls im gebratenen Zustand am besten schmecken Austernpilze und andere essbare Seitlinge. Leicht angedünstet im hellen Sößchen, wie man sie auch gelegentlich kommerziell verarbeitet findet, erinnert es mich ein wenig an geschnetzelte Fahrradschläuche. Selbst Pfifferlinge zeigen gebraten die beste Entfaltung des pfeffrigen (Name!) Eigenaromas und bekommen eine wunderbar knackige Konsistenz. Umgekehrt eher nicht zum Braten geeignet sind die zartfleischigen Arten, wie z. B. Kuhmaul, Natternstieliger Schneckling oder Mehlräsling.

Als **Suppenpilze** sollten Sie besonders kleinhütige, dünnfleischige, aromastarke Pilze verwenden. Beispiele sind hier Nelkenschwindling, Behangener Faserling, Stockschwämmchen und Rauchblättriger Schwefelkopf.
Gebundene Suppen, z. B. eine Steinpilzcremesuppe, macht man unter Umständen auch aus frischen Pilzen, bevorzugen sollte man aber Trockenpilze erster Qualität. Neben den erwähnten Steinpilzen sind hier die Totentrompete und ihre Verwandten mit Ausnahme von Pfifferlingen besonders zu nennen und zu empfehlen.

Rohe Pilze sind giftig, lautet ein wichtiger Grundsatz – und dann kann man immer noch die Ausnahmen aufzählen. Es gibt, je nach Kulturkreis, mehr oder weniger große Traditionen im Verzehr von rohen Pilzen.
In Teilen Ostasiens werden z. B. fast alle Drüslinge, Zitterlinge und Gallertpilze roh als Delikatesse verzehrt. Es ist die Konsistenz der Speise, Geschmack ist keiner ermittelbar, die den Reiz der Sache für Genießer in diesem Teil der Erde ausmacht.
Nach alter Überlieferung gelten in Mitteleuropa einige wenige Speisepilze roh genossen als Delikatesse. Je nach Region sind das Steinpilze, nicht jedoch Maronen- oder Hexen-Röhrlinge; Feld-Egerlinge, nicht jedoch Anis- und Waldchampignons; Brätling, Mohrenkopf-Milchling und der leider sehr seltene Ziegenfuß-Porling.
Der Rohverzehr von Zitterlingsverwandten und Carpaccio aus Kulturchampignons wurden erst später für die europäische Küche entdeckt.
Bis auf die zuletzt genannten Champignons, am besten aus biologischem Anbau, stehe ich der Sache skeptisch gegenüber. Wir können nicht einerseits in etwas dramatisierender Weise, z. B. wegen Fuchsbandwurm-Infektionen, generell vor Wildpilzen warnen, wie das immer wieder zu lesen ist, andererseits aber die doch zumeist recht dicht am Boden sich entwickelnden Geschöpfe für den Rohgenuss empfehlen.
Zugegeben vernasche ich auch mal einen Stielring vom Parasol nur so auf der Wiese, weil er gut schmeckt und unter dem großen Hut auch gut vor Kontaminationen aller Art geschützt ist, aber im Allgemeinen gehe ich sehr vorsichtig mit nicht ausreichend erhitzten Wildpilzen um und empfehle diese Vorsicht auch weiter.
Goldgelbe Drüslinge z. B. können über Monate hinweg im Winter an dürren

Haselnussstecken hängen. Mal eingetrocknet, mal wieder aufgeweicht und frisch aussehend, sind sie innen und außen voller Bakterien und anderer Kleinstlebewesen und deren Vermehrungsträgern, die zwar meistens, aber leider nicht immer völlig harmlos sind.

Für Salate werden die Pilze am besten fünf Minuten gedünstet oder zumindest blanchiert. Selbstverständlich ist, dass roh besonders giftige Arten (Kategorie 3 in der Tabelle) von dieser Zubereitungsart ausgeschlossen sind. Sind die mit ganz wenig Fett gedünsteten Pilze erkaltet, kann man sie für jede gehaltvolle Salatzubereitung, z. B. Reis- oder Nudelsalat, verwenden. Einen reinen Pilzsalat kann ich nicht empfehlen, weil das, wie Pilze überhaupt, eine besonders schwer verdauliche Speise wäre.

Rezeptbeispiele auf der Basis der tatsächlich gefundenen Pilze

Pilze mit Bratkartoffeln und Omelett

Von einem Frühsommer-Pilzspaziergang werden als verwertbare Beute zwei Schusterpilze, drei Frauen-Täublinge, ein Speise-Täubling, zehn Pfifferlinge und fünf Semmel-Stoppelpilze mitgebracht. Gesamtgewicht der geputzten madenfreien Ware 300 g, davon 100 g Pfifferlinge und Stoppelpilze. Die Menge ist ausreichend als kleine Beilage für zwei Personen und ich entscheide mich ganz konservativ für Bratkartoffeln, Omelett und Pilze.

Die Schusterpilze und die Täublinge getrennt werden in feine, 5–8 mm dicke Scheiben und Streifen, immer gegen die Wuchsrichtung, geschnitten, die Pfifferlinge vom Rand des Hutteils aus in – je nach Größe – zwei bis acht Segmente der Wuchsrichtung nach aufgerissen und die Semmel-Stoppelpilze in gleicher Weise geschnitten. Leider brauche ich jetzt vier Pfannen, eine für die Bratkartoffeln und eine für das Omelett, dessen Zubereitung ich an dieser Stelle nicht erläutere.

In einer weiteren Pfanne wird ein wenig Olivenöl erhitzt, nach Belieben die Menge von zwei Esslöffeln fein gehackter Zwiebeln darin glasig gebraten und die Schusterpilze dazugegeben. Bei offener Pfanne fünf Minuten anbraten. Jetzt wird in der zweiten Pfanne ebenfalls etwas Öl erhitzt und die vorbereiteten Pfifferlinge und Semmel-Stoppelpilze darin gebraten. Zu den Schusterpilzen kommen nach 5 Minuten die Täublinge hinzu und das Ganze wird bei mittlerer Hitze und geschlossenem Deckel weitere 5 bis 10 Minuten gedünstet.

Sollte die Eigenflüssigkeit der Pilze nicht ausreichen, wird mit ein, zwei Schluck Bier die notwendige Flüssigkeit aufgefüllt. Die Pfifferlingspfanne bleibt offen und nach 7 bis 10 Minuten bekommen die dünneren Stücke bereits goldbraun gebratene Ränder. Zeit, die Hitze bei beiden Pfannen herunterzuregeln.

Die Schusterpilz-Täublings-Pfanne wird nun, nachdem die Restflüssigkeit kaum noch Blasen wirft, mit süßer Sahne (20 bis 50 ml je 100 g Frischpilze) abgelöscht, etwas gesalzen, eventuell eine kleine Prise Pfeffer dazu, noch mal umgerührt – fertig.

Die gebratenen Pfifferlinge und Semmel-Stoppelpilze werden nur etwas gesalzen, kein Pfeffer! Eventuell ein wenig frisch und sehr fein gekerbelte Gartenkräuter unterheben, z. B. etwas Oreganum, Thymian oder ganz wenig Schnittlauch. Dann werden die Pilze in das Omelett eingeschlagen und das Restfett-Sößchen außen darauf geträufelt. Dem Omelett gegenüber auf dem gleichen Teller angerichtet sind die Bratkartoffeln, von dem Röhrlings-Täublings-Gemisch in heller Soße flankiert. Das fertige Gericht kann mit Petersilie verziert werden. Ich bevorzuge es, die

meisten Küchenkräuter roh gekerbelt nur bereitzustellen. Den Einsatz überlasse ich dann den Tischgenossen.
Dieses Gericht, sehen wir mal von dem Pfannenaufwand ab, ist schnell und einfach zubereitet. Der Zeitaufwand liegt unter einer halben Stunde und die Variabilität von Spiegelei über paniertes Schnitzel bis zu gebratenem Tofu oder Topinambur statt Bratkartoffeln ist nahezu unerschöpflich.
Auch die Variabilität der verwendbaren Pilze ist sehr groß. Für die Beilage sind alle Arten der Speisepilzliste, die mit 1, 2 oder 2 gekennzeichnet sind, geeignet. Für die gebratene Omelett-Einlage können alle festfleischigen Arten der Kennzeichnung 1,2 Verwendung finden.

Stockschwämmchensuppe und mehr
Auf einem Frühlingsspaziergang, so Ende Mai, der eigentlich nur der Erholung dienen sollte, werden Sie von einem alten, mit Hunderten und Aberhunderten frischer Stockschwämmchen übersäten Buchenstubben überrascht. Sie sind sich der Artbestimmung absolut sicher, weil Sie Stockschwämmchen so gut kennen wie seine giftigen und ungenießbaren Doppelgänger. Mangels besserer Behältnisse muss das frische Hemd als Sammelgefäß herhalten und schon nach relativ kurzer Zeit sind fast 1 kg sauber abgezwickter Pilzhüte darin zusammengekommen.
Getrennt von den Hüten liegen alle sauberen Stiele von lohnender Größe eben-

Eine selbst gemachte Pilz-Quiche ist eine Gaumenfreude.

falls im „Sammelhemd". Wieder zu Hause angekommen, werden zwei Mal 250 g der sauber gesammelten Pilze von eventuell doch noch anhaftenden Blättchen und Nadeln befreit und auf Madenbefall kontrolliert.
Die ersten 250 g werden vom Rand her in Viertel bis Achtel gerissen und mit Öl oder Butaris angedünstet, bis die Eigenflüssigkeit weitgehend verdunstet ist. Gleichzeitig wird ein Liter Fleisch- oder besser Gemüsebrühe vorbereitet und erhitzt. Die 5 bis 8 Minuten vorgedünsteten Pilze in die Brühe geben und das Ganze noch mal 10 bis 15 Minuten leicht köcheln lassen.
Zum Schluss wird mit Salz abgeschmeckt und die Suppe kann mit Schnittlauch, Petersilie und anderen Küchenkräutern nach Geschmack bestreut serviert werden. Besondere Gewürze sind nicht nötig, schaden eher. Für meinen Geschmack braucht es weder Pfeffer noch andere Zusatzgewürze. Hat man Pilzpulver, kann die Brühe, mit 2 Teelöffeln Pilzpulver vorbereitet, das ganze Gericht wesentlich geschmacksintensiver gestalten.
Die verbliebenen 250 g bester Pilzhüte werden 3 bis 5 Minuten angedünstet, schell, z. B. im Wasserbad, abgekühlt und eingefroren, um für ein späteres reales „flash back" dieses gigantischen Aroma-Erlebnisses zur Verfügung zu stehen.
Restliche Hüte und die sauberen Stiele wandern auf das Trockengerät. Nach 24 Stunden bei ca. 40 bis 50 °C sind sie klappertrocken und nun werden die schönen ansehnlichen Hüte, auf Zimmertemperatur abgekühlt, in einem dichten Schraubglas aufgehoben. Die Stiele und beschädigte oder sonst wie weniger ansehnliche Hüte werden mit einer Schlagmühle (z. B. alte elektrische Kaffeemühle) zu Pilzpulver gemahlen und ebenfalls im dichten Schraubglas aufbewahrt.
Aus einem gemütlichen Spaziergang ist jetzt ein traumhaftes Süppchen und mindestens zweimal Wintervorrat geworden. Auch nicht schlecht!
Das Gleiche hätte natürlich auch im November und dann mit Rauchblättrigen Schwefelköpfen passieren können – nur ist es da ganz ohne Hemd noch ungemütlicher.

Parasol gebraten Schon vom Auto aus haben Sie in weiter Ferne am Wiesenrand große Pilze in der Form von Reisbauernhüten gesehen. Sicher geparkt und näher auf die Erscheinung zugegangen, stellt sich tatsächlich ein üppiger Fund an Parasolpilzen heraus. Leicht von der Seite hochgekippt werden die Lamellen kontrolliert. Nicht weiße bis hellbeige oder fleckige Lamellen signalisieren zu alte Pilze und die bleiben stehen. Bei fünfzehn Hüten ist die Transportkapazität erschöpft, zumal die sauber abgeschnittenen Stiele auch mitgenommen werden. Wenn da noch viel stehen bleibt, macht ja nichts, es gibt ja noch viele andere Sammler, die auch ein Erfolgserlebnis suchen.
Zu Hause angekommen, werden die sauberen Hüte auf Maden kontrolliert. Man schaut vorsichtig zwischen den Lamellen auf den Boden des dünnen Hutfleisches und an der Stelle, wo der Stiel herausgebrochen wurde. Fällt dort nichts auf, kann man von Madenfreiheit ausgehen. Schuppen der Hutdeckschicht oder Lamellen werden nicht entfernt.
Jetzt braucht man wirklich nur noch Fett (Öl oder Butaris), geschlagenes Ei, Paniermehl, vielleicht etwas Mehl, Salz und den richtigen Appetit. Die ganzen Hüte werden im Schlagei gewälzt und paniert, wie man auch ein Fleischschnitzel herrichten würde. Da das Ei nicht gut an den Pilzhüten haften mag, kann man sie vorher in etwas Mehl wenden. Das erleichtert die Sache

Ein Parasolschnitzel mit Spiegelei ist schnell gemacht und lecker.

erheblich. Wird das Mehl behutsam gesalzen und, wenn man Pfeffer oder andere Gewürze benutzen möchte, diese auch noch gleichmäßig im Mehl untermischt, ist nach weiteren 5 Minuten durch Ausbacken der Hüte in wenig Fett ein Festessen fertig.
Nach zwei bis drei Hüten ist man wirklich sehr satt. Nach noch mehr oder bei Verwendung von zu viel Bratfett oder Öl wird einem schlecht – zu Recht.
Die übrigen fertig gebackenen Parasolhüte können, mit Backfolie separiert, einige Tage oder Wochen in Tüten (möglichst alle Luft rausdrücken!) eingefroren werden. Ich habe damit sehr gute Erfahrungen gemacht, allerdings sind auch unangenehme Geschmacksveränderungen möglich. Daher der Tipp: Lagern Sie Pilze nicht zu lange.
Die Stiele werden getrocknet und ergeben gemahlen ein vorzügliches helles Pilzpulver, sodass man damit auch aus hellen Saucen, z. B. bei Fisch, ein Pilzsößchen machen kann.
Persönlich bin ich die letzten Jahre, vor allem auch durch die Küchentechnik mit titanbeschichtetem Kochgeschirr, vom Panieren der Pilze zunehmend abgekommen. Nature, finde ich, schmecken sie noch besser nach sich selbst und das Problem hoffnungslosen Anbrennens ist mit Titan gelöst.
Für entsprechende Zubereitung sind alle anderen Brat-Pilzarten ebenfalls bestens geeignet. Wiederholt möchte ich hier noch mal auf die Krause Glucke als Schnitzel hinweisen, aber auch darauf, dass zehnminütiges Erhitzen ein zwingendes Muss darstellt.

Pilzgulasch Es ist so ein mittelmäßiger Schmuddelwetter-Sommertag und dieses Wetter hält schon seit drei Wochen an. Mangels besserer Ideen wird eine Pilzpirsch ins Auge gefasst und schon nach weniger als zwei Stunden sind alle mitgeführten Sammelgefäße mit bestens vorgereinigten Speisepilzen gefüllt. Scheiden-Streiflinge und Perlpilze gesellen sich zu 13 verschiedenen Täublingsarten, Gelbfüßen, Dick- und Schmierröhrlingen, Pfifferlingen und Schweinsohren. Selbst ein paar Espen-Rotkappen und ganz junge Mönchsköpfe gehören zur Beute. Dachpilze und manch andere Gruppe aus der Kategorie 2 der Speisepilzliste, die einem nur mäßig erscheinen, hat man von vorneherein stehen gelassen. Nun kann es losgehen:

Das sieht alles nach dem klassischen Pilzgulasch unter Freunden aus, und es wird sicher noch einiges für den Wintervorrat eingefroren werden müssen.
Als Erstes ist das Sichten, Sortieren und Ausbreiten des Sammelgutes von besonderer Bedeutung. Bei so vielen verschiedenen Arten (und vielleicht auch mehreren, teilweise unerfahrenen Sammlern) kann die Endkontrolle nicht kritisch genug ausfallen. Bei dieser Endkontrolle werden die Pilze gleich in drei Gruppen eingeteilt:

- Festfleischige mit ansprechendem Eigenaroma
- Weichfleischige mit ansprechendem Eigenaroma
- Arten der Kategorie 2, die eine gute, feste Konsistenz mitbringen (z. B. Mönchskopf)

Dieses Pilzgulasch mit Gemüse der Saison macht viele Gäste satt.

Die festfleischigen Arten mit ansprechendem Eigenaroma (Rotkappe, Pfifferling usw.) werden gegen die Faser und Wuchsrichtung relativ dünn aufgeschnitten, die weichfleischigen in etwas größere Stücke. Die mit fester Konsistenz, aber wenig Eigenaroma sind für den Biss in der Gesamtspeise zuständig und werden in größeren, 2–3 cm^2, großen Stücken belassen.
Für die mutmaßlich verzehrbare Menge wird in einer ausreichend großen Pfanne Butterfett oder Öl erhitzt und darin pro 100 g Frischpilze etwa ein gehäufter Esslöffel fein geschnittener Zwiebeln glasig gebraten (die restlichen Pilze werden später zum Einfrieren vorbereitet, s. u.).
Dann kommen die größeren Stücke Pilze der Kategorie 2 hinein. Nach 3 bis 5 Minuten gibt man die kleiner geschnittenen der festen Kategorie 1 und 3 hinzu. Weitere 3 bis 5 Minuten später folgen die weicheren Pilze der Kategorie 1 und 3. Das bunte Sammelsurium wird dann noch mindestens 10 Minuten gedünstet, mit Pfeffer gewürzt und anschließend ausreichend gesalzen. Ich gehe mit Salz immer sehr zurückhaltend um, denn Nachsalzen kann jeder, wieder Rausnehmen nicht.
Stimmt die Komposition des großen Pilzessens, kann das Gericht noch mit süßer oder saurer Sahne angereichert, mit Käse unterzogen und sonst vielfältig nach Fantasie verfeinert und kalorisch erheblich aufgewertet werden.

Achtung! Diese durchaus beliebten und keineswegs schädlichen Pilzessen, zu denen nur Weißbrot oder Ähnliches gereicht wird, bergen zwei Gefahren in sich: Zum einen kommt es immer wieder vor, dass es zu gut schmeckt und, da Pilze ohnehin schwer verdaulich sind, kann zu viel gegessen sehr unangenehm sein. Zum Zweiten wird gerne ein Schlückchen Wein oder zwei dazu getrunken. Zu viel gegessen mit anschließendem oder gleichzeitigem Alkoholgenuss geht allzu leicht in die Hose, wenn man sich nicht schon vorher übergeben musste. Bei entsprechender Mäßigung ist so ein richtiges „Nur-Pilze-Essen" aber auch für mich jedes Jahr ein- bis zweimal ein köstliches, herausragendes Erlebnis.
Eventuelle Reste, die keiner mehr essen wollte, können ohne Probleme bis zu 24 Stunden im Kühlschrank in einem Glas-, Steingut-, Porzellan- oder Plastikgefäß aufbewahrt und wieder gründlich erhitzt anderntags gegessen werden.

Risotto mit Totentrompeten Rezepte mit der köstlichen „Nebensache Pilz" finden Sie in vielen Kochbüchern oder noch bessere in Ihrer Fantasie. Als ausgesprochener Nicht-Koch bin ich immer wieder begeistert und stolz, dass meine Pilzgerichte gut ankommen und offensichtlich auch gut schmecken.
Da ist z. B. ein Risotto zu nennen, das nicht so typisch bunt ist, sondern mit Naturreis voller schwarzer Reiskörnchen und getrockneten, eingeweichten Totentrompeten hergestellt wird.
20 g getrocknete Pilze werden mit zwei Tassen Wasser 4 bis 6 Stunden eingeweicht. Da die Trockenpilze schwimmen, wird in die zum Einweichen benutzte Schüssel eine etwas kleinere Schüssel gestellt, die die Trockenpilze unter Wasser drückt.
Nach Abschluss der Einweichzeit wird das Weichwasser zum Reiskochen (eine Tasse Rohreis) verwendet, denn da ist das meiste Aroma drin. Die Pilze kommen in den letzten 15 Minuten des Quellens hinzu und schon ist das beliebig erweiterbare Risotto, ein Traum von Herbsttrompetengericht, fertig. Alternativ eignen sich auch Stockschwämmchen.

Genuss erhalten – Pilze richtig aufbewahren

Die Haltbarmachung von Pilzen ist im Wesentlichen auf vier Wegen erfolgreich:

Trocknen Am besten verwenden Sie einen Dörrapparat, der ja auch für Obst, Gemüse und Kräuter eingesetzt werden kann. Trocknen auf der Heizung (so sie denn an ist) oder auf dem Kachelofen bringt gleich gute Erfolge. Aufgefädelt an der Luft getrocknet, birgt bei feuchter Witterung (also bei „Pilzwetter") die Gefahr, dass das Dörrgut verschimmelt. Trocknen im Backofen ist energetisch eine riesige Verschwendung. Die Pilze müssen klappertrocken, nicht mehr elastisch und auf Zimmertemperatur abgekühlt sein. So werden sie in dichte Schraubgläser abgefüllt und sind Jahre, wenn nicht Jahrzehnte haltbar.

Einwecken, Eindünsten Die Pilze werden so vorbereitet, als würde man sie essen wollen, und mit wenig Fett, ohne Salz 5 Minuten lang angedünstet und in Twist-Off-Gläser abgefüllt. Bitte darauf achten, dass auch nach dem Abfüllen die Glasränder sauber und fettfrei sind. Dann werden die Gläser im Einkochautomaten, der nach Vorschrift mit Wasser befüllt ist, mit geschlossenem Schraubdeckel 20 Minuten lang absterilisiert. Da bei diesem Vorgang nicht immer alle Bakterien, die späteres Schlechtwerden verursachen, abgetötet werden, sicher aber vorgeschwächt sind, wird der Prozess nach frühestens 4, spätestens 8 Stunden wiederholt. Durch die erste Phase nur geschwächte und zur Teilung angeregte Bakterien sind jetzt ganz sicher tot und Ihre Gläser bleiben zu.

Einfrieren ist die moderne, häufigste Methode der Haltbarmachung. Auch zum Einfrieren empfehle ich, die Pilze ohne Salz einige Minuten zu dünsten

und dann schnell abgekühlt in Gefrierdosen oder -beuteln zu portionieren und nach dem völligen Erkalten einzufrieren. Zwischen Dünsten und Einfrieren sollte nicht mehr als vier Stunden Zeit vergehen.
Oft liest und hört man vom roh Einfrieren. Es geht häufig gut und nicht gerade selten schief: ob es nun die so genannten winterharten Pilze, wie z. B. Austernseitlinge, oder empfindlichere Stockschwämmchen sind; mal bereiten sie sich fast wie frisch so lecker zu, mal sind sie matschig und von unangenehm metallenem Geschmack.
Ausgesprochen gute Erfahrungen habe ich mit einer Spezialität aus Steinpilzen gemacht: Junge Pilze mit noch weißlichen Röhren werden geviertelt und in Beuteln so schnell und kalt wie möglich eingefroren. Nach wenigen Tagen, jedenfalls nach möglichst nicht allzu langer Lagerzeit werden die gefrorenen Pilz-Viertel bei großer Hitze auf beiden Schnittseiten goldbraun gebraten. Die knusprige Bratfläche und das fast rohe Pilzfleisch innen ergeben ein ganz besonderes Geschmackserlebnis.

Silieren ist eine alte Technik aus dem hohen Norden, mit der hervorragende Ergebnisse erzielt werden können. Es handelt sich eigentlich um das Prinzip der Sauerkraut-Herstellung. Die Pilze werden gut gesäubert in 1 bis 1,5 cm dicke Streifen geschnitten, in etwas Wasser 5 Minuten aufgekocht und das Kochwasser abgeseiht.
Dann werden die Pilzstreifen schichtweise in einem Steingut-Topf (2 bis 5 Liter Fassungsvermögen) mit etwas Salz und Zucker im Wechsel aufgeschichtet. Auf 1 kg Pilze kommen etwa 20 g Salz und 15 g Zucker.
Ist der Topf ausreichend gefüllt, wird eine Tasse Sauermilch über die Einlage gegossen und die Oberfläche mit einem sauberen Leinentuch abgedeckt. Ein ausgekochtes rundes Brett, das am Rand etwa 1 cm Luft lässt, wird darauf gelegt und mit einem Stein o. Ä. beschwert, sodass der Pilzsaft die oberste Schicht deutlich bedeckt. Schon nach kurzer Zeit beginnen die Pilze bei Zimmertemperatur zu gären und verursachen zunächst einen recht strengen Geruch, der sich aber schon nach einer Woche in zunehmend angenehmerer Weise, ähnlich dem von Sauerkraut, wandelt.
Nach 10 Tagen bis zwei Wochen ist der Gärprozess abgeschlossen und die Pilze sind dann ein halbes Jahr und länger haltbar.
In Schweden und Finnland habe ich nach diesem Rezept konservierte Birken-Milchlinge und andere – bei Normalzubereitung giftige – Pilze genießen dürfen, und sie waren noch besser als die leckeren Stücke, die ich zuvor schon aus Wolligen Milchlingen hergestellt und verkostet hatte.
In großen Teilen Skandinaviens und Kareliens gehört Silieren zu den ortsüblichen Vorbereitungen der Zubereitung. Deshalb werden in den meisten nordischen Büchern fast alle bei uns als giftig eingestuften, sehr scharfen Milchlinge als essbar angegeben. Voraussetzung ist auch hier eine gute Grundkenntnis.

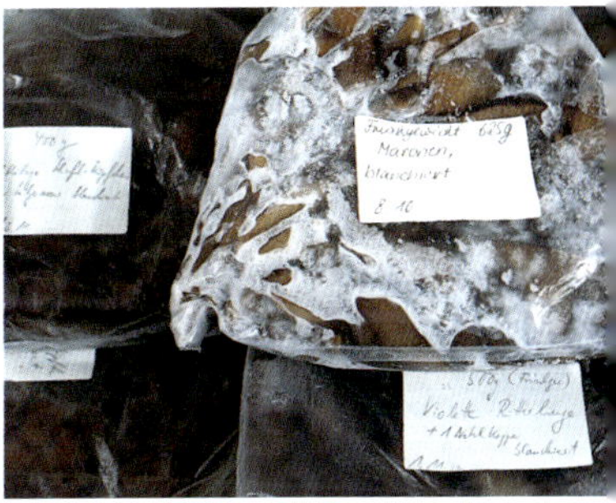

Das Einfrieren ist eine moderne und einfache Art der Haltbarmachung von Pilzen.

Glossar

Asci = Schläuche: Produzenten der Vermehrungszellen aller Pilze von Seite 263 bis 269 (s. S. 273 unten rechts)
Basidien = Ständerzellen: Produzenten der Vermehrungszellen (= Sporen) aller Arten von Seite 80 bis 262 (s. S. 273 oben rechts)
Exzentrisch: Außerhalb der Mitte angewachsene Pilze (s. S. 289 links)
Folgezersetzer = Saprobionten: Arten, die zur Ernährung totes organisches Material (Holz, Laub, Humus usw.) abbauen
Fruchtkörper: Gemeint ist der Pilz, der die Sporenproduktion übernimmt, durch seinen Bau die Verbreitung organisiert und für uns essbar oder gefährlich sein kann (S. 274/275)
Gesamthülle: Häutchen oder Schleier, das/der den jungen Fruchtkörper gänzlich einhüllt und später als Scheide oder Warzen an der Stielbasis zurückbleibt, aber auch ganz verloren gehen kann
Konsole, konsolenförmig: Der Pilzhut sitzt ohne Stiel seitlich direkt seinem Substrat an
Lamellen: Fächerförmig radial unter einem Pilzhut angeordnete Blättchen
Poren: Die Mündungen der Röhren
Röhren: Meist dicht zu einer Art Schwamm miteinander verwachsene Röhrchen auf der Unterseite von Pilzhüten
Sporen: Die winzigen Vermehrungszellen der Pilze (s. S. 273)
Sporenpulver: Während einiger Stunden massenhaft unter Abdeckung, z. B. einem abgeschnittenen reifen Hut, herausgefallende Sporen auf weißer (Plastik-)Unterlage
Sporentragende Fruchtmasse: Das Innere von Bovisten, Trüffeln usw.
Sporen tragende Schicht = Fruchtschicht: Oberfläche von Lamellen, Korallenästen usw.
Substrat: Unterlage, auf der der Pilz wächst, z. B. Holz, Humus, Gras usw.
Symbionten = Mykorrhizapilze: Arten, die ihre lebensnotwendige Nahrung von lebenden Bäumen beziehen und dafür das Wachstum der Bäume verbessern bzw. überhaupt erst ermöglichen
Teilhülle: Häutchen oder spinnwebiger Schleier, das/der beim jungen Pilz die Lamellen verhüllt und später als Ring oder Ringzone am Fruchtkörper sichtbar ist

Dieser giftige Safranfleischige Dickfuß (Cortinarius traganus) ist eine Augenweide.

Zum Weiterlesen

- Bon, M.: Pareys Buch der Pilze, Kosmos-Verlag, Stuttgart, 2005
- Bresinsky, A. & H. Besl: Schlüssel zur Gattungsbestimmung der Blätter-, Leisten- und Röhrenpilze, Regensburgische Bot. Gesellschaft 2003
- Flammer, R. & E. Horak: Pilzgifte – Giftpilze, Schwabe Verlag, Basel 2003
- Gminder, A.: Handbuch für Pilzsammler, Kosmos-Verlag, Stuttgart, 2008
- Gminder, A.: Welcher Pilz ist das, Kosmos-Verlag, Stuttgart, 2007
- Horak, E. & M. Moser: Röhrlinge *(Boletales)* und Blätterpilze *(Agaricales)* Europas, Sektrum Verlag, Heidelberg, erscheint Herbst 2004
- Kajan, E.: Pilzkundliches Lexikon, Einhornverlag
- Laux, H. E.: Der große Kosmos Pilzführer, Kosmos-Verlag, Stuttgart 2010
- Laux, H. E.: Essbare Pilze und ihre giftigen Doppelgänger, Kosmos-Verlag, Stuttgart 2011
- Lockwald, G.: Pilzgerichte, jetzt noch feiner, IHW-Verlag, Eching 1999

Im Internet unter www.pilzzentrum.de finden Sie die Literaturliste der Schwarzwälder Pilzlehrschau.

Symbole und Farbcode

Essbar Diese Bezeichnung bezieht sich immer auf die Pilze im zubereiteten Zustand. Roh sind die meisten Pilze ungenießbar oder giftig.

Kein Speisepilz Mit diesem Symbol sind ungenießbare oder für Speisezwecke unbedeutende Arten gekennzeichnet.

Giftig

Die Gruppendefinitionen zum **Farbcode** finden Sie auf der vorderen äußeren Umschlagklappe und auf Seite 1, außerdem im Inhaltsverzeichnis auf Seite 3. Sie richten sich nach der hier verwendeten systematischen Ordnung und korrespondieren mit den Einteilungen im Schlüssel (ab Seite 272).

Monatsleiste

Bei jeder vorgestellten Art finden Sie am Rand eine **Monatsleiste** von Januar bis Dezember, in der die Monate dunkler unterlegt sind, in denen der Pilz vorkommt. Die Farbunterlegungen sind wie folgt zu interpretieren (s. auch S. 11):

Der **dunkelste Farbton** kennzeichnet die Monate mit der Hauptwachstumszeit der Pilzart.

Der etwas **hellere Farbton** markiert die Monate, in denen die Pilzart ebenfalls vorkommt.

In den **ganz hellen** Bereichen sind die Fruchtkörper der Pilze nicht oder nur ausnahmsweise zu finden.

Abkürzungen

spec. = species = Art: Es ist der Formenkreis einer Gattung gemeint, der verschiedene Arten enthält, die sich alle ähnlich sehen.

p.p. = pro parte = zum Teil: Es sind nicht nur die Arten einer Gattung gemeint, auf die die Schlüsselmerkmale zutreffen, sondern es wird darauf verwiesen, dass es noch andere Arten in der Gattung gibt. Bitte schauen Sie sich auch in der weiterführenden Literatur die übrigen Arten der Gattung an.

Welches sind die wichtigsten Arten?
Wie erkenne ich sie,
wann finde ich sie?

DEZ NOV OKT SEPT AUG JULI JUNI MAI APRIL MÄRZ FEB JAN

Fichten-Steinpilz
Steinpilz, Herrenpilz
Boletus edulis

Steckbrief
Ein feines, weißes Netz an der Stielspitze zeichnet alle Steinpilze aus, deren Fleisch und Röhren sich nie blau verfärben.

Vorkommen
Hauptsächlich bei Fichten, ab August, bis die ersten Raureifnächte das Wachstum einschränken.

Tipp
Fast alle Speisepilze sind roh giftig oder unbekömmlich. Ausnahme unter den Röhrenpilzen: Steinpilze.

Hut (5) 10 bis 20 (30) cm, dickfleischig, halbkugelig, mit zunehmendem Alter flacher. Oberfläche matt, fast samtig, oft uneben, im Alter kahl glänzend und dann bei feuchtem Wetter schmierig. Die Farbe variiert von fast Weiß über blasse lehmbraune Töne bis zu einem kräftigen Kastanienbraun. **Röhren und Poren** jung weiß, später gelb und schließlich oliv. Auf Druck nie verfärbend. **Stiel** 5 bis 15 cm lang, von ausnahmsweise ungewöhnlich schlank bis über 5 cm breit und meist bauchig erweitert. Besonders im oberen Drittel von einem feinen weißen Netz überzogen. An der Basis abgerundet, oft mit spärlichen Myzelfäden weißlich umsponnen. **Fleisch** fest, im Alter – wie bei den meisten Röhrenpilzen – im Hut zunehmend schwammig und im Stiel strohig. Im Schnitt weißlich marmoriert, nicht verfärbend. Ältere Pilze zeigen oft bräunliche Verfärbungen im Stielfleisch, die von bereits beginnendem bakteriellen Abbau zeugen. **Verwechslungen** Der Verwechslungspilz schlechthin ist der **Gallen-Röhrling** (*Tylopilus felleus*, S. 99). Das Stielnetz ist jedoch nie rein weiß und grob erhaben und die Röhren verfärben sich alsbald rosa. Notfalls hilft eine Geschmacksprobe, denn der Gallen-Röhrling ist nicht giftig, nur eben ekelhaft bitter. Nicht immer ganz einfach ist die Unterscheidung von den übrigen schmackhaften „Steinpilzen“ (Sommer-, Kiefern-Steinpilz).

Sommer-Steinpilz
Buchen-Steinpilz

Boletus aestivalis

Hut (5) 10 bis 20 (30) cm, dickfleischig, halbkugelig, mit zunehmendem Alter flacher. Oberfläche matt, fast samtig-feinfilzig, im Alter und bei Trockenheit oft felderig aufgerissen. Die Farbe variiert von fast Weiß über blasse lehmbraune Töne bis zu Hasenbraun. **Röhren und Poren** jung weiß, später gelb und erst bei sehr alten Pilzen olivgrünlich. Auf Druck nie verfärbend. **Stiel** 5 bis 15 cm lang, von ausnahmsweise ungewöhnlich schlank bis 5 cm dick und bauchig erweitert. Im oberen Drittel von einem feinen weißen Netz überzogen, das sich zunehmend bräunlich bis weit über die Stielmitte fortsetzt. An der Basis abgerundet oder etwas wurzelnd. **Fleisch** fest, im Alter – wie bei den meisten Röhrenpilzen – im Hut zunehmend schwammig und im Stiel strohig. Im Schnitt weißlich marmoriert, nicht verfärbend. Ältere Pilze oft mit ockerfarbenen Verfärbungen in Röhren und Fleisch, die auf Pilzbefall hindeuten. **Verwechslungen** Oft verlieren **Schönfuß-Röhrlinge** (*Boletus calopus*, S. 82) am gleichen Standort ihr typisches Rot am Stiel und sehen dann ähnlich aus. Das Stielnetz ist dann jedoch schwärzlich und die Röhren verfärben auf Druck blau. Notfalls hilft eine Geschmacksprobe, denn sie sind bitter und schwach giftig im Magen-Darm-Trakt. Verwechslungskandidaten sind auch der bittere **Gallen-Röhrling** (*Tylopilus felleus*, S. 99), der **Fichten-Steinpilz** und andere Steinpilzarten.

Steckbrief
Das feine, weiße Netz an der Stielspitze setzt sich in bräunlichem Ton bis zur Stielmitte fort. Die weißen, später gelbgrünen Röhren verfärben sich auf Druck nicht.

Vorkommen
Hauptsächlich bei Buchen und Eichen, schon ab Mai und dann noch mal nach Herbstanfang.

Tipp
Aus ganz jungen, madenfreien Steinpilzen lässt sich ein köstliches Carpaccio anrichten.

DEZ NOV OKT SEPT AUG JULI JUNI MAI APRIL MÄRZ FEB JAN

Schönfuß-Röhrling
Dickfuß-Röhrling
Boletus calopus

Steckbrief
Unverwechselbar durch in der Stielspitze gelbes, zur Basis hin rötliches Netz auf rotem Grund und bitteren Geschmack.

Vorkommen
In sauren Laub- und Nadelwäldern, im Süden massenhaft, im Norden selten, während der ganzen Hauptsaison.

Tipp
Stielnetz kann durch Berührung oder Sonneneinstrahlung schwarz werden und das Rot ist dann weg.

Hut (5) 10 bis 20 (30) cm, dickfleischig, halbkugelig, mit zunehmendem Alter flacher. Oberfläche matt, fast samtig, im Alter verkahlend. Die Farbe variiert von fast Weiß über blassgraue und graubraune Töne. Meist hat er die gleiche Totenschädel-Farbe wie der Satanspilz. **Röhren und Poren** jung ganz blassgelb, später intensiv gelb und schließlich oliv. Auf Druck blaugrün verfärbend. **Stiel** 5 bis 10 cm lang, von ausnahmsweise ungewöhnlich schlank bis über 5 cm breit, meist bauchig erweitert. Von der Spitze bis fast zur Basis von einem gelben, rot unterlegten, zur Basis hin dunkleren Netz überzogen. **Fleisch** fest, selten madig und auch im Alter kaum schwammig. Im Schnitt weißlich marmoriert, unterschiedlich stark (aber über den Röhren immer) blauend. Ältere Pilze verlieren die typischen Farben und die Röhrenmündungen können etwas rostig anlaufen. **Verwechslungen** Am ähnlichsten sind der ebenfalls ungenießbare **Wurzelnde Bitterschwamm** *(Boletus radicans)* oder im Alter untypische **Satanspilze** (*Boletus satanas*, S. 85). Verwechselt wurden aber auch schon essbare **Rotfuß-Röhrlinge** (*Xerocomus chrysenteron*, S. 102), die aber meist viel schlanker sind und kein Netz haben. Wenn das Stielnetz kein Rot mehr zeigt, sind auch Verwechslungen mit Steinpilzen (*Boletus* spec., S. 80/81) und anderen Dickröhrlingen möglich.

Schwarzblauender Röhrling

Boletus pulverulentus

Hut (3) 5 bis 7 (12) cm, oft etwas oval, unrund und durch das Wachstum behindernde Wurzeln und andere Pflanzenteile verbogen oder eingekerbt. Oberfläche feinfilzig, samtig, im Alter verkahlend und dann bei feuchtem Wetter schmierig. Oft finden sich in der Huthaut narbige Einschlüsse, die im Fleisch kleine weinrote Höhlungen bilden. Die Farbe variiert von blassen lehmgrauen und -braunen Tönen über alle Stufen von Gelbbraun und Kastanienbraun bis zu einem sehr dunklen Purpur. **Röhren und Poren** jung leuchtend kanariengelb, später verblassend und etwas olivstichig. **Stiel** (2) 4 bis 6 (10) cm lang, 0,5 bis 2 cm breit, meist zur Basis hin zugespitzt und am Hutansatz erweitert. Besonders im oberen Drittel von gelben Pusteln besetzt. Von der Basis her bis über 1 cm lang mit weißlichen Myzelfäden überfasert und meist mit verrottenden Nadeln oder anderen Rohhumusteilen besetzt. **Fleisch** fest, im Alter zunehmend schwammig und im Stiel strohig, holzig. Im Schnitt gelblich marmoriert bis zitronengelb, in einer Luftsauerstoff-Reaktion sofort tiefblau anlaufend. Diese erschreckende Verfärbung zeigt der Pilz bei jeder kleinsten Berührung. **Verwechslungen** Der **Rotfuß-Röhrling** (*Xerocomus chrysenteron*, S. 102) hat ein ähnliches Erscheinungsbild, verfärbt sich im Fleisch aber viel schwächer oder gar nicht.

Steckbrief
Schlanker Röhrenpilz mit gelblichem, bei Verletzung blitzartig blauendem Fleisch.

Vorkommen
Ab Mitte Juni in Fichtenforsten, seltener auch in Misch- oder reinen Laubwäldern auf sauren Böden.

Tipp
Röhrenpilze mit gelbem, im Schnitt blitzartig tiefblau anlaufendem Fleisch sind essbar.

Anhängsel-Röhrling Gelbporiger Bronze-Röhrling

Boletus appendiculatus

Steckbrief
Das engmaschig gelbe Netz am Stiel wie reliefartig herausgearbeitet.

Vorkommen
In humusreichen, meist basischen Laub- und Nadelwäldern. Recht selten, erscheint nicht jedes Jahr.

Tipp
Unterscheidung der gelbporigen Dickröhrlinge oft schwer. Meist selten und keine typischen Speisepilze, oft sehr schön, z. B. der Königs-Röhrling.

Hut (5) 8 bis 12 (15) cm, dickfleischig, gewölbt und oft in sich wellig und verbogen, mit zunehmendem Alter flacher und scharfrandig. Oberfläche matt, samtig, im Alter verkahlend. Die Farbe variiert von Ockerfalb (im Nadelwald) bis kräftig Rotbraun (Laubwald auf Kalk). **Röhren und Poren** leuchtend gelb, erst bei sehr alten Fruchtkörpern mit olivem Farbstich. Auf Druck manchmal etwas blauend. Poren fein. **Stiel** bis 12 cm lang, von ausnahmsweise ungewöhnlich schlank bis 4 cm breit, meist bauchig erweitert und zur Basis mehr oder weniger wurzelnd (Anhängsel!). Bis zur Hälfte von einem engen, aber reliefartig tief herausgearbeiteten gelben Netz überzogen. Die äußerste Basis oft in einem fleischigen, Erde umschließenden Fortsatz („Anhängsel", Name!) verlängert. **Fleisch** fest, gelblich, im Stiel mit zunehmendem Alter ausgesprochen hart, im Schnitt oft etwas blauend. Ältere Pilze zeigen oft eine rötlich-bräunliche Verfärbung zur Stielbasis hin. **Verwechslungen** Ähnlich können unter anderem der wenig schmackhafte **Fahle Röhrling** (*Boletus impolitus*, ohne Stielnetz), der sehr seltene **Königs-Röhrling** *(Boletus regius)*, aber auch der ungenießbare **Wurzelnde Bitterschwamm** *(Boletus radicans)* aussehen.

Satans-Röhrling Satanspilz

Boletus satanas

Hut 10 bis 20 (30) cm, dick, polsterförmig und selbst in älterem Zustand noch halbkugelig gewölbt. Oberfläche matt, im Alter kahl glänzend. Die Farbe variiert von Kalkweiß über blasse silbergraue Töne bis zu „Totenschädel"-Grau. **Röhren** gelb und schließlich oliv. **Poren** leuchtend rot, auf Druck blauend. **Stiel** 5 bis 15 cm lang und 5 bis 8 cm dick. Jung fast kugelig mit einer dünnen Hutansatz-Stelle. Blass bis rosarot in der Grundfarbe, auf ganzer Länge von einem leuchtend roten Netz überzogen, an der Basis stumpf abgerundet. **Fleisch** recht hart und auch im Alter noch lange schnittfest, kaum schwammig und wenig holzig werdend. Im Schnitt weiß oder grauweiß meliert, über den Röhren und im Ansatzbereich des Stiels schwach blauend. Der auffällige Geruch erinnert an stark verweste Kadaver oder die dumpf-muffige Trocknungsluft nach einem kurzen Gewitterregen an heißen Tagen. **Verwechslungen** Der Verwechslungspilz schlechthin ist der ebenfalls giftige **Schönfuß-Röhrling** (*Boletus calopus*, S. 82), der gelbe Poren besitzt und bitter schmeckt. Die ebenfalls rotporigen **Hexen-Röhrlinge** (S. 86/87) haben dagegen schnell blauendes gelbliches Fleisch und gelbbraune bis dunkelbraune Hüte.

Steckbrief
Massiger Pilz mit „Totenschädel"-grauem Hut; dickbauchig, rot genetzter Stiel; riecht unangenehm; sehr selten.

Vorkommen
In kalkreichen Edellaubwäldern, besonders bei Buchen, aber auch bei Eichen und Esskastanien.

Tipp
Haben Sie einen Satanspilz-Standort entdeckt, versuchen Sie über die Untere Naturschutzbehörde dieses Waldstück zu sichern.

Netzstieliger Hexen-Röhrling

Boletus luridus

Steckbrief
Der blassbraune Hut, rote Farben an Netz und Poren, besonders aber der rote Röhrenboden kennzeichnen die Art.

Vorkommen
In Laub- und Nadelwäldern auf mineralreichen oder kalkhaltigen Böden. Gern in Parkanlagen oder Alleen mit Linden.

Tipp
Art ist zwar nur bedingt essbar, weist aber immer auf ein artenreiches Biotop hin.

Hut (5) 10 bis 15 cm, dickfleischig, halbkugelig, mit zunehmendem Alter flacher. Oberfläche matt, fast filzig-samtig, im Alter kahl glänzend und dann bei feuchtem Wetter schmierig. Die meist blassen gelbbraunen bis orangebraunen Farben können mit Oliv-, seltener mit Rosatönen untermischt sein. **Röhren** von Anfang an gelb, im Alter schwach oliv. **Poren** karminrot, seltener auch nur orangerötlich, auf Druck intensiv blauend. **Stiel** 5 bis 15 cm lang, meist zylindrisch und nur jung bauchig erweitert. Auf gelboranger Grundfarbe auf ganzer Länge von einem grobmaschigen, länglich gestreckten, roten Netz überzogen, das aber unterbrochen, teilweise wie feine Schüppchen erscheint. **Fleisch** fest, im Alter im Hut zunehmend schwammig und im Stiel strohig. Im Schnitt gelblich, zur Stielbasis hin meist weinrot verfärbt und schwach bis mäßig blauend. Über den Röhren ist das Fleisch in einer hauchdünnen Schicht weinrot gefärbt, sodass zwischen Röhrenschicht und Fleisch im Längsschnitt eine weinrote Linie erscheint. **Verwechslungen** Rotporige Röhrlinge sind nicht immer leicht bestimmbar. Da der Netzstielige Hexen-Röhrling bei gleichzeitigem Alkoholgenuss (Bier, Wein etc.) individuell unterschiedlich Vergiftungen verursacht, rate ich vom Verzehr ab. Diese Vergiftung kann auch noch auftreten, wenn der letzte Alkoholkonsum zwei Tage zurückliegt.

Flockenstieliger Hexen-Röhrling Schusterpilz

Boletus erythropus

Hut (5) 10 bis 20 cm Durchmesser, dickfleischig, halbkugelig und lange polsterförmig bleibend. Oberfläche matt und samtig, im Alter kahl, glänzend und dann bei feuchtem Wetter schmierig. Die Farbe variiert von Ockerbraun über rohlederbraune (Name!) Töne bis zu einem rötlichen Kastanienbraun. **Röhren** jung gelb, bald olivfarben. Auf Druck sehr stark und schnell blauend. **Poren** fein, ganz jung orange, bald dunkel karminrot, auf Druck blitzartig intensiv blauend beziehungsweise sogar schwärzend. **Stiel** 5 bis 15 cm lang, von ausnahmsweise ungewöhnlich schlank und kaum 2 cm dick bis über 5 cm und dann meist bauchig erweitert. Auf ganzer Länge von sehr feinen roten Pusteln der zerrissenen Stielrinde überzogen. **Fleisch** fest, gelb, im Schnitt sofort intensiv tiefblau verfärbend. **Verwechslungen** Unter allen rotporigen Röhrlingen ist der Schusterpilz durch das gelbe, blitzartig und intensiv blauende Fleisch am leichtesten zu erkennen. In Zweifelsfällen wird er allenthalben als solcher bestimmt, aber wegen letzter Unsicherheitsgefühle doch nicht gegessen. Besonders in Berglagen kommen noch andere rotporige Arten vor. Ich habe es selbst in der Zentralschweiz erlebt, dass untypische Netzstielige Hexen-Röhrlinge und nicht eindeutig zuzuordnende andere Arten mit Flockenstieligen Hexen-Röhrlingen durcheinander wuchsen.

Steckbrief
Essbarer Röhrling, da gelbes Fleisch, im Anschnitt blitzartig blauend. Rote Poren? Dann ist er ein Schusterpilz.

Vorkommen
In allen bodensauren oder im Humus und Oberboden versauerten Laub- und Nadelwäldern, besonders bei Buche oder Fichte.

Tipp
Liegt häufig umgestoßen am Wegrand. Besser liegen lassen, da unklar, wie lange er liegt und was geschah.

DEZ NOV OKT SEPT AUG JULI JUNI MAI APRIL MÄRZ FEB JAN

Pfeffer-Röhrling
Pfeffriger Zwerg-Röhrling
Chalciporus piperatus

Steckbrief
Unverkennbar durch sein chromgelbes Stielfleisch und den pfefferscharfen Geschmack bei der rohen Kostprobe.

Vorkommen
Meist bei Fichten, auch bei anderen Nadel- und Laubbäumen. Schon ab Mai bis in den Spätherbst. Steinpilzanzeiger!

Tipp
Schmeckt gedünstet oder zunächst getrocknet etwas dumpf, fad, aber nicht scharf. Bezeichnung „Würzpilz" ist Irrglaube.

Hut (1) 4 bis 8 (12) cm, fleischig, jung polsterförmig gewölbt, mit zunehmendem Alter flacher und oft verbogen. Oberfläche glatt und kahl, bei feuchtem Wetter schmierig. Die Farbe variiert von Ockergelb über Gelb- und Orangebraun bis zu Rosabraun. **Röhren und Poren** rostrot bis rostbraun. **Stiel** 3 bis 8 cm lang und (0,2) 0,5 bis 1 (2) cm dick, schlank, an der Spitze meist erweitert, sonst zylindrisch. Die gelbbraune eibenholzähnliche Längsmaserung wird zur Basis von intensiv gelber Myzel-Überfaserung abgelöst. **Fleisch** weich und schwammig im Hut und im Stiel festfaserig bis strohig. Im Schnitt ist das Hutfleisch blass rosabraun bis gelbbraun oder lederbraun gefärbt, im Stiel mehr oder weniger abrupt chromgelb. Bei roher Geschmacksprobe pfeffrig-scharf, gegart oder getrocknet dumpf und fade. **Verwechslungen** Bei Beachtung von Geschmack und Farbenspiel des Fleisches frischer Pilze besteht nur Verwechslungsmöglichkeit mit seltenen anderen Arten der Gattung, die aber allesamt auch keine Speisepilze darstellen. Einige Schmierröhrlinge, besonders der **Rostrote Lärchen-Röhrling** (*Suillus tridentinus*, S. 96) und dunkle Formen des **Gold-Röhrlings** (*Suillus grevillei*, S. 97) können ebenfalls verwechselt werden. Die Schmier-Röhrlinge schmecken aber niemals scharf und haben auch in keinem Fall chromgelbes Stielfleisch.

Hasen-Röhrling Zimt-Röhrling

Gyroporus castaneus

Hut (3) 5 bis 8 cm, flach polsterförmig, mit zunehmendem Alter unregelmäßig verbogen. Oberfläche matt, fast samtig, im Alter radialfaserig gestromt oder von der Mitte her etwas schuppig, meistens hasenbraun, seltener rötlicher kastanienbraun. **Röhren und Poren** jung weiß, später blasscreme bis blass strohgelb. Infolge weißen Sporenabwurfs stets hell bleibend. Auf Druck nie verfärbend. **Stiel** 4 bis 8 cm lang, zylindrisch, brüchig, aber relativ hart und in der Oberfläche wellig, knotig, uneben. Die Farbe variiert je nach Alter und Individuum von blassocker bis zu den dunkleren hutfarbenen Brauntönen. **Fleisch** von eigenartiger, an Styropor erinnernder Konsistenz und nicht verfärbend. Im Hut vollfleischig, im Stiel gekammert, das heißt, im Schnitt werden mehr oder weniger rhombische Höhlungen unter der festen, elastischen Stielrinde sichtbar, da sich das innere, körnig-wattige Fleisch mit zunehmendem Alter zum Rand und in Querbögen zusammenzieht. **Verwechslungen** Der Hasen-Röhrling ist, einmal gesehen, unverwechselbar. Solange man jedoch auf der Suche ist, diese Seltenheit zu Gesicht zu bekommen, vermutet man schnell, in allen ungewöhnlich gewachsenen **Maronen-** (*Xerocomus badius*, S. 100) und selbst in **Sand-Röhrlingen** (*Suillus variegatus*, S. 98) Stielkammerungen zu sehen.

Steckbrief
Hasen- oder zimtbrauner Hut im Kontrast zu milchweißen Röhren, gekammertes Stielfleisch.

Vorkommen
Besonders unter Buchen und Eichen auf sauren, körnigen Böden. Im Süden etwas häufiger, aber allgemein selten.

Tipp
Am Standort des seltenen Hasen-Röhrlings gibt es oft lohnend viele Speisepilze.

DEZ NOV OKT SEPT AUG JULI JUNI MAI APRIL MÄRZ FEB JAN

Espen-Rotkappe
Kapuziner
Leccinum aurantiacum

Steckbrief Rotbraune, später zunehmend schwarze Schüppchen der aufgerissenen Stielrinde korrespondieren mit dem trübroten Hut. Die Zitterpappel ist zuständiger Begleitbaum.

Vorkommen In allen Waldtypen, aber ausschließlich in Symbiose mit Espe.

Tipp Rotkappenartige erkennt man an dem bis ins hohe Alter festen Hutfleisch.

Hut 8 bis 20 cm, dickfleischig, halbkugelig, mit zunehmendem Alter flacher. Oberfläche matt, oft narbig, körnig mit weit, bis 5 mm, überhängender Huthaut. Die Farbe variiert von Orangerot bis zu trübem Purpurrot. **Röhren und Poren** blassgrau, jung dunkler. **Stiel** sehr lang, 10 bis 20 cm, und kräftig, bis 4 cm breit, jung etwas bauchig erweitert. Besonders im oberen Drittel jung von weißen, sonst rötlich braunen Pusteln der zerreißenden, nicht mitwachsenden Stielrinde besetzt. Die Pusteln verfärben später zunehmend rotbraun und schließlich fast schwarz. **Fleisch** im Hut und Stiel von angenehm fester Konsistenz, weiß, im Alter mehr oder weniger grau meliert. Im Schnitt grauviolett verfärbend, beim Dünsten und Braten meist fast schwarz. **Verwechslungen** Raustielröhrlinge *(Leccinum)* sind von der Gattungszugehörigkeit her kaum zu verwechseln, denn die Kombination aus Röhrenschicht auf der Hutunterseite relativ leicht ablösbar und Stielrinde in Schuppen zerrissen ist einmalig. Bleibt das Fleisch von Hut und Stiel lange angenehm schnittfest, ohne schwammig oder zähfaserig zu werden, handelt es sich ungeachtet der Hutfarbe sicher um die Gruppe der Rotkappen. Die genaue Artzugehörigkeit ist oft nur sehr schwer bestimmbar, aber der Genusswert ist schließlich bei allen gleich gut.

Hainbuchen-Röhrling Grauhederl

Leccinum carpini

Hut (5) 8 bis 12 cm, flach gewölbt, im Verhältnis zur Röhrenschicht relativ dünnfleischig. Oberfläche matt, narbig bis grubig-höckerig, ockergrau, graubraun, Huthaut bei Trockenheit stark felderig aufgerissen. **Röhren und Poren** jung weißlich, im Alter ockergräulich nachdunkelnd. **Stiel** 8 bis 15 cm lang, schlank, zur Basis hin etwas keulig erweitert. Auf ganzer Länge mit groben, oft parallel angeordneten bräunlich grauen bis fast schwarzen Schüppchen der nicht mitwachsenden Stielrinde besetzt. **Fleisch** im Hut nur ganz jung fest, alsbald weich und schließlich schwammig und stark Wasser aufsaugend. Im Stiel von angenehm fester Konsistenz, bald jedoch ziemlich hartfaserig und strohig. Im Schnitt weißlich, zunächst rötend und dann schwärzend, beim Dünsten und Braten meist fast schwarz. **Verwechslungen** Raustielröhrlinge *(Leccinum)* sind von der Gattungszugehörigkeit her kaum zu verwechseln, und der Hainbuchen-Röhrling gehört wegen seiner typischen Fleischverfärbung in Kombination mit den möglichen Begleitbäumen zu den leicht kenntlichen Arten aus der Gruppe der Birkenpilzähnlichen mit weichfleischigem Hut. Auf Märkten habe ich schon Hainbuchen-Röhrlinge als Steinpilze bezeichnet gesehen. Verwechslungen sind daher bei ungenauer Bestimmung möglich.

Steckbrief
Unverkennbar durch die typische in Schuppen zerrissene Stielrinde und narbige Oberfläche des mehr oder weniger grauen Hutes.

Vorkommen
Im Kalkgebiet meist unter Hainbuche, im bodensauren Milieu auch unter Haselnuss.

Tipp
Es kann durchaus Erfolg versprechend sein, längs kleiner Bachläufe die Haselnusshecken zu durchstöbern.

Goldblatt Blätter-Röhrling

Phylloporus pelletieri

Steckbrief
Filzröhrling, der aber von unten betrachtet stark quer geaderte (anastomosierte) Lamellen aufweist.

Vorkommen
Ab Mitte Juni in bodensauren Laub- und Nadelwäldern. Weit verbreitet, aber überall selten.

Tipp
Pilz ähnelt Rotfuß-Röhrling oder Ziegenlippe, doch unterm Hut sind Lamellen zu fühlen: Bitte stehen lassen, er ist das seltene Goldblatt.

Hut (3) 5 bis 10 cm, flach gewölbt, bald ausgebreitet und oft etwas niedergedrückt. Die samtige Oberfläche ist ockerbraun bis rotbraun gefärbt. Oft finden sich in der Huthaut narbige Einschlüsse, die im Fleisch kleine gelbliche Höhlungen bilden. **Röhren und Poren** sind nur ausnahmsweise und dann sehr grobmaschig ausgebildet. Meist finden wir regelrechte Lamellen, die nur durch mehr oder weniger deutliche Querverbindungen (Anastomosen) erkennen lassen, dass sie eigentlich Röhren werden wollten. Zitronen- bis goldgelb. **Stiel** 4 bis 8 cm lang, 1 bis 2 cm breit, meist zur Basis hin zugespitzt und am Hutansatz erweitert. Blasser als der Hut gefärbt und, wie für viele Filzröhrlinge typisch, längsstreifig, ähnlich einer Holzmaserung. **Fleisch** blass gelblich, im Hut gelegentlich bräunlich durchgefärbt, weich. Schon bald wird der Pilz von Goldschimmel *(Apiocrea chrysosperma)* befallen, den man, längst noch nicht sichtbar, durch einen an Verwesung erinnernden üblen Geruch identifizieren kann. **Verwechslungen** Der **Rotfuß-Röhrling** (*Xerocomus chrysenteron*, S. 102) und viele seiner Verwandten haben ein ähnliches Erscheinungsbild, jedoch immer ordentliche Röhren. Der **Purpurfilzige Holzritterling** (*Tricholomopsis rutilans*, S. 177) wird gelegentlich verwechselt, wächst aber auf Holz und hat keine Anastomosen zwischen den Lamellen.

DEZ NOV OKT SEPT AUG JULI JUNI MAI APRIL MÄRZ FEB JAN

Porphyr-Röhrling Düsterer Röhrling

Porphyrellus porphyrosporus

Hut 8 bis 15 cm, dickfleischig, halbkugelig, mit zunehmendem Alter flacher. Oberfläche matt, fast samtig, im Alter kahl, aber nicht glänzend. Die Farbe variiert von fast hell Graubraun über alle Graustufen bis zu kräftigem Anthrazit. Es kommen aber immer wieder auch auffallend braune, selbst rötlich braune Formen vor. **Röhren und Poren** in allen Altersstufen heller oder dunkler graubraun. Auf Druck nachdunkelnd. **Stiel** 7 bis 12 cm lang, schlank, zylindrisch, wie der Hut gefärbt, an der manchmal etwas keuligen Basis weißfilzig. Stets glatt, längs gemasert, nie mit abstehenden Fasern oder Schuppen und ohne Ring. **Fleisch** fest, weißlich, blassgrau. Im Schnitt meist grünend, gilbend oder seltener rötend, bis die Schnittstellen sich düstergrau verfärben. Bei älteren Stücken oder hohen Temperaturen ist diese Oxidationsfärbung des Fleisches oft schon am noch lebenden Fruchtkörper abgeschlossen. **Verwechslungen** Die häufigsten Verwechslungen kommen mit Raustielröhrlingen (S. 90/91) vor. Diese haben jedoch immer eine rauschuppige Stieloberfläche. Verwechslungen mit Steinpilzen sind wegen des fehlenden Netzes am Stiel auszuschließen. Der an ähnlichen Standorten vorkommende **Strubbelkopf-Röhrling** (*Strobilomyces floccopus*, S. 94) ist auf dem Hut mit dichtwolligen, großen, dunkelgrauen Schuppen besetzt und hat zumindest jung einen Stielring.

Steckbrief
Pilz in allen Teilen düster, Fleisch verfärbt sich im Schnitt nach Röten, Gilben oder Grünen ebenfalls dunkel.

Vorkommen
In Bergwäldern auf sauren Böden mit Laub- oder Nadelbäumen. Im Süden örtlich häufig, sonst zerstreut bis selten.

Tipp
Am Standort zusammen mit dem selteneren, ebenfalls wenig schmackhaften, exotisch anmutenden Strubbelkopf-Röhrling.

Strubbelkopf-Röhrling
Strubbelkopf

Strobilomyces floccopus

Steckbrief
Unverkennbar durch dichte, wollige, große, grauschwarze Schuppen auf dem Hut. Im Schnitt stark safranrötlich verfärbend.

Vorkommen
In Bergwäldern auf sauren Böden mit Laub- oder Nadelbäumen. Im Süden zerstreut, sonst eher selten.

Tipp
Dieser exotisch anmutende „Old man of the wood“ (engl. Volksname) macht auch Kindern Lust auf Natur.

Hut (8) 10 bis 20 cm, dickfleischig, halbkugelig. Oberfläche gänzlich mit dicken, wolligen, grauweißen bis anthrazitfarbenen Schuppen bedeckt, die nach längerem Regen zusammengedrückt sein können. Die Farbe variiert nur in verschiedenen Graustufen. Zwischen den Schuppen ist der Grundton hell. **Röhren und Poren** recht grob, jung grauweiß, zunehmend düster. Auf Druck schwärzend. **Stiel** 8 bis 15 cm lang, zylindrisch, selten zur Basis etwas zugespitzt, grobschuppig und wie der Hut gefärbt. Im oberen Drittel findet sich beim jungen Pilz eine dickwattige Teilhülle, die beim Aufschirmen als Ring zurückbleibt, aber auch am Hutrand hängen bleiben kann. **Fleisch** fest, im Alter, wie bei den meisten Röhrenpilzen, im Hut zunehmend schwammig und im Stiel strohig. Im Schnitt grauweiß marmoriert und sofort leuchtend safranorange anlaufend. Man ist erstaunt, dass so ein düsterer Pilz im frisch verletzten Fleisch derart farbenfreudig oxidieren kann. Die Verfärbung wechselt allerdings nach wenigen Minuten in eine ebenfalls düstergraue Stufe. **Verwechslungen** Irgendwelche Verwechslungen dieser ungewöhnlichen Erscheinung können bei Fruchtkörpern in ansehnlichem Zustand ausgeschlossen werden.

Grauer Lärchen-Röhrling

Suillus viscidus

Hut (3) 5 bis 10 (15) cm, konvex, bald verflacht und oft verbogen und uneben. Oberfläche grau, graubraun, auch ockergrau, stark schleimig. Bei trockenem Wetter hilft etwas Wasser oder Spucke, um die Schleimigkeit wiederherzustellen. **Röhren und Poren** grau, schlecht vom Hutfleisch trennbar und bald sehr weich, fast matschig. Im Alter sind die großen Poren bisweilen rostbräunlich überhaucht. **Stiel** 4 bis 10 cm lang, zylindrisch mit an der Spitze oft etwas herablaufenden Röhren. Im oberen Drittel finden sich die schmierigen Reste der aufgerissenen Teilhülle als Ring oder flüchtiger Schleimwulst. **Fleisch** weiß bis gräulich, weich, bald, wenn der Pilz aufgeschirmt ist, für den Genuss zu weich. Manchmal treten im Alter oder im Schnitt jüngerer Fruchtkörper grünliche bis bläulich graue Verfärbungen auf. **Verwechslungen** Lärchen begleitende Schmierröhrlinge mit Ring dürften eigentlich nur untereinander noch verwechselt werden (S. 96/97). Im Ganzen aber sind Verwechslungen immer nur das Ergebnis der ganz persönlichen Selbsteinschätzung der Sammler. Betrachten Sie jeden einzelnen Pilz! Achten Sie auf Schlüsselmerkmale und verwerfen Sie alle nicht ausreichend typischen Exemplare. Das ist bei Pilzen die beste Lebensversicherung.

Steckbrief
Der schleimige, graue Hut und der Ring am Stiel weisen ihn als Lärchen-Röhrling aus.

Vorkommen
Nur bei Lärchen auf mineralreichen Böden, oft auch im offenen Gelände. Im Bergland häufiger als in der Tiefebene.

Tipp
Bei trockenem Wetter fühlen sich schleimige Pilze trocken an. Ein wenig Spucke, auf dem Hut verrieben, hilft dann nach.

Rostroter Lärchen-Röhrling

Suillus tridentinus

Steckbrief
Der schleimige, rostrote Hut und der Ring am Stiel weisen ihn als Lärchen-Röhrling aus.

Vorkommen
Nur bei Lärchen auf mineralreichen Böden, oft auch im offenen Gelände. Im Bergland häufig, im Flachland weitgehend fehlend.

Tipp
Im Bergmischwald zeigt diese Art die schönsten Schleierlinge unter den übrigen Bäumen wie Buche, Fichte und Tanne an.

Hut (3) 5 bis 10 cm, konvex, bald verflacht und oft im Humus vergraben. Oberfläche rostocker bis leuchtend orange. Radial hell-dunkel geflammt und gestromt. Weit weniger schleimig als die übrigen Lärchen-Röhrlinge, auch ist die Huthaut weniger leicht abziehbar. **Röhren und Poren** rostrot, rostbraun, grobmaschig zusammengesetzt und meist am Stiel herablaufend, schlecht vom Hutfleisch trennbar und recht weich. Poren eckig und groß. **Stiel** 4 bis 10 cm lang, zylindrisch, mit an der Spitze deutlich herablaufenden und oft fast lamellig ausgezogenen Röhren. Im oberen Drittel finden sich die weißlichen faserigen Reste einer beim jungen Pilz vom Hutrand zur Stielspitze gespannten Teilhülle, die als Ring oder flüchtiges Häutchen zurückbleiben. **Fleisch** schnittfest, bald weich, blass schmutzig gelb bis rostocker gefärbt. Meistens ist das Fleisch Ton in Ton schön geflammt gemasert. **Verwechslungen** Lärchen begleitende Schmierröhrlinge mit Ring dürften eigentlich nur untereinander noch verwechselt werden.
Die rostroten und gelben Arten können allerdings jung, mit noch geschlossener Teilhülle, zwischen ähnlich aussehenden giftigen Schleierlingen aus der Verwandtschaft des **Orangefuchsigen Raukopfs** (*Cortinarius orellanus*, S. 156) stehen und versehentlich mit eingesammelt werden.

Gold-Röhrling
Goldgelber Lärchen-Röhrling
Suillus grevillei

Hut (3) 5 bis 10 (15) cm, konvex, bald verflacht und oft im Gras durch Begleitpflanzen verformt. Oberfläche buttergelb bis leuchtend orangegelb, stark schleimig. Bei trockenem Wetter kleben fast immer Gras, Nadeln o. Ä. auf der dann glänzenden Oberhaut, die auch trocken das Essen verschleimt, wenn sie nicht entfernt wird. **Röhren und Poren** jung nadelstichartig fein, blass- bis orangegelb, im Alter zimtfarben, schlecht vom Hutfleisch trennbar. Verletzte Röhren verfärben sich rostbraun. **Stiel** 4 bis 10 cm lang, zylindrisch. Im oberen Drittel finden sich die schmierigen Reste der Teilhülle als flüchtiger Schleimwulst. Unterhalb des Ringes ist der Stiel faserschuppig, oberhalb feinnetzig gezeichnet. **Fleisch** gelb. Bald, wenn der Pilz aufschirmt, ist es für den Genuss zu weich.
Verwechslungen Lärchen begleitende Schmierröhrlinge mit Ring sind leicht kenntlich. Noch geschlossene Gold-Röhrlinge können jungen Schleierlingen aus der Sektion der Rauköpfe (S. 155/156) aber sehr ähnlich sehen. Gerade bei trockenem Wetter kann es schnell zu Verwechslungen kommen. Sammeln Sie nie zu junge Pilze, bei denen das Merkmal „Röhren oder Lamellen" noch unter dem Häutchen verborgen ist. Diese Pilze können beieinander stehen und dann sind heimtückische Todesfälle möglich.

Steckbrief
Häufigster Lärchen-Röhrling mit butter- bis goldgelber Farbe und Schleimwulst am Stiel.

Vorkommen
Nur bei Lärchen auf allen Böden in jeder Höhe. Bleibt aber manchmal über Jahre hinweg aus.

Tipp
Beim Sammeln zu Speisezwecken den abgeschnittenen, schon grob geputzten Pilzen gleich im Wald die klebrige Huthaut abziehen.

Sand-Röhrling Sandpilz

Suillus variegatus

Steckbrief Trockenster Schmierröhrling mit feinkörniger Hutoberfläche und auffallend gelbem, meist etwas blauendem Fleisch. Fast immer bei Kiefern.

Vorkommen In Nadel- und Nadelmischwäldern auf sauren Böden, an fast allen Standorten.

Tipp Erst getrocknet und samt Einweichwasser verwendet, entwickeln sie ein köstliches Aroma.

Hut (4) 8 bis 15 cm, konvex, ungewöhnlich dickfleischig. Oberfläche ockergelb, schmutzig gelb, auch olivgelb, kaum schleimig, vielmehr feinkörnig, Huthaut kaum abziehbar. Der Sand-Röhrling ist der trockenste aller Schmierröhrlinge. **Röhren und Poren** jung nadelstichartig fein, umbra bis olivbeige und sehr kurz, schlecht vom Hutfleisch trennbar. Im Alter werden die Röhren – im Gegensatz zu den meisten anderen Röhrlingen – eher heller. **Stiel** 5 bis 10 cm lang, zylindrisch. Im oberen Drittel feinkörnig, zur Basis mehr oder weniger feinschuppig. Ohne Ring. **Fleisch** fest, blassgelb bis safrangelb, im Schnitt meist blauend. Geruch unangenehm nach Bleistiftmine oder Kartoffel-Bovist. **Verwechslungen** Der Sand-Röhrling wird weniger verwechselt als vielmehr gar nicht erkannt und als unbestimmbar verworfen. Das liegt an seiner Ausnahmestellung als trockener, kaum je klebriger Pilz innerhalb der Gattung Schmierröhrlinge. Gute Kennzeichen sind das gelbe Fleisch, was besonders über den Röhren schwach blaut, und der auffällige Geruch. Verwechslungen mit dem ebenfalls ringlosen **Kuh-Röhrling** *(Suillus bovinus)* wären nicht tragisch. Er ist auch essbar, verfärbt sich aber beim Braten pinkviolett.

Gallen-Röhrling
Bitterling

Tylopilus felleus

Hut (5) 10 bis 20 cm, dickfleischig, halbkugelig, mit zunehmendem Alter flacher. Oberfläche matt, samtig, im Alter kahl glänzend, bei feuchtem Wetter selten auch schmierig. Die Farbe variiert von Falbocker über blasse lehmbraune Töne bis zu einem dunklen Olivbraun. **Röhren und Poren** jung weiß, später lichtrosa und schließlich schmutzig lachsfarben. Auf Druck bräunend. **Stiel** 5 bis 15 cm lang, von ausnahmsweise ungewöhnlich schlank bis über 4 cm breit, oft bauchig erweitert. Auf ganzer Länge von einem groben Netz überzogen, das zur Spitze hin, besonders bei jungen Exemplaren, sehr hell sein kann, sonst aber charakteristisch deutlich ockerbraun mit leichtem Olivton ist. An der Basis abgerundet, niemals mit weißlichen Myzelfäden umsponnen. **Fleisch** fest, weiß, fast nie madig, sehr bitter. Der relativ hohe Gehalt an Radioisotopen („Tschernobyl-Gift") spielt für den Menschen keine Rolle, da der Pilz wegen seiner Bitterkeit nicht genießbar ist. **Verwechslungen Steinpilze** (*Boletus* spec., S. 80/81), gelegentlich auch dicke **Maronen-Röhrlinge** (*Xerocomus badius*, S. 100) werden für Gallen-Röhrlinge gehalten, was den Steinpilzen nicht schadet. Umgekehrt freilich verdirbt es zwar das Essen, der Pilz ist aber nicht giftig.

Steckbrief
Grobes, gelblich braunes Netz mit Olivton am Stiel. Weiße, bald rosastichige Röhren und Poren. Bitterer Geschmack.

Vorkommen
In sauren Nadel- und Mischwäldern, seltener auch im reinen Laubwald.

Tipp
Bei Unsicherheit ein Stück vom Hutrand abbrechen und am Pilzfleisch lecken, um die unerträgliche Bitterkeit festzustellen.

Maronen-Röhrling

Xerocomus badius

Steckbrief
Samtig brauner Hut, der leicht verschleimt, auf Druck stark blauende Röhren und ein wie Holz längs gemaserter Stiel.

Vorkommen
Meist bei Nadelbäumen, ab Juli bis die ersten Raureifnächte das Wachstum einschränken.

Tipp
Einmalige Massenernten kommen nach Baumfällungen an altbekannten Maronen-Röhrlings-Standorten vor.

Hut (5) 10 bis 20 (30) cm, relativ dickfleischig, polsterförmig, alt auch aufgebogen und in der Mitte vertieft. Oberfläche matt, feinsamtig, im Alter verkahlend und bei feuchtem Wetter schmierig-klebrig. Es ist der schleimigste der Filzröhrlinge. Die Farbe variiert in allen Brauntönen, die eine Esskastanie (Marone!) haben kann. **Röhren und Poren** jung sahnefarben, später gelboliv bis oliv. Auf Druck stark blauend. **Stiel** 5 bis 15 cm lang, 0,8 bis über 2 cm dick, meist zylindrisch bis ausnahmsweise ungewöhnlich bauchig. Dem Hut ähnlich, auf hellerem Grund längsfaserig oder geflammt gefärbt. Nie von einem Netz überzogen. An der Basis schließt ein dichter Myzelschopf oft viel Erde- und Streupartikel ein. **Fleisch** fest, im Alter – wie bei den meisten Röhrenpilzen – im Hut zunehmend schwammig und im Stiel strohig. Im Schnitt weißlich marmoriert, mehr oder weniger stark blauend. Ganz junge Pilze zeigen oft selbst bei Berührung der Poren und im Schnitt keine Verfärbung. **Verwechslungen** Beachtet man das Netz nicht, können Steinpilze (*Boletus* spec., S. 80/81) für Maronen-Röhrlinge gehalten werden. Schleimige können für Schmierröhrlinge (*Suillus* spec., S. 96–98) und schmächtige für andere Filzröhrlinge (*Xerocomus* spec., S. 101–102) gehalten werden. Alle genannten sind jedoch auch Speisepilze.

DEZ NOV OKT SEPT AUG JULI JUNI MAI APRIL MÄRZ FEB JAN

Blutroter Röhrling
Blutroter Filzröhrling

Xerocomellus rubellus

Hut (3) 5 bis 7 cm, flach polsterförmig, oft wellig verbogen oder auf dem Hut bzw. im Röhrenbereich narbig verwachsen, Oberfläche samtig-filzig. Die Farbe variiert in allen Rottönen. Junge Pilze sind aber immer samtig-purpurrot, wie ein Königsmantel im Märchen. **Röhren und Poren** ganz jung blass, bald leuchtend gelb, später oliv. Auf Druck stark blauend. **Stiel** 5 bis 8 cm lang, zylindrisch, an der Basis meist etwas ampullenförmig angeschwollen. In helleren Farben wie der Hut getönt, zur Spitze und zur Basis hin meist blasser oder gelblich. Nie von einem Netz überzogen. **Fleisch** im Hut butterweich, aber nicht schwammig, im Stiel recht derbfaserig. Blassgelb, im Schnitt ungleich stark blauend. **Verwechslungen** Der Blutrote Röhrling ist als Filzröhrling in seiner schmächtigen Statur gut kenntlich. Innerhalb dieser Gattung ist die Abgrenzung der einzelnen Arten jedoch recht schwierig und von wissenschaftlicher Seite noch längst nicht abgeschlossen. So gibt es den ähnlichen **Aprikosen-Röhrling** (*Xerocomus armeniacus*, S. 83) und rote Formen des **Rotfuß-Röhrlings** (*Xerocomus chrysenteron*, S. 102). Selbst rot gefärbte, schmächtige Exemplare des **Schwarzblauenden Röhrlings** *(Xerocomus pulverulentus)* könnten leicht verwechselt werden, haben aber nie das einheitliche Purpurrot.

Steckbrief
Blutroter, filziger Hut, auf Druck stark blauende Röhren und längsfaserig geflammter, roter Stiel.

Vorkommen
Meist in Parks oder Alleen unter Eichen, Hainbuchen, Linden und anderen Edellaubgehölzen auf grasbewachsenen, mineralreichen Böden.

Tipp
Seine Standorte sind ökologisch wertvolle Flächen. Sie sollten sie vor Umnutzung schützen lassen.

JULI JUNI MAI APRIL MÄRZ FEB JAN DEZ NOV OKT SEPT AUG

Rotfuß-Röhrling Rotfüßchen

Xerocomellus chrysenteron

Steckbrief
Grau- bis dunkelbrauner, filziger Hut mit einer im Skalpschnitt sichtbaren himbeerroten Schicht unter dem Hutfilz.

Vorkommen
Unter allen symbiosefähigen Baumarten auf jedem Untergrund, nur nicht auf sehr kalkhaltigem Boden.

Tipp
Hutprobe: Hut mit zwei Fingern zusammendrücken. Kein Widerstand noch festen Fleisches? Der Pilz ist madig.

Hut (3) 5 bis 8 (12) cm, flach polsterförmig, oft verbogen oder auf dem Hut bzw. im Röhrenbereich narbig verwachsen. Bei trockenem Wetter bald aufreißend, wodurch die himbeerfarbene Schicht unter der filzigen Hutdeckschicht in einem netzigen Muster sichtbar wird. Die Farbe variiert von Gelbbraun über beigemischte Olivtöne bis zu dunkel Kastanienbraun. **Röhren und Poren** eckig, ganz jung blass gelblich, bald oliv gelb. Auf Druck sehr unterschiedlich stark blauend. **Stiel** 5 bis 8 cm lang, zylindrisch und 0,5 bis 1,5 cm dick, häufig verbogen. Spitze gelblich, Stielmitte unterschiedlich stark rot oder rosa punktiert und zur Basis mehr ockerrötlich geflammt. Nie von einem Netz überzogen. **Fleisch** im Hut butterweich, aber nicht schwammig, im Stiel recht derbfaserig. Blassgelb, im Schnitt ungleich stark blauend. **Verwechslungen** Als Filzröhrling gut kenntlich, wird sich der Speisepilzsammler kaum die Mühe machen, Rotfuß-Röhrlinge wissenschaftlich genau von den nahe stehenden Arten, z. B. der **Ziegenlippe** *(Xerocomus subtomentosus)*, zu trennen. Er wird junge Pilze ohne Stielnetz – und deshalb nicht mit dem giftigen **Schönfuß-Röhrling** (*Boletus calopus*, S. 82) zu verwechseln – einsammeln, zubereiten und ohne exakten Namen aufessen.

Kuhmaul, Großer Schmierling Großer Gelbfuß, Rotzer

Gomphidius glutinosus

Hut 5 bis 10 (15) cm, flach gewölbt, bald niedergedrückt und mit oder ohne zentralen Buckel trichterförmig vertieft. Oberhaut von einer dicken Schleimschicht bedeckt, die leicht abziehbar ist und sich beim jungen Pilz in einer glasig-schleimigen Gesamthülle zur Stielbasis fortsetzt. Die Farbe variiert von blassen graubraunen Tönen über alle Stufen von Gelbbraun und Olivbraun bis zu einem sehr dunklen Violettgrau. **Lamellen** dick, entfernt, z. T. gegabelt, weit herablaufend und leicht ablösbar. Zunächst weiß, vom olivgrauen Sporenpulver bald rußgrau getönt. **Stiel** 5 bis 9 cm lang, 0,5 bis 1,5 cm dick, meist zur Basis hin zugespitzt und leuchtend gelb. Im oberen Drittel mit schleimiger, eingeschnürter Ringzone, darunter mit mehr oder weniger schleimigen Schuppen besetzt. **Fleisch** schnittfest, wie gekühlte Butter, im Ganzen weißlich, in der Stielbasis jedoch chromgelb. Selten madig. Beim Dünsten wird das Fleisch dunkel. **Verwechslungen** Schleierlinge aus den Untergattungen Schleimfüße (S. 153) und Schleimköpfe (S. 151/152) könnten ähnlich aussehen, besitzen aber nie herablaufende Lamellen und haben rostbraunen, nicht olivgrauen Sporenstaub an der Ringzone haften. Sie sind auch nicht von der Hutmitte aus abziehbar.

Steckbrief
Schleimig. Mit dicken, entfernten, herablaufenden Lamellen und leuchtend gelbem Stielbasis-Fleisch.

Vorkommen
Ab Ende Juni in Fichtenforsten auf sauren Böden.

Tipp
Muss sauber gesammelt werden; schleimige Oberhaut schon im Wald von der Mitte her mit einem Kreuzschnitt in vier Segmentstreifen abziehen.

Falscher Pfifferling
Orangegelber Gabelblättling

Hygrophoropsis aurantiaca

Steckbrief
Pfifferlingsähnlich (Name!) mit gummiartig weichem Fleisch und stark gegabelten, leicht ablösbaren Lamellen.

Vorkommen
Ab Ende Juni in Nadel- und Mischwäldern an morschem, oft vergrabenem Holz, im Herbst oft Massenvorkommen.

Tipp
Hutrand noch am Standort biegen. Frische Pfifferlinge brechen, falsche nicht so leicht.

Hut (1) 3 bis 5 (10) cm, flach gewölbt, bald niedergedrückt und meist ohne zentralen Buckel trichterförmig vertieft. Oberfläche samtig bis feinfilzig, von fast weiß über kräftig orangegelb bis dunkel porphyrbraun überfasert, zur Mitte hin oft dunkler. **Lamellen** sehr weich, dünn, gedrängt, weit herablaufend und stark gegabelt (Name!), aber ohne Anastomosen. Meist intensiver orange gefärbt als der Hut. Sporenpulver weiß. **Stiel** 2 bis 5 cm lang, 0,3 bis 1 cm dick, wie der Hut gefärbt, meist zur Basis verjüngt. Spätestens an dem unverhältnismäßig dünnen, elastischen Stiel merkt der erfahrene Pfifferlingssammler, dass hier etwas nicht stimmt. **Fleisch** gelborange durchgefärbt, weich, elastisch und ohne jeden Geschmack. Der Geruch ist besonders bei älteren Stücken etwas unangenehm an Salpetersäure erinnernd. **Verwechslungen** Immer wieder werden Falsche Pfifferlinge für echte **Pfifferlinge** (*Cantharellus cibarius*, S. 219) gehalten. Hier steht meist mehr das Prinzip Hoffnung im Vordergrund, weniger die doch geringe Ähnlichkeit der Merkmale. Die giftigen **Ölbaumpilze** (*Omphalotus olearius*, S. 105) können ähnlich aussehen, wachsen aber büschelig an Laubholz, sind im Allgemeinen viel kompakter und eher selten, in warmen Gegenden Süddeutschlands und der Schweiz jedoch anzutreffen.

Ölbaumpilz
Leuchtender Ölbaum-Trichterling
Omphalotus olearius

Hut (3) 8 bis 12 (20) cm, leuchtend gelb bis gelborange, jung mit eingerolltem Rand, bald trichterförmig aufgeschirmt und dann oft unregelmäßig flatterig. Oberfläche seidig, radialfaserig, reißt bei Trockenheit oft vom Rand her ein. **Lamellen** dünn, weich, weit herablaufend, untermischt und nur zum Hutrand bisweilen gegabelt, aber ohne Anastomosen. Meist intensiver orange als der Hut. Sporenpulver weiß. **Stiel** 4 bis 10 cm lang, 0,5 bis 1,5 cm dick, wie der Hut gefärbt, oft exzentrisch, verbogen und büschelig verwachsen mit gemeinsam wurzelndem Strunk. **Fleisch** bei völliger Dunkelheit im Umriss schwach leuchtend (Biolumineszenz; Name!), blassgelb, faserig, elastisch und ohne jeden Geschmack. Der Geruch erinnert, besonders bei älteren Stücken, an nasses Bauholz. **Verwechslungen** Manchmal werden Ölbaumpilze für **Pfifferlinge** (*Cantharellus cibarius*, S. 219) gehalten, aber schon der büschelige Wuchs an Holz muss Zweifel aufkommen lassen. Einzeln abgeschnitten können Ölbaumpilze jedoch sehr ähnlich aussehen. Sie haben auf Grund der leicht ablösbaren Lamellen, die nur zum Rand hin deutliche Gabelungen ohne jede Anastomosen aufweisen, aber ausreichende Trennmerkmale. Schließlich fehlt auch der angenehme, für Pfifferlinge typische Geruch nach Aprikosen völlig.

Steckbrief
Pfifferlingsähnlich, aber büschelig an Laubholz wachsend und ohne Anastomosen.

Vorkommen
Ab Ende Juni an Laubhölzern wie Eichen, Obst- und Esskastanienbäumen. Wärme liebend, in Deutschland nur im Süden.

Tipp
Den giftigen Pilz in ein völlig abgedunkeltes Zimmer legen. Nach einer Weile leuchtet der Umriss des Fruchtkörpers als gelbe Linie.

Kahler Krempling, Verkahlender oder Empfindlicher Krempling

Paxillus involutus

Steckbrief
Sehr häufig. Lang eingerollter Rand, dichte, weit herablaufende, leicht ablösbare Lamellen, auf Druck fleckend.

Vorkommen
Ab Juni überall dort, wo Waldbäume, besonders Birken vorkommen, auf nicht zu kalkhaltigen Böden.

Tipp
Vorsicht bei verschenkten oder nach osteuropäischen Rezepten konservierten Pilzen. Kremplinge könnten mit verarbeitet sein.

Hut 8 bis 12 (15) cm, in helleren bis dunkleren Brauntönen, flach gewölbt, bald niedergedrückt und meist trichterförmig vertieft mit zentralem Buckel. Oberfläche samtig bis filzig, am lange eingerollten Rand dicht haarig-filzig, bald verkahlend (Name!) und dann meist schleimig-schmierig. **Lamellen** dünn, weit herablaufend. Falbbraun bis olivockerbraun gefärbt. Auf Druck schmutzig rotbraun fleckend. **Stiel** 4 bis 8 cm lang, 0,8 bis 2 cm dick, wie der Hut gefärbt, längsstreifig-faserig, nie samtig und ebenfalls auf Druck dunkel fleckend. Die dicht verflochtenen Myzelstränge an der Basis backen oft handtellergroße Humusklumpen zusammen. **Fleisch** falbocker durchgefärbt, weich, im Stiel fest, von säuerlichem Geschmack. Die Pilze sind selten madig und haben bis ins hohe Alter einen angenehmen, etwas säuerlichen Geruch. **Verwechslungen** Der Kahle Krempling wird in neuerer Zeit in einige Arten aufgesplittert, was wissenschaftlich gut nachzuvollziehen, jedoch ohne praktische Bedeutung ist, da man allen diesen Symbiosepilzen nach wiederholtem Genuss eine gefährliche Giftigkeit unterstellen muss. Der bisweilen ähnliche **Samtfuß-Krempling** (*Tapinella atrotomentosa*, S. 107) dagegen ist ein Holzzersetzer und gehört einer anderen Gattung an.

Samtfuß-Krempling

Tapinella atrotomentosa

Hut 5 bis 15 (30) cm Durchmesser, flach gewölbt, muschel- bis zungenförmig, meist seitlich gestielt, im Alter auch ausgebreitet, samtig-filzig, am Rand lange eingerollt, recht dickfleischig. **Lamellen** dünn, schmal, weit herablaufend, creme bis ockerfalb gefärbt, erstaunlicherweise nie so dunkel wie das Sporenpulver. Auf Druck schmutzig violettgrau, dann umbragrau fleckend. **Stiel** 4 bis 8 cm lang, 2 bis 5 cm dick, zylindrisch, jung und bei zentral gestielten Fruchtkörpern auch tönnchenförmig, mit scharfer Grenze zu den Lamellen samthaarig dunkelbraun (Name!). **Fleisch** Blasscreme bis cremegelblich, etwas marmoriert durchzogen, nach dem Anschnitt fleckig violettgrau, schließlich sockengrau verfärbend, schwammig, stark durchwässert. Geruch unauffällig, Geschmack bitterlich muffig. Der nicht genießbare Pilz kann hervorragend zum Wollefärben genutzt werden. Je nach Beize und Dosierung entstehen violette bis anthrazitgraue Farbtöne, die sehr stabil und waschecht sind. **Verwechslungen** sind mit von oben ähnlichen Porlingen möglich, z. B. dem **Gebänderten Harz-Porling** *(Ischnoderma benzoinum)*, der aber nie lamellig ist, oder bei schwacher Ausprägung des Stielfilzes mit **Kahlen Kremplingen** (*Paxillus involutus*, S. 106), die auch mal exzentrisch gestielt sein können.

Steckbrief
Häufig. Lange eingerollter Rand und gegen die falben Lamellen farblich abgesetzter, samthaariger Hut.

Vorkommen
Ab Juni, besonders im Süden, in allen Nadelwäldern mit Baumstümpfen als Zersetzungsmaterial.

Tipp
Nach osteuropäischen Rezepten konservierte Pilze meiden. Samtfuß-Kremplinge könnten dabei sein.

DEZ NOV OKT SEPT AUG JULI JUNI MAI APRIL MÄRZ FEB JAN

Wiesen-Champignon
Feld-Egerling

Agaricus campestris

Steckbrief
Weiß mit jung rosa, im Alter schokoladenbraunen Lamellen und flüchtigem Stielring.

Vorkommen
Oft gesellig oder in Ringen und Kreisen (Hexenring), ab Juni auf Weidewiesen. Besonders reichlich nach trockenen Sommern.

Tipp
Im Frühsommer auf Gras achten, das in Ringen unterschiedlich kräftig gewachsen ist: mögliche spätere Ernteplätze.

Hut 5 bis 10 (15) cm, halbkugelig geschlossen aus der Grasnarbe hervorbrechend, bald flach ausgebreitet, meist weißfaserig, aber auch in Varietäten ockerfalb oder sogar braunschuppig. Bei älteren Exemplaren färbt das rosa werdende Fleisch oft am Hutrand durch. **Lamellen** gedrängt, jung blassrosa, bald vom purpurbraunen Sporenpulver schokoladenbraun bis schwarzbraun gefärbt. **Stiel** 4 bis 8 cm lang, 0,8 bis 1,5 cm dick, wie der Hut gefärbt, längsstreifig-faserig, mit einem flüchtigen weißen Ring. **Fleisch** weiß, im Schnitt unterschiedlich deutlich rosa anlaufend. Bei ganz frischen Pilzen läuft dem Messer ein feiner duftender wasserklarer Flüssigkeitsfilm hinterher. **Verwechslungen** Wiesen-Champignons gelten als klassische Doppelgänger der Knollenblätterpilze (ab S. 113). Die Unterschiede – fehlende Scheide an der Basis und gefärbte Lamellen – sind jedoch so gravierend, dass keine große Gefahr besteht. Ein wirklich ähnlicher, jedoch niemals tödlich wirkender giftiger Doppelgänger ist der **Karbol-Egerling** (*Agaricus xanthoderma*, S. 111), der durchaus in unmittelbarer Nähe stehen kann. Seine Stielbasis läuft bei Verletzung augenblicklich chromgelb an und das Fleisch riecht besonders in der Wärme nach Tinte. Auch Egerlings-Schirmlinge können recht ähnlich aussehen, haben aber weiß, nur im Alter blassrosa Lamellen.

Zucht-Champignon
Zweisporiger Egerling
Agaricus bisporus

Hut 5 bis 10 (15) cm, halbkugelig geschlossen aus der Erde oder dem Substrat hervorbrechend, bald flach ausgebreitet, meist weiß, faserig. Die Farbvariante „*Agaricus bisporus* var. *hortensis*", der „Braune Egerling", wird als gesonderte Handelsform angeboten. **Lamellen** jung blassrosa, bald vom Sporenpulver schokoladenbraun gefärbt. Lässt man bei handelsüblichen Kleinkulturen die Pilze zu alt werden, kann der ganze Fußboden um die Kultur herum von Sporenpulver bestäubt und verunreinigt werden. Sporenpulver purpurschwarzbraun. **Stiel** 4 bis 8 cm lang, 0,8 bis 1,5 cm dick, wie der Hut gefärbt, mit einem flüchtigen weißen Ring. **Fleisch** weiß, im Schnitt unterschiedlich deutlich rosa anlaufend. Bei ganz frischen Pilzen läuft dem Messer ein feiner duftender wasserklarer Flüssigkeitsfilm hinterher. **Verwechslungen** **Karbol-Egerlinge** (*Agaricus xanthoderma*, S. 111) können an den gleichen Stellen wachsen. Beachtet man die gleichen Besonderheiten wie beim **Wiesen-Champignon** (*Agaricus campestris*, S. 108), sind Verwechslungen nur schwer möglich. Champignons aus dem Handel sind immer sortenrein, was aber nichts über die Lagerdauer und damit über die Qualität und ihre Frische aussagt. Inzwischen gibt es Zucht-Champignons auch zur Kultur im vorgefertigten Substrat zur Eigenzucht im Keller oder im Badezimmer zu kaufen.

Steckbrief
Relativ seltener Gartenbewohner, der ganzjährig angeboten wird.

Vorkommen
Ab Mai in Gärten, öffentlichen Anlagen und auf Feldern. Oft durch Abfall der Zuchtbetriebe wieder ausgewildert.

Tipp
Achtung beim Kauf: Nur Zucht-Champignons mit rosa Lamellen sind jung und frisch. Bei Zweifeln durchschneiden lassen!

DEZ NOV OKT SEPT AUG JULI JUNI MAI APRIL MÄRZ FEB JAN

Anis-Egerling Schaf-Champignon

Agaricus arvensis

Steckbrief
Weiß. Ausgeprägter Anisgeruch. Jung mit graurosa, später mit schokoladenbraunen Lamellen und einem sternförmig ausgebildeten Stielring.

Vorkommen
Ab Juni in und außerhalb von Wäldern an durch Wild, Weidevieh oder den Menschen stark gedüngten Stellen.

Tipp
Nicht zum Rohverzehr geeignet. Immer wieder heftige Magen-Darm-Störungen.

Hut 7 bis 12 (15) cm, jung und mit noch geschlossener Teilhülle oft stumpfkegelig, dann ± flachkonvex ausgebreitet, weiß, meist zumindest in der Hutmitte leicht gelblich, faserig. Ältere Exemplare sind oft stärker gelb, manchmal so kräftig gefärbt wie sonst nur die Druckstellen anlaufen. **Lamellen** gedrängt, jung blass grauocker, graurosa, bald vom purpurbraunen Sporenpulver schokoladenbraun gefärbt. **Stiel** 8 bis 12 cm lang, 1,0 bis 2,5 cm dick, wie der Hut gefärbt, längsstreifig-faserig und mit einem zweischichtigen Ring. Auf Druck wie auch das recht feste **Fleisch** im Schnitt gilbend. Der ganze Pilz, besonders das frisch verletzte Fleisch riecht bei Zimmertemperatur deutlich nach Anis. **Verwechslungen** Anis-Egerlinge können viel leichter als Wiesen-Champignons mit weißen Formen des **Grünen Knollenblätterpilzes** (*Amanita phalloides*, S. 113) verwechselt werden, weil sie den gleichen Standort besiedeln. Auch der **Kegelhütige Knollenblätterpilz** (*Amanita virosa*, S. 114) kommt als Verwechslungspartner in Betracht. Beide Pilzarten riechen jedoch nie nach Anis und haben weiße, im Alter höchstens gelbliche Lamellen. Der Anisgeruch schützt auch vor dem Magen-Darm-Störungen hervorrufenden giftigen **Karbol-Egerling** (*Agaricus xanthoderma*, S. 111) und seinen Verwandten.

DEZ NOV OKT SEPT AUG JULI JUNI MAI APRIL MÄRZ FEB JAN

Karbol-Egerling
Gift-Champignon, Tinten-Egerling
Agaricus xanthoderma

Hut (3) 5 bis 10 cm, stumpfkegelig tonnenförmig aus dem Substrat hervorbrechend. Selbst bei alten Pilzen bleibt dieser typische Knick im Hut sichtbar. Die weiße, auch graufaserige Hutdeckschicht verfärbt sich – besonders am Rand – bei Berührung leuchtend kanariengelb. **Lamellen** eng stehend, jung blassrosa, bald vom purpurbraunen Sporenpulver schokoladenbraun gefärbt. **Stiel** 4 bis 8 cm lang, 0,8 bis 1,5 cm dick, wie der Hut gefärbt, mit doppeltem, unterseits sternförmig gezähntem Ring. **Fleisch** weiß, im Schnitt unterschiedliche, in der Basis aber immer starke und leuchtend gelbe Verfärbung, die allerdings nicht dauerhaft ist. Riecht beim Reiben oder Erwärmen stark unangenehm nach Karbolsäure (Name!) wie Tinte, Zahnzement oder manche Schmierseifen. **Verwechslungen** Beachtet man den Geruch, der sich gelegentlich aber erst beim Erhitzen während der Zubereitung deutlich entwickelt, sollte eine Verwechslung ausgeschlossen werden können. Die bei Verletzung der Oberfläche starke Gelbfärbung des ganzen Pilzes, besonders das in der Stielbasis kanariengelb durchfärbende Fleisch, lässt Verwechslungen mit essbaren Arten ausschließen und höchstens noch mit ähnlichen Gift-Champignons, wie z. B. dem **Perlhuhn-Egerling** *(Agaricus moelleri)*, zu.

Steckbrief
Weiß, stark gilbend. Im Alter typisch satteldachartig abgeflachte Hutmitte. Tinten-Geruch.

Vorkommen
In Ringen und Kreisen auf Weidewiesen, oft aber an urbanen Stellen, wie Parks, Gärten, Böschungen.

Tipp
Der Tinten-Geruch fällt auf, falls ein Karbol-Egerlings-Verwandter (abgeschnitten und unzureichend gilbend) mit ins Essen geraten ist.

Rotbrauner Scheidenstreifling Fuchsigbrauner Scheidenstreifling

Amanita fulva

Steckbrief
Rotbrauner, tief geriefter Blätterpilz mit Scheide, aber ohne Stielring (Manschette), mit hohlem Stiel und weißem Sporenpulver.

Vorkommen
Ab Juni, in bodensauren Laub- und Mischwäldern, gern an nassen Standorten, auch im offenen Gelände.

Tipp
Wulstlinge ohne Stielring heißen immer Scheidenstreiflinge und sind gut gedünstet essbar.

Hut 5 bis 10 (15) cm, kegelig-glockig, beim Aufschirmen oft stumpf gebuckelt. Rand nicht eingerollt, scharf mit den Lamellen abschließend und kammartig gerieft. Die Farben variieren von hell Orangefuchsig bis satt rotbraun glänzend, Mitte dunkler. **Lamellen** breit, eng stehend, weiß und weichelastisch, leicht zerdrückbar, oft fein gezähnelt (Lupe!), im Alter durch die Hutfarbe bisweilen mit blass orangebraunem Schein. Sporenpulver weiß wie bei allen Scheidenstreiflingen. **Stiel** 8 bis 12 cm lang, 0,6 bis 1,5 cm dick, brüchig, im Alter hohl, nach oben verjüngt, aber nicht knollig an der Basis. Farbe viel blasser als der Hut und von feinen Längsfasern gezeichnet. Die Basis steckt in einer lappigen „Scheide" (Name!), die den ganz jungen Pilz als Gesamthülle völlig umschlossen hatte. Die Scheidenhaut ist innen blass und außen rostfleckig übertüncht. **Fleisch** blass, im Hut sehr dünn, im Stiel hohl. Geruch kaum wahrnehmbar oder leicht nach Rettich. **Verwechslungen** Achtet man sorgfältig auf das Fehlen eines Stielrings und die lappige Scheide, welche die schlanke, kaum verdickte Stielbasis umschließt, sind Verwechslungen mit anderen Scheidenstreiflingen denkbar. Vorsicht ist jedoch immer geboten, denn ein flüchtiger Stielring kann übersehen werden und zur Verwechslung mit Giftpilzen, z. B. dem **Isabellfarbenen Wulstling** *(Amanita eliae)* führen!

Grüner Knollenblätterpilz
Grüner Gift-Wulstling

Amanita phalloides

Hut 5 bis 12 (15) cm, halbkugelig, bald ausgebreitet. Rand scharf mit den Lamellen abschließend, erst im Alter gerieft. Die Farben der radialfaserig strukturierten Huthaut variieren von satt Olivbraun über Lindgrün, Gelbgrün bis hin zu völlig Weiß bei der pigmentlosen Varietät. Im Allgemeinen finden sich keine oder nur sehr großflächige Reste der Gesamthülle auf dem Hut. Die Huthaut ist tortenstückartig abziehbar. **Lamellen** gedrängt, weiß und weich-elastisch, im Alter durch die Hutfarbe bisweilen mit blass gelblichem Schein. Sporenpulver weiß wie bei fast allen Wulstlingen. **Stiel** 6 bis 15 cm lang, nach oben verjüngt, 0,5 bis 2 cm dick und mit bis zu 4 cm dicker Basisknolle, von einer häutigen, innen oft gelblichen Scheide umgeben. Unterhalb der lappigen, schwach gerieften Manschette genattert, farblich heller als der Hut. **Fleisch** weiß, weich. Geruch frisch nach Kunsthonig, bald mit einer unangenehm süßlichen, aasartigen Note. **Verwechslungen** Diesen tödlich giftigen Pilz muss man so genau studieren, dass man ihn niemals verwechseln kann! Dennoch kommen immer wieder Fälle von Verwechslung mit Egerlingen oder grünen Täublingen vor. Die bescheidete Knolle an der Basis, weiße Lamellen, die tortenstückartig abziehbare Huthaut und der markante Geruch sollten dies aber ausschließen helfen.

Steckbrief
Derbe Zwiebelknolle der Stielbasis in lappiger Scheide. Geruch süßlich, bald aasartig.

Vorkommen
Ab Juli, in Laub- und Mischwäldern, gern unter Eichen, kommt auch mit anderen Laubbäumen und selbst unter Fichten vor.

Tipp
Weiße Lamellen, Zwiebelknolle und lappige Scheide sind immer eine Kombination von „Vorsicht Lebensgefahr"!

Kegelhütiger Knollenblätterpilz
Weißer Knollenblätterpilz
Amanita virosa

Steckbrief
Rand des weißen, zur Mitte fuchsigen Hutes unrund, schuppig aufgerissener Stiel mit derber Zwiebelknolle und lappiger Scheide.

Vorkommen
Ab Juni in bodensauren Fichtenwäldern, aber auch rein unter Buchen.

Tipp
Weiße Lamellen, Zwiebelknolle und lappige Scheide sind immer eine Kombination von „Vorsicht Lebensgefahr"!

Hut (3)5 bis 8 (12) cm, jung eiförmig, dann kegelig, später gewölbt mit stumpfem Buckel, milchweiß glänzend mit mehr oder weniger fuchsiger Mitte. Rand typisch asymmetrisch unrund. Huthaut tortenstückartig abziehbar, was aber leider bei Champignons genauso ist. **Lamellen** gedrängt, weiß und weich-elastisch. Sporenpulver weiß, wie bei fast allen Wulstlingen. **Stiel** 6 bis 12 cm lang, nach oben verjüngt 0,5 bis 1,5 cm dick. Die bis 4 cm dicke Basisknolle steckt in einer lappigen, meist anliegenden Scheide. Unterhalb der dünnen, schwach gerieften Manschette ist der Stiel schuppig aufgerissen und silbrig glänzend. **Fleisch** weiß, weich. Geruch ganz frisch süßlich, alsbald mit einem unangenehm süßlichen, aasartigen Geruch oder dem typischen Geruch nach Raubtierhaus im Zoo. **Verwechslungen** Auch diesen tödlich giftigen Pilz muss man so genau studieren, dass man ihn niemals verwechseln kann! Dennoch kommen immer wieder Verwechslungen mit Egerlingen vor, da der Hut in Form und Farbe durchaus einem **Anis-Egerling** (*Agaricus arvensis*, S. 110) ähnlich sehen kann. Die bescheidete Knolle an der Basis, weiße Lamellen und der markante Geruch sollten dies aber ausschließen helfen. Essbare Champignons haben entweder gar keinen, üblicherweise aber einen angenehm anis- bis bittermandelartigen Geruch und rosafarbene oder braune Lamellen.

Porphyr-Wulstling
Porphyrbrauner Wulstling

Amanita porphyria

Hut (3) 5 bis 8 cm, jung halbkugelig oder stumpfkegelig, bald ausgebreitet, aber immer konvex, lilagrau bis porphyrbraun, gelegentlich mit großflächigen grauen oder graubraunen Hüllresten geschmückt. **Lamellen** weiß, weich-elastisch und gedrängt. Sporenpulver weiß. **Stiel** 6 bis 12 cm lang, 0,5 bis 1,5 cm dick und nach oben verjüngt. Die meist tief im Boden verborgene bis 4 cm dicke Basisknolle ist deutlich vom Stiel abgesetzt. Auf dem breiten Knollenrand findet sich oft ein fetzig ausgefranster Rest der Gesamthülle. Die flüchtige Manschette im oberen Stieldrittel ist zumindest unterseits ähnlich, oben heller als der Hut gefärbt. Unterhalb der Ringzone ist der Stiel fein genattert. **Fleisch** weiß, weich, im Stiel oft hohl. Geruch ganz frisch aufdringlich nach Rettich, bald sehr unangenehm nach erfrorenen Kartoffeln.
Verwechslungen Sehr ähnlich ist ein enger Verwandter, der **Gelbe Knollenblätterpilz** (*Amanita citrina*, S. 116), der nur durch seine Farbe, den durchweg etwas weniger aufdringlichen Geruch und die meist zahlreicheren Hüllreste auf dem Hut zu unterscheiden ist. Der sehr giftige **Pantherpilz** (*Amanita pantherina*, S. 117) riecht viel schwächer nach Rettich und hat eine schmale, wie eingepfropft aussehende Basisknolle. Andere ähnlich gefärbte Pilze haben weder eine Stielknolle noch eine Gesamthülle.

Steckbrief
Auffällig derbe Zwiebelknolle, mit brüchigen Gesamthüllresten. Geruch nach erfrorenen Kartoffeln.

Vorkommen
Ab Juli in bodensauren, feuchten Fichten- und Mischwäldern, sehr selten sogar rein unter Buchen.

Tipp
Pilze mit derb zwiebelknolliger Basis, weißen Lamellen und Gesamthülle grundsätzlich meiden. Wirklich essbar sind keine.

Gelber Knollenblätterpilz
Gelblicher Wulstling

Amanita citrina

Steckbrief
Mit groben Gesamthüllresten auf dem ± gelben Hut, zwiebelknollige Stielbasis. Geruch nach Kartoffelkeimen.

Vorkommen
Sehr häufig ab Juli, in bodensauren Laub- und Nadelwäldern.

Tipp
Pilze mit zwiebelknolliger Basis und weißen Lamellen grundsätzlich meiden. Wirklich essbar sind keine.

Hut 5 bis 8 (12) cm, halbkugelig, bald ausgebreitet, aber immer konvex, ocker- bis zitronengelb. Es gibt grünliche Exemplare und blasse Formen bis zu einer rein weißen Varietät. Die eckigen, blassockerfarbenen Gesamthüllreste sind grob auf der Oberfläche verteilt. **Lamellen** weiß, gedrängt und weich-elastisch, im Alter oft gelbstichig. Sporenpulver weiß. **Stiel** 5 bis 10 cm lang, nach oben verjüngt, 0,5 bis 1,5 cm dick und blassgelb genattert. Die bis 3 cm dicke Basisknolle ist an der Abrissstelle der Gesamthülle wie von einem kleinen flachen Graben umgeben. Die herabhängende, relativ stabile Manschette im oberen Stieldrittel ist unterseits oft blass buttergelb. **Fleisch** weiß, weich, in der dicken Knolle schwammig. Geruch ganz frisch nach Rettich, bald nach keimenden, überlagerten Kartoffeln. Geschmack widerlich. **Verwechslungen** Häufig werden besonders kräftige weiße Formen für pigmentlose **Grüne Knollenblätterpilze** (*Amanita phalloides*, S. 113) gehalten, was ernste Folgen haben kann. Äußert man den Verdacht „Grüner Knollenblätterpilz" muss von ärztlicher Seite das gesamte Notfallprogramm – Magen auspumpen, Leber-Schutz-Therapie und Dialyse – veranlasst werden, was Risiken in sich birgt. Man sieht hier, wie wichtig es ist, auch auf den ersten Blick „bedeutungslose" Pilze genau zu kennen. Pilzsachverständige tragen auch in solchen Fällen eine hohe Verantwortung.

Pantherpilz

Amanita pantherina

Hut (3) 5 bis 10 cm, jung halbkugelig, bald ausgebreitet, graubraun bis ockerbraun, mit deutlich gerieftem Rand und tortenstückartig abziehbarer Haut. Die schneeweißen Hüllreste sind zumeist regelmäßig kreisrund um die Hutmitte angeordnet, können aber auch völlig abgewaschen sein. **Lamellen** gedrängt, weiß und weich-elastisch. Sporenpulver weiß. **Stiel** 5 bis 12 cm lang, 0,7 bis 1,5 cm dick und kaum verjüngt. Zur Basis schwach erweitert und in einem wulstig gesäumten Knöllchen endend (= Abrissstelle der Gesamthülle, so genannte „Kindersöckchen"). Der Ring ist glatt und hängt meist auf Höhe der Stielmitte oder sogar unterhalb. Zwischen Ring und Söckchen finden sich oft noch ein oder zwei weitere, unvollständige Säume aus lose anliegendem Hüllmaterial, die beim ganz kleinen Pilzchen nahe dem Hutrand besonders üppig ausgeprägt sind. Im Alter hohl. **Fleisch** weiß, weich und dünn. Geruch ganz frisch leicht nach Rettich. **Verwechslungen** Sehr ähnlich können der **Graue Wulstling** (*Amanita excelsa*, S. 119) und der **Graue Scheidenstreifling** *(Amanita vaginata)* sein. Der ebenfalls giftige **Tannen-Pantherpilz** (*Amanita pantherina* var. *abietinum*), eine Varietät der beschriebenen Art, ist mit schwach geriefter Manschette und weniger gerieftem Hutrand Grauen Wulstlingen noch ähnlicher.

Steckbrief
Typisch mit einzigartigem schmalen Stielknöllchen, gerieftem Hutrand und tief hängender, ungeriefter Manschette.

Vorkommen
Ab Juni, in ± bodensauren Laub- und Nadelwäldern, gern auch an sonnigen Stellen.

Tipp
Kommt in Gebieten mit wenigen Grauen Wulstlingen, häufig bei Berlin, vor und heißt dort daher „Sachsenschreck".

DEZ NOV OKT SEPT AUG JULI JUNI MAI APRIL MÄRZ FEB JAN

Fliegenpilz
Roter Fliegenpilz

Amanita muscaria

Steckbrief
Als Kinder-, Glücks- und Märchenpilz selbst in Asterix-Comics vertreten.

Vorkommen
Ab Juli, in ± bodensauren Laub- und Nadelwäldern, besonders bei Birken und Fichten.

Tipp
Fliegenpilze mit Fichten lassen auf Steinpilze hoffen, gibt es nur Birken in der Nähe, können Sie lange suchen.

Hut 6 bis 15 (20) cm, halbkugelig, bald flachkonvex ausgebreitet, leuchtend rot, oft gegen orange ausgeblasst, Rand im Alter deutlich gerieft. Die schneeweißen flockigen Hüllreste sind oft regelmäßig kreisrund um die Hutmitte angeordnet, können aber auch völlig abgewaschen sein. Huthaut glänzend und tortenstückartig abziehbar, das Fleisch darunter ist orangegelb durchgefärbt. **Lamellen** weiß, gedrängt und weich-elastisch. Sporenpulver weiß. **Stiel** 8 bis 15 cm lang, kaum verjüngt 1 bis 2 cm dick, zur Basis schwach erweitert. Die zwiebelförmige Knolle ist mehr oder weniger deutlich mit Warzengürteln besetzt. Der große, schwach geriefte Ring ist weiß, gelegentlich auch gelb gesäumt und gezähnt. **Fleisch** weiß, weich, von angenehm nussartigem Geschmack. Nach gründlichem Abkochen und Ausdrücken des Kochwassers soll der Pilz unbedenklich sein. Von Versuchen wird abgeraten. Geruch angenehm pilzwürzig bis kaum wahrnehmbar. **Verwechslungen** Fliegenpilze werden infolge abgewaschener Hüllreste gerne für **Kaiserlinge** *(Amanita caesarea)* gehalten. Begünstigt wird dieser Irrtum, je mehr individuelle Gelbtöne ein Fliegenpilz aufweist. Kaiserlinge haben aber immer eine Scheide an der Basis. Der eher nordisch verbreitete **Braune Fliegenpilz** *(Amanita regalis)* mit gelblichen Hüllresten ist sehr ähnlich.

Grauer Wulstling
Gedrungener Wulstling
Amanita excelsa

Hut 6 bis 15 cm, jung halbkugelig, bald flachkonvex ausgebreitet, nicht oder höchstens bei kleinen, sehr alten Exemplaren etwas gerieft. Die Farben reichen von Anthrazitgrau über alle graubraunen Töne bis zu Fahlgrau mit mehr oder weniger starken Ockertönen. Die flächigen, unregelmäßig verteilten Hüllreste sind ocker bis grau, nie ganz weiß. Je tiefer der junge Pilz im Boden steckt, desto eher sind die Hüllreste abgestreift. **Lamellen** weiß, breit, gedrängt. Sporenpulver weiß. **Stiel** 8 bis 15 cm lang, 1 bis 2 cm dick, nach oben verjüngt. Zur Basis erweitert und ohne Absatz in eine meist wurzelnde, rübenförmige Knolle übergehend, die kaum mit Gesamthüllresten besetzt ist. Der hängende Ring im oberen Stieldrittel ist deutlich gerieft, weiß oder schwach gräulich. **Fleisch** weiß, weich, mit dumpfem Geruch und Geschmack nach Rettich. **Verwechslungen** Der Graue Wulstling ist sehr variabel. Er wird von unerfahrenen Sammlern regelmäßig mit dem giftigen **Pantherpilz** (*Amanita pantherina*, S. 117) verwechselt. Auch Verwechslungen mit dem unbekömmlichen **Porphyr-Wulstling** (*Amanita porphyria*, S. 115) kommen immer wieder vor. Sollten **Perlpilz** (*Amanita rubescens*, S. 120) und Grauer Wulstling verwechselt werden, schmeckt nur das ganze Essen etwas dumpfer. Im Ganzen rate ich vom Grauen Wulstling ab, der Geschmackswert lohnt das Risiko nicht!

Steckbrief
Grauer, graubrauner, ungeriefter Hut mit nie ganz weißen Hüllresten. Fleisch mit dumpfem Rettichgeruch.

Vorkommen
Ab Ende Juni in fast allen Waldbiotopen, auch in Parks und Gärten mit geeignetem Baumbestand.

Tipp
Graue Wulstlinge zeigen meist, dass hier auch schmackhafte Perlpilze möglich sind.

Perlpilz
Rötender Wulstling
Amanita rubescens

Steckbrief
Wulstling mit fleischrötlichen Verfärbungen in Schneckenfraßstellen, in Madengängen usw.

Vorkommen
Ab Ende Juni weit verbreitet, in fast allen Waldbiotopen, auch in Parks und Gärten mit Baumbestand.

Tipp
Als Fond sehr gut geeignet zur Zubereitung von Pilzrahm zu Fisch oder Huhn, aber auch vegetarisch über Nudeln.

Hut 6 bis 8 (12) cm, jung halbkugelig, bald flachkonvex ausgebreitet, Rand nicht oder höchstens bei sehr alten, kleinen Exemplaren gerieft. Die Farben reichen von fast Weiß bis dunkel Ockerbraun, es ist aber immer ein rosa- bis fleischrötlicher Ton beigemischt. Die unregelmäßigen Velumflocken sind gräulich, gelblich weiß oder ocker bis fleischrötlich, aber nie ganz weiß. Meistens sind die Hüllreste dicht wie über den Hut gestreute Perlen verteilt, sie können aber auch völlig abgewaschen oder abgestreift sein. **Lamellen** weich, breit und dicht gedrängt. Sporenpulver weiß. **Stiel** 6 bis 10 cm lang, 0,8 bis 1,5 cm dick, nach oben ein wenig verjüngt und in eine meist schwach rübenförmige Knolle mündend, die kaum mit Gesamthüllresten umgeben ist. Der Ring im oberen Drittel ist hängend und deutlich gerieft, weiß, fleischrötlich oder gelb gefärbt. **Fleisch** weiß bis blass rötlich, zart, aber schnittfest. An allen Verletzungsstellen, oft auch unter der Huthaut, treten die typischen fleischrötlichen Verfärbungen auf. **Verwechslungen** Wulstlinge als solche sicher erkennen ist die erste Voraussetzung für das Sammeln von Perlpilzen. Achtet man dann sorgfältig auf die beschriebenen fleischrötlichen Verfärbungen, können Verwechslungen ausgeschlossen werden.

Gift-Riesenschirmling
Riesen-Giftschirmling

Macrolepiota venenata

Hut 8 bis 20 cm (nach Literatur bis 30 cm), halbkugelig, bald ausgebreitet, aber immer flachkonvex bleibend. Die äußere Hutdeckschicht bleibt als breite dunkelbraune Kappe in der Mitte erhalten und zerreißt zum Rand hin auf cremeweißem Grund in grobe dunkle Schollen. **Lamellen** weiß und weich-elastisch, im Alter rosastichig. Sporenpulver weiß. **Stiel** 10 bis 18 cm lang und 1 bis 2 cm dick, Knolle bis 5 cm dick, schmutzig weiß, rosaweiß. Der für die Gattung ungewöhnlich schwache, wenig verschiebbare Ring verfärbt – wie die verletzte Stielrinde – auf Druck schmutzig safran- bis weinrötlich. **Fleisch** weiß, im Hut wattig, im Stiel holzfaserig, in der dicken Knolle schwammig. Im Schnitt verfärbt es sich recht unterschiedlich stark weinrötlich, safranrötlich, auch mit gräulich, schmutzigen Beitönen. Geruch unangenehm muffig, wie saurer Kompost, auch etwas aasartig oder mit bituminöser Komponente. **Verwechslungen** Dem Riesen-Giftschirmling (z. B. im Garten) wird eine zu große Bedeutung beigemessen. Unsichere Sammler verzichten auf rötende Parasol-Verwandte und sind damit auf der sicheren Seite. „Vergiftungen“ mit **Riesenschirmlingen** (*Macrolepiota procera*, S. 122) kommen häufiger durch falsche Zubereitung als durch Verwechslungen mit der hier beschriebenen Art vor.

Steckbrief
Dunkelbraune, grobe Schollen auf der Huthaut, gedrungener Wuchs, deutlich unangenehmer Geruch; selten.

Vorkommen
Ab Juni, meist in Gewächshäusern, Kompostanlagen, in wärmeren Gebieten auch in Gärten oder an ähnlich warmen Plätzen.

Tipp
Gehört zu den im Schnitt stark rötenden Arten. Sicherer ist es, nicht rötende Arten zu sammeln.

Parasol
Riesenschirmling

Macrolepiota procera

Steckbrief
Sehr großer, schlanker Lamellenpilz mit schollig abstehenden Huthautschuppen und verschiebbarem Ring.

Vorkommen
An Weidewiesenrändern, Böschungen, in Gärten, Parkanlagen und lichten Wäldern.

Tipp
Hüte paniert oder „nature" als Schnitzel braten. Nicht in der Friteuse ausbacken, saugen sich so voll Fett, dass Vergiftungen nicht selten sind.

Hut 10 bis 30 cm, zunächst stumpfkegelig aus der Erde hervorbrechend, dann wie ein Paukenschlegel geformt, schließlich flach ausgebreitet und leicht gebuckelt. Die Hut-Deckschicht ist bräunlich bis ocker, in der Mitte geschlossen und zum Rand hin, je älter desto mehr, auf weißlichem Grund in schollig abstehende Schuppen zerrissen. **Lamellen** weiß und weich-elastisch, im Alter rostfleckig. Sporenpulver weiß. **Stiel** 10 bis 25 cm lang, und 1 bis 2 cm dick, auf weißlichem Grund beige bis ockerbraun genattert, im Alter hohl. Knolle bis 6 cm dick. Der wattige, oft sehr kräftige, in zwei übereinander liegenden Schichten doppelt ausgebildete Ring ist leicht am Stiel verschiebbar. **Fleisch** weiß, im Hut wattig, im Stiel holzfaserig, in der dicken Knolle schwammig. Nicht verfärbend. Geruch angenehm, an Egerlinge erinnernd, Geschmack nussartig. **Verwechslungen** Wenn man den verschiebbaren Ring beachtet, sind Parasolpilze eine besonders leicht kenntliche Gattung. Die Artabgrenzung innerhalb der Gattung ist schwieriger. Arten mit genattertem Stiel, die sich im Schnitt nicht verfärben, sind immer essbar. Arten mit stark rötendem Fleisch und zerzaust-schuppigem Hut, wie der **Safranschirmling** *(Macrolepiota rachodes)*, sind auch essbar, jedoch etwas höher schwermetallbelastet als andere Speisepilze und deshalb nicht unbedingt zu empfehlen.

Braunberingter Schirmling
Rotknolliger Schirmling

Lepiota ignivolvata

Hut 6 bis 10 (14) cm, von ocker- bis kastanienbrauner Mitte aus konzentrisch weißlich schuppig und – für viele Schirmlinge typisch – wie der Hut eines Reisbauern geformt. Zentral relativ dickfleischig mit sehr dünnfleischigem, scharfem Rand. **Lamellen** frei, weiß und weich-elastisch, im Alter cremefarben. Sporenpulver weiß. **Stiel** 8 bis 15 cm lang und 0,5 bis 1 cm dick, unterhalb der Ringzone auf weißlichem Grund blass wollig gestiefelt. Die Stiefelung ist von weiteren, schrägen, rötlichen oder braunen Zonen überdeckt. An der etwas knolligen Basis finden sich verstärkt rötliche Hüllreste. **Fleisch** im Hut weich, im Stiel etwas holzig-faserig, wie bei den Riesenschirmpilzen. Im ganzen Pilz weiß, in der Stielbasis im Anschnitt langsam rötend, was Verwechslungen mit Gift-Riesenschirmlingen denkbar macht. **Verwechslungen** Schirmlinge sind eine große, leicht kenntliche Gattung, deren einzelne Arten jedoch schwierig voneinander zu trennen sind. Im Gegensatz zu den Riesenschirmlingen (ab S. 121) gibt es keine essbaren Arten. Im Gegenteil, einige habituell ähnliche Arten von zumeist kleinerem Wuchs sind lebensbedrohlich giftig. Es ist wichtig, einen Begriff von den Gattungen, z. B. Schirmlingen gegenüber Riesenschirmlingen, zu haben, denn oft werden Pilze im Familienverband gesammelt und dann liegt aus Versehen so ein gefährlicher Bursche dazwischen.

Steckbrief
Schirmlinge haben freie, den Stiel nicht erreichende Lamellen, weißes Sporenpulver und eine ± gestiefelte Stielbekleidung.

Vorkommen
In Laub- und Nadelwäldern, „unaufgeräumten" Ruderalwäldern, gern an warmen Stellen.

Tipp
Bitte diese kleinen Schirmlinge genau einprägen, da sie auch versehentlich im Sammelgut sind; z. T. tödlich giftig.

DEZ NOV OKT SEPT AUG JULI JUNI MAI APRIL MÄRZ FEB JAN

Amiant-Körnchenschirmling

Cystoderma amianthinum

Steckbrief
Hut und Stiel bis zur Ringzone von ockerbräunlichem Zellmaterial bedeckt, „wie bestäubt"; Geruch nach Staub.

Vorkommen
In Laub- und Nadelwäldern, an moosigen, grasigen Standorten mit Waldbäumen, auch in Heide- und Moorlandschaften.

Tipp
Entdecken Sie in diesen kleinen Wegbegleitern die Schönheit der Pilze und blenden den Speisegedanken aus.

Hut 2 bis 5 cm, konvex, bald ausgebreitet und dann meist stumpf-buckelig. Oft, besonders an grasigen Standorten, ist die Oberfläche adrig, runzelig oder sieht wie gefältelt aus. Manche Autoren sehen in dieser Erscheinung eine Varietät. **Lamellen** angeheftet oder schwach mit Zahn herablaufend, weißlich und weich-elastisch, im Alter cremefarben. Sporenpulver blass cremefarben. **Stiel** 3 bis 6 cm lang und 0,3 bis 0,5 cm dick, von der Basis bis zur aufsteigenden Ringzone wie der Hut gefärbt und ebenfalls ockergelb-bräunlich bestäubt. Oberhalb des Ringes mehlig ockerbraun, im Alter stark nachdunkelnd. **Fleisch** im Hut weich, im Stiel faserig, zäh. Geruch stark nach Staub, Getreidespeicher, Dreschboden etc., Geschmack mild, aber muffig. **Verwechslungen** Es handelt sich um eine überschaubare Gattung von schirmlingsähnlichem Erscheinungsbild, die durch ihre körnig-mehlige Oberflächenstruktur mit – im Mikroskop sichtbar – rundlichen Zellen aufgebaut gut kenntlich ist. Nur der viel kräftigere, seltene, aber essbare **Glimmerschüppling** *(Phaeolepiota aurea)* hat eine ähnliche Oberflächenstruktur. Einen fast identischen Doppelgänger der beschriebenen Art stellt der im Ganzen dunkler gefärbte **Langsporige Körnchenschirmling** *(Cystoderma jasonis)* dar, der nur mikroskopisch mit fast doppelt so langen Sporen sicher unterscheidbar ist.

Rehbrauner Dachpilz Hirschbrauner Dachpilz

Pluteus cervinus

Hut 6 bis 12 (15) cm, konvex, bald stumpf gebuckelt, ausgebreitet. Blass graubraun, braun bis schwarzbraun radial gestromt, zum Rand hin heller. Junge Hüte haben oft eine narbig-wellige Oberfläche. **Lamellen** frei, gedrängt, jung weiß, bald zunehmend vom Sporenpulver rosabraun, weich-elastisch, Schneide weiß bewimpert. Sporenpulver stumpf rosa, fleischfarben, auch als rosabraun zu bezeichnen. **Stiel** 6 bis 10 cm lang und 0,5 bis 1,5 cm dick. Auf weißlichem Grund graubraun längsstreifig, zylindrisch, Basis gelegentlich angeschwollen oder knollig. **Fleisch** im Hut weich, im Stiel deutlich längsfaserig und voll. Geruch deutlich nach Rettich oder alten Futterrüben. Geschmack dumpf, muffig, wenig einladend. **Verwechslungen** Dachpilze können je nach Alter und Standort mit dem **Breitblatt** (*Megacollybia platyphylla*, S. 171), das weißes Sporenpulver und entfernte Lamellen hat, mit Scheidlingen (S. 126), die eine Scheide an der Basis haben, und besonders untereinander verwechselt werden. Der Rehbraune Dachpilz hat zwei nur mikroskopisch unterscheidbare Verwandte und in dem **Schwarzschneidigen Dachpilz** *(Pluteus atromarginatus)* noch einen dritten Doppelgänger, wobei allen der gleiche Genusswert eigen ist: „Essbar, aber dumpf und wenig schmackhaft." Der **Graugrüne Dachpilz** *(Pluteus salicinus)* enthält geringe Mengen eines Rauschgifts.

Steckbrief
Dachpilze erkennbar an rosa Sporenpulver und freien Lamellen. Mit Gesamthülle wäre es ein Scheidling.

Vorkommen
An Laub- und Nadelholz, inner- und außerhalb von Wäldern, auch an Lagerholz oder büschelig auf Sägemehl.

Tipp
Wenn überhaupt, dann Dachpilze separat knusprig anbraten und danach dem Mischgericht beifügen.

Großer Scheidling
Größter Scheidling
Volvariella gloiocephala

Steckbrief
Sporenpulver rosa und Lamellen frei, mit einer Scheide an der Stielbasis: nur Scheidling möglich.

Vorkommen
An Wiesen- und Feldrainen, auf altem Häckselmaterial oder verrottendem Stroh, auch in Dünen.

Tipp
Auf vor der Ernte umgebrochene Getreidefelder achten. Im Folgejahr sind sie dort massenhaft möglich.

Hut 6 bis 12 (15) cm, kegelig, dann konvex, bald stumpf gebuckelt, ausgebreitet. Fast weiß bis ocker, maus- oder olivgrau, zum Rand hin heller und nicht gerieft, schmierig. **Lamellen** frei, gedrängt, jung weiß, bald zunehmend vom Sporenpulver rosabraun, alt ziegelbräunlich und weich-elastisch. Sporenpulver stumpf-rosa, fleischfarben, auch als rosabraun zu bezeichnen. **Stiel** 8 bis 15 cm lang, und 0,8 bis 2 cm dick, Basis nur leicht knollig bis 3 cm, von einer relativ instabilen Scheide als zurückgebliebenem Rest der Gesamthülle umgeben. **Fleisch** im Hut weich, im Stiel deutlich längsfaserig, voll. Geruch nach frischem Ackerboden, Rettich oder älteren Futterrüben. Geschmack dumpf, muffig, wenig einladend. Gedünstet stark Wasser ziehend. Um ein genießbares Gericht daraus zu machen, müssen die Pilze, nachdem die Eigenflüssigkeit verdunstet ist, gebraten werden. **Verwechslungen** Immer wieder siedeln sich aus zufälligem Sporenflug Große Scheidlinge auf abgetragenen oder noch nicht fruchtenden Kulturanlagen vom **Rotbraunen Riesen-Träuschling** (*Stropharia rugosoannulata*, S. 145) an. Hobbyzüchter denken dann, wegen der nicht zu leugnenden Ähnlichkeit in der Gestalt, voller Panik, sie hätten tödliche Knollenblätterpilze angebaut. Diese sind jedoch als Symbiosepartner von Bäumen nicht kultivierbar.

Mehlpilz
Mehlräsling
Clitopilus prunulus

Hut (3) 5 bis 8 (12) cm, weiß bis nebelgrau, cremeweiß oder mit gelblichem Einschlag. Jung wie ein Mantelknopf aus dem Gras oder Moos scheinend, ist der Hutrand alsbald wellig verbogen, unrund und mit oder ohne stumpfen Buckel in der Mitte niedergedrückt. **Lamellen** erst beige, dann fleischrosa, zunächst nur breit angewachsen, laufen sie mit Aufschirmen des Hutes zunehmend weit am Stiel herab. Sie stehen dicht, sind schmal, sehr weich und leicht zerdrückbar. Sporenpulver rosa, fleischfarben, nicht so trüb wie bei Dachpilzen und Scheidlingen. **Stiel** 2 bis 7 cm lang und 0,5 bis 1 cm dick, basal zugespitzt und in den Hut hinein stark erweitert, oft exzentrisch. **Fleisch** voll, in allen Teilen gleich weich, aber stets angenehm schnittfest. Geruch sehr stark nach altem Mehl, etwa wie das Kleiesieb, das man in historischen Mühlen noch finden kann. **Verwechslungen** Von der äußeren Erscheinung her sind einige giftige weiße Trichterlinge (*Clitocybe* spec., z. B. S. 185) sehr ähnlich! Auch einzeln wachsende kurz gestielte **Weiße Raslinge** *(Lyophyllum connatum)* können ein ähnliches Erscheinungsbild haben. Beachtet man die Kriterien des Steckbriefes, sind Verwechslungen weitgehend ausgeschlossen. Der zur Unterscheidung so wichtige aufdringliche Mehlgeruch (er wird beim Putzen und Schneiden der Pilze noch deutlicher) verliert sich bei der Zubereitung.

Steckbrief
Sporenpulver rosa, weiche, sehr weit herablaufende Lamellen und starker Mehlgeruch legen den Mehlräsling fest.

Vorkommen
In Laub- und Nadelwäldern auf mäßig sauren Böden, auch im offenen Gelände, wenn passende Symbiosebäume vorhanden sind.

Tipp
Der Mehlräsling ist ein fast noch sichererer Steinpilz-Anzeiger als der Fliegenpilz.

Riesen-Rötling
Gift-Rötling
Entoloma sinuatum

Steckbrief Kräftiger, an Ritterlinge erinnernder Pilz mit rosa Sporenpulver und starkem Mehlgeruch.

Vorkommen In Laubwäldern mit schwerem Kalkboden, zerstreut in Thüringen, Südwestdeutschland, Saar- und Weserbergland, sonst sehr selten oder fehlend.

Tipp Findet man den Riesen-Rötling, sind zwar keine besonderen Speisepilze, aber schöne Schleierlinge zu erwarten.

Hut 6 bis 15 (20) cm, dickfleischig, konvex, bald stumpf gebuckelt, schließlich ausgebreitet und oft wellig verbogen. Die Farben variieren von Elfenbeinweiß über Ocker und hell Milchkaffeebraun bis zu Seidiggrau. Typisch ist die radial seidig eingewachsene Oberfläche, die bei Feuchtigkeit leicht schmierig wird. **Lamellen** ausgebuchtet angewachsen, relativ entfernt und gegenüber dem dicken Hutfleisch schmal; zunächst satt buttergelb, dann blasser und schließlich vom Sporenpulver rosa. Sporenpulver rosa, fleischfarben, nicht so trüb wie bei Dachpilzen. **Stiel** 8 bis 15 cm lang und 1 bis 2 cm dick, weißlich, längsfaserig, vollfleischig, keulig-bauchig. **Fleisch** weiß, fest, oft madig. Geruch intensiv nach altem Mehl oder grünen Gurken. **Verwechslungen** Die Tücke des Riesen-Rötlings liegt in seiner Seltenheit. Betrachtet man das Bild dieses stattlichen Pilzes, möchte man ihn auch gerne mal sehen, findet ihn aber über viele Jahre nicht und vergisst ihn einfach. Stehen dann wirklich einmal welche mit den essbaren **Nebelkappen** (*Clitocybe nebularis*, S. 187) im gleichen Wald oder es liegt einer mit **Zigeunerpilzen** (*Rozites caperatus*, S. 159) im gleichen Sammelgut, fehlt die warnende Aufmerksamkeit. Neben diesen ähnlichen Pilzen könnte man ihn auch für einen Ritterling halten oder fahrlässige Sammler mögen glauben, was madig wird, kann doch nicht giftig sein.

DEZ NOV OKT SEPT AUG JULI JUNI MAI APRIL MÄRZ FEB JAN

Braungrüner Rötling
Braungrüner Zärtling
Entoloma incanum

Hut 1 bis 3 cm, jung halbkugelig, bald mit genabelter Mitte flach gewölbt bis ausgebreitet, tief gerieft. Die attraktiven Farben variieren in der Beimischung von Gelb zwischen Lindgrün und Oliv mit zumeist dunklerer Mitte. **Lamellen** am Stiel angeheftet, weiß mit gelblichem Einschlag, bei Sporenreife rosa überfärbt, ziemlich entfernt stehend. Sporenpulver rosa, fleischfarben. **Stiel** 3 bis 6 cm lang, gleich dick, etwas querwulstig uneben, 0,2 bis 0,4 cm dick, ähnlich dem Hut gefärbt, zur Basis und auf Druck auch türkis bis blaustichig. Bei Aufschirmen des Hutes ist der markige Stiel bereits hohl und recht gebrechlich. **Fleisch** dünn, gelbgrün im Hut und über den Lamellen heller. Geruch je älter die Pilze werden, je deutlicher unangenehm nach verbranntem Horn oder schlecht gereinigten Mäusekäfigen. **Verwechslungen** Es gibt eine Reihe Pilze mit diesem hübschen gelbgrünen Farbenspiel: Der **Gelbgrüne Ellerling** *(Hygrocybe grossula)* wächst an Holz und hat weißen Sporenstaub, der **Zitronengelbe Rötling** *(Entoloma pleopodium)* riecht angenehm nach Früchtebonbon und hat mehr Gelbtöne, der **Papageigrüne Saftling** *(Hygrocybe psittacina)* ist schleimig auf dem Hut, nie niedergedrückt und hat ebenso weißes Sporenpulver wie der **Zähe Saftling** *(Hygrocybe laeta)*, der immer leicht rosa Töne beigemischt hat und nach verbranntem Gummi (heißen Reifen) riecht.

Steckbrief
In Gelb, Grün und Braun gehaltener, bunter Rosasporer mit unverkennbarem Geruch nach verbranntem Horn.

Vorkommen
Ab Juli, auf Magerrasen, Borstgraswiesen, auch in lichten Wäldern auf Kalkböden.

Tipp
Magerrasen, aus denen solch hübsche Kleinpilze wachsen, sind auch immer für die noch attraktiveren Saftlinge ein denkbarer Standort.

Schopf-Tintling Spargelpilz

Coprinus comatus

Steckbrief
Schuppig aufgerissener walzenförmiger Hut, der bei Reife zerfließt, und stabiler Stiel mit leicht verschiebbarem dünnem Ring.

Vorkommen
Ab Mai, aber oft mit langen Ausfallpausen bis November auf stark gedüngten Flächen, auch in Wäldern.

Tipp
Noch ganz weiße Schopf-Tintlinge, halbiert paniert und gebraten, sind eine besondere Delikatesse.

Hut 2 bis 5 cm breit und 3 bis 12 (18) cm hoch, walzenförmig, weiß-schuppig aufgerissen, mit glatter, ausfransender, ockerlicher Mitte. **Lamellen** weiß und weich-elastisch, sehr dicht, bei Sporenreife erst rosalila, dann schwarz werdend und mit dem Hutfleisch zusammen zerfließend. Sporenpulver schwarz; es wird sowohl als Sporenpulver als auch als tintenartige Sporenflüssigkeit freigesetzt. **Stiel** 6 bis 12 (17) cm lang, 0,8 bis 1,5 cm dick, hohl mit einer Seele von in die Stielhöhlung hinein ragendem Hutfleisch. Am Ende der Hutwalze befindet sich ein schmaler Ring, der meist bei beginnender Sporenreife nach unten fällt. **Fleisch** weiß, weich, im Stiel hohl. Geruch angenehm würzig, beim Erhitzen zunächst nach frisch gerupftem Huhn, dann paniert gebraten, angenehm wie ein Kalbsschnitzel. **Verwechslungen** sind kaum möglich. Der seltene **Specht-Tintling** *(Coprinus picaceus)* sieht aus wie ein Negativ vom Schopf-Tintling mit dunkler Grundfarbe und weißen Gesamthüllresten darauf, und der mit Alkohol zusammen unverträgliche **Graue Falten-Tintling** *(Coprinus atramentarius)* ist mit seinem silbergrau bis bleigrauen Hut ganz glatt und eher kegelig bzw. kegelig geschweift als walzenförmig.

Glimmer-Tintling

Coprinellus micaceus

Hut 3 bis 5 cm, jung eiförmig, dann glockig und vom zunehmend zerrissen aussehenden Rand her zerfließend. Oberfläche ocker bis rehbraun, radial gerippt gerieft und darüber mit ockerlichen Krümeln der Gesamthülle geschmückt. **Lamellen** erst weiß, bald schwarz und teilweise mit dem Hutfleisch zerfließend. Sporenpulver schwarz, wie auch die Sporentinte. **Stiel** 4 bis 8 cm lang, zylindrisch, besonders bei büscheligem Wuchs oft verbogen, 0,3 bis 0,7 cm dick, innen hohl, zerbrechlich, wie zarter Spargel saftig und zerfaserbar, außen wie mit Mehl bestreut. **Fleisch** weiß im Stiel, creme im Hut und dort bei Reife je nach Wasserversorgung zerfließend oder welkend. Geruch wenig auffällig, angenehm. **Verwechslungen** Die Sektion Glimmer-Tintlinge ist durch Gesamthüllreste, die den Hut wie bekrümelt aussehen lassen, unverwechselbar gekennzeichnet. Die mikroskopischen Strukturen dieser Hüllreste entscheiden dann darüber, um welche Art exakt (Haus-Tintling, Weiden-Tintling usw.) es sich handelt. Sagen wir *ein* Glimmer-Tintling, ist das immer richtig. Obwohl man eine schmackhafte Suppe daraus machen kann, gelten sie nicht als Speisepilze, da eine Alkoholunverträglichkeit möglich ist.

Steckbrief
Büschelig wachsender zarter Pilz, der nach wenigen Tagen bis auf die Stiele zerflossen ist.

Vorkommen
Schon im April, das ganze Jahr außer bei Frost oder Trockenheit an und um Holz; Parks, Gärten, Waldränder.

Tipp
Standorte von Glimmer-Tintlingen, besonders innerhalb von Wäldern, sind immer „Stockschwämmchenverdächtig“.

Gesäter Tintling

Coprinellus disseminatus

Steckbrief
Wie gesät überziehen hunderte Fruchtkörper alte Stubben und sind so schnell wie erschienen wieder weggewelkt.

Vorkommen
Das ganze Jahr hindurch, außer bei Frost oder Trockenheit an und um Holz; in Parks, Gärten.

Tipp
Gesäte Tintlinge sind regelrechte Eroberer. Solange sie ein Holz besetzt halten, braucht man kaum mit anderen Hutpilzen rechnen.

Hut 0,5 bis 1,5 cm, jung eiförmig, dann glockig und schließlich stumpfkegelig aufschirmend. Oberfläche jung ocker, bald auf ganzer Länge der gerippt gerieften Hutfalten grau, wobei die geschlossene Hutmitte einen Ockerton behält. **Lamellen** erst grau, bald purpurschwarz und im Bereich der Sporenbildung zerfließend. Sporenpulver sehr dunkel purpur, nicht ganz schwarz. **Stiel** 2 bis 6 cm lang, zylindrisch, glasig weiß, jung von weißen Gesamthüllresten bestäubt, alt durchscheinend, 0,1 bis 0,2 cm dick, innen hohl, jung zerbrechlich, bald schlaff welkend. **Fleisch** sehr dünn, glasig weißlich, bald welkend, nie zerfließend. Geruch wenig auffällig, angenehm. **Verwechslungen** So manche Wette habe ich schon gewonnen, wenn mir Gesäte Tintlinge gezeigt wurden, die einen, bei genauer Kenntnis der Art, nicht ganz typisch erscheinenden, etwas zu weit geöffneten Hut oder sogar einen deutlich nach außen gebogenen Rand hatten. Den letzten Beweis, dass es sich dann um den **Zwergfaserling** *(Pathyrella pygmea)* handelte, erbrachten die völlig verschiedenen mikroskopischen Merkmale. So sind die Sterilzellen (Zystiden) beim Zwergfaserling wie bei den Risspilzen gestaltet und stellen mit diesem Erscheinungsbild ein Alleinstellungsmerkmal dar. Weitere Verwechslungen halte ich für ausgeschlossen.

Behangener Düngerling
Glocken-Düngerling
Panaeolus papilionaceus

Hut 3 bis 5 cm, eiförmig bis halbkugelig, fast weiß bis dunkelgrau, oft mit Olivstich, matt-faserig, bei Trockenheit zum Einreißen neigend. Am Rand hübsch mit weißen Gesamthüllresten behangen (Name!). **Lamellen** grau, bei Reife schwarz in grau marmoriert, weil immer truppweise auf einigen zigtausend Sporenständerzellen die schwarzen Sporen heranreifen. Die sterilen Lamellenschneiden bleiben grauweißlich. Sporenpulver schwarz. **Stiel** 6 bis 12 cm lang, 0,2 bis 0,5 cm dick, an der Spitze auf rosagrauem Grund blass bereift, zur Basis hin zunehmend kahl und dunkler weinbraun bis anthrazitgrau. **Fleisch** weiß, blassgrau, im Stiel dunkler. Geruch nicht stark ausgeprägt, etwas grasartig. **Verwechslungen** Die Gattung Düngerlinge ist mit den gefleckten (marmorierten) Lamellen gut festgelegt. Kegel- bis glockenhütige Wiesenpilze lassen immer so etwas wie Rauschpilze erwarten und in der Tat gibt es auch bei uns mit dem **Dunkelrandigen Düngerling** (*Panaeolus cinctulus*, S. 134) eine seit jeher vorkommende Art mit psychedelischer Wirkung. Der Glocken-Düngerling ist sehr gut kenntlich, wenn er sein „Spitzenröckchen" aus Teilhüllresten trägt, sonst könnte er mit dem **Dunklen Düngerling** *(Panaeolus caliginosus)* und anderen leicht verwechselt werden.

Steckbrief
Glockenhütiger Pilz mit schwarzen, gescheckten Lamellen und bereiftem, langem Stil, oft ist der Hutrand weiß behangen.

Vorkommen
Unabhängig von bestimmten Biotopen auf Dung von Weidetieren, insbesondere auf extensiv beweidetem Grünland.

Tipp
Glocken-Düngerling-Wiesen sind in günstigen Jahren meist auch Champignon-Wiesen.

Dunkelrandiger Düngerling

Panaeolus cinctulus

Steckbrief
Für einen Düngerling erstaunlich groß und fleischig, sichere Zuordnung durch dunkel durchwässerten Rand und marmorierte Lamellen.

Vorkommen
Von April bis zum ersten Frost, besonders an stark verrottendem Heu oder Stroh oder alten Misthaufen.

Tipp
Sollten Sie Faserlinge zum Essen sammeln, Vorsicht vor diesem Giftpilz!

Hut (1) 3 bis 5 (7) cm, jung flach glockig gewölbt, bald ausgebreitet mit stumpfem Buckel; rotbraun, porphyrorange, weinbraun bis beige mit dunklem, durchwässertem Rand, der lange erhalten bleibt und sich bei Wiederbefeuchten wieder einstellt, auf ganzer Fläche radialrunzelig oder auch narbig eingedrückt. **Lamellen** graubraun, olivbraun mit weinrötlichem Einschlag, bald vom Sporenpulver schwärzlich mit feiner weißlicher Marmorierung; Schneide hell bewimpert; mit zahlreichen unterschiedlich langen Lamelletten untermischt. **Stiel** 6 bis 12 cm lang, 0,2 bis 0,8 cm dick, auf ganzer Länge blass bereift. **Fleisch** beigebraun durchgefärbt, im Stiel dunkler kupferbraun mit angenehmem porlingsartigem Geruch und mildem Geschmack. **Verwechslungen** Die Gattung Düngerlinge ist mit den gefleckten (marmorierten) Lamellen gut festgelegt. Auch dieser Düngerling enthält in hoher Konzentration das Rauschgift Psilocybin und als Beigift Psilocin. Besonders reichlich findet man diese Stoffgruppen im aus Indien eingeschleppten **Blauenden Düngerling** *(Panaeolus cyanescens)*, der sich inzwischen in der Stadt Berlin besonders ausbreitet. Diese ungewöhnlich große, relativ flachhütige Art könnte gut mit ähnlich aussehenden Faserlingen (z. B. S. 136) verwechselt werden, die aber im Allgemeinen auch nicht zum Essen gesammelt werden.

DEZ NOV OKT SEPT AUG JULI JUNI MAI APRIL MÄRZ FEB JAN

Tränender Saumpilz

Lacrymaria lacrymabunda

Hut 3 bis 7 (10) cm Durchmesser, halbkugelig von wollig-faseriger Hülle geschlossen aus der Erde hervorbrechend, bald flach gewölbt, meist graubeige, ocker bis leuchtend kupferfarben, stark von vergänglichen filzigen Fasern bekleidet, die in der Jugend auch einen Hutrandbehang bilden und sich in den Stiel fortsetzen. **Lamellen** blassbraun, bei Reife dunkel schokoladenbraun bis fast schwarz, Schneide weiß gezähnelt. Die reifen Lamellen sind durch Sporenhaufen heller und dunkel gesprenkelt, die von der „Tränen"-Flüssigkeit zusammengespült werden. **Stiel** 5 bis 10 cm lang, 0,4 bis 1 cm dick, weißlich oder wie der Hut gefärbt, mal faserig-struppig in der Farbe des Hutes gestiefelt, mal hell, fast weiß und nur spärlich überfasert mit einer Ringzone im oberen Drittel, in der sich der fast schwarze Sporenstaub fängt. **Fleisch** im Hut recht brüchig, in der Stielrinde starrfaserig, in der Stielmitte aufgelockert faserig und bald hohl, hell bräunlich, wässrig durchzogen. Geruch und Geschmack in einer Mischung von frischem Pilz und altem Holz, wobei nach Zubereitung der Geschmack nach altem Holz überwiegt. **Verwechslungen** sind wegen der bisweilen spinnwebigen Teilhülle mit Schleierlingen möglich, die aber rostbraunes, nie fast schwarzes Sporenpulver haben. Eine Varietät stellt der **Feuerfarbene Saumpilz** (*Lacrymaria lacrymabunda* var. *pyrotricha*) dar.

Steckbrief
Mittelgroßer faserig filziger Pilz mit tränenden Lamellen und reichlich purpurschwarzem Sporenpulver.

Vorkommen
An und um Holzreste an rohhumusreichen, stark organisch gedüngten Stellen.

Tipp
Der tränende Saumpilz zeigt eine starke Anreicherung düngender Rohhumusteile.

Behangener Faserling

Psathyrella candolleana

Steckbrief
Klein bis mittelgroß, sehr zerbrechlich, mit violettbraunen Lamellen und weiß behangenem Hutrand.

Vorkommen
In der gesamten gemäßigten, frostfreien Jahreszeit an und um Holzreste, in Gräben und an Böschungen mit holzigen Abfällen.

Tipp
Häufiger Pilz, der z. B. gut in Suppen schmeckt, wenn der Standort die unbeschwerte Ernte zulässt.

Hut 3 bis 7 (10) cm Durchmesser, halbkugelig geschlossen aus der Erde hervorbrechend, bald flach ausgebreitet, meist gelbocker, später weiß aufhellend, radialfaserig, alt leicht gerieft. Hutrand mit den Resten der Teilhülle wie von einem Spitzenvorhang geschmückt. **Lamellen** jung blass graurosa, bald vom Sporenpulver violettbraun nachgedunkelt, fast frei oder leicht angeheftet, relativ schmal. Sporenpulver sehr dunkel violettbraun. **Stiel** 3 bis 8 cm lang, 0,4 bis 1 cm dick, weißlich, im oberen Drittel etwas überpudert, matt, sonst glänzend, bisweilen mit flüchtigen Partikeln der normalerweise den Hutrand schmückenden Teilhüllreste. **Fleisch** weiß bis blass ockerlich, im Hut dünn und sehr brüchig, im Stiel hohl, zart berindet, typisch sternförmig zerfasernd. Bei ganz frischen Pilzen ein wenig klaren Saft absondernd. **Verwechslungen** Faserlinge sind eine sehr große Pilzgattung mit vielen schwer bestimmbaren Arten, sodass man anfangs nur wenige typische Sippen kennen lernen wird. Dazu gehört der Behangene Faserling, der am ehesten mit anderen, ebenfalls ungiftigen Faserlingen, wie z. B. dem **Wässrigen Mürbling** *(Psathyrella piluliformis)* oder dem **Schmalblättrigen Faserling** *(Psathyrella spadiceogrisea)*, verwechselt wird. Verwechslungen mit dem **Dunkelrandigen Düngerling** (*Panaeolus cinctulus*, S. 134) und vielen weiteren kleinen, beigen Pilzen sind möglich.

Gemeiner Trompetenschnitzling Winter-Trompetenschnitzling

Tubaria furfuracea

Hut (1) 2 bis 4 cm, jung flach gewölbt, bald ausgebreitet mit meist aufgebogenen Rändern, sodass in den Hüten ein Tropfen Wasser stehen kann, je nach Durchfeuchtung bis zu einem Drittel durchscheinend gerieft, ockerfalb bis stumpf rehbraun, gelegentlich mit fleischrötlichem Anflug. Der Hutrand kann von weißlichen oder ockerlichen Velumresten spärlich bekleidet sein und man kann dann Übergänge zu großen Formen des **Flockigen Trompetenschnitzlings** *(Tubaria conspersa)* in einer Kollektion finden. **Lamellen** dem Hut gleichfarben oder etwas heller mit mehr oder weniger fleischrötlichen Tönen. Sporenpulver ockerbraun. **Stiel** 2 bis 5 cm lang, 0,2 bis 0,4 cm dick, auf ganzer Länge mit weißen Längsfasern bekleidet. Der Lamellenansatz am Stiel variiert von angeheftet über deutlich ausgebuchtet bis zu breit angewachsen und selbst ein wenig herablaufend. **Fleisch** dünn, blassocker, ziemlich durchwässert, in trockenem Zustand brüchig, sonst besonders im Stiel recht faserig. **Verwechslungen** Viele kleinere Trompetenschnitzlingsarten sind sich sehr ähnlich und auch von Fachleuten kaum zu trennen. Kräftige Exemplare, die ein wenig fleischrötliche Töne mitbringen, können für **Lacktrichterlinge** (*Laccaria* spec., z. B. S. 188) gehalten werden, die jedoch weißes bzw. ganz blasslila Sporenpulver haben.

Steckbrief
Wasserzügiger, kleiner, falbbrauner, gerieftrandiger Pilz mit dicken, breiten Lamellen und hellbraunem Sporenpulver.

Vorkommen
Das ganze Jahr hindurch in frostfreien Perioden an und um altes Holz, vergrabenes Holz, Hackschnitzel etc.

Tipp
Tauchen im Frühjahr an den Wegrändern reichlich Trompeten-Schnitzlinge auf, ist Morchelzeit.

DEZ NOV OKT SEPT AUG JULI JUNI MAI APRIL MÄRZ FEB JAN

Südlicher Schüppling Südlicher Ackerling

Agrocybe cylindracea

Steckbrief Büschelig wachsender Laubholzbewohner mit hängendem Ring und angenehmem, an Stockschwämmchen erinnernden Geruch.

Vorkommen Mai bis September in Südeuropa; in der Südhälfte Deutschlands besonders an Pappeln in warmen Auwaldgebieten.

Tipp Gute Kulturtechnik: relativ frisch gefälltes Pappelholz mit den Lamellen alter Hüte einreiben.

Hut 5 bis 8 (15) cm, jung polsterförmig gewölbt, nach Abreißen des Ringes verflacht, aber mit lange nach unten gebogenem Rand. Oberfläche runzelig-narbig, von fast Weiß über Falb bis zu dunkel Schokoladenbraun kommen alle Farbtöne vor, wobei der scharfe Hutrand im Alter bis auf ca. 1 cm immer deutlich heller ist. **Lamellen** jung blass sahneweiß mit leichtem Braunstich, später vom Sporenpulver dumpf braun getönt. Sporenpulver milchkaffeebraun, trübbraun. **Stiel** 5 bis 12 cm lang, zylindrisch, besonders bei büscheligem Wuchs oft verbogen, 0,6 bis 1,5 cm dick, zunächst wattig-voll, im Alter eng-hohl, oberhalb des dauerhaften, hängenden Ringes fein bepudert, unterhalb feinschuppig, wobei die weißlichen Schüppchen zunehmend kräftiger und brauner werden. **Fleisch** blass, im Hut schnittfest, im Stiel zunehmend holzig. **Verwechslungen** Der Pilz wächst wie ein Schüppling (deutscher Volksname), hat aber keine Schuppen und ist nicht schmierig, sodass er auf Grund von Standort, Wuchs, Sporenpulver und angenehmem Geruch eigentlich nicht verwechselt werden kann. Der Südliche Schüppling wird übrigens erfolgreich gezüchtet, zunehmend angeboten und gehört für meinen Geschmack zu den besten Speisepilzen überhaupt.

Sparriger Schüppling

Pholiota squarrosa

Hut 5 bis 8 (12) cm, flach polsterförmig gewölbt, auch alt noch lange mit umgebogenem Rand, recht fleischig, auf gelblichem, ockerfarbenem, gelegentlich auch etwas olivstichigem Grund dicht mit konzentrischen, bräunlichen, abstehenden Schuppen besetzt. **Lamellen** jung blass olivgelb, zunehmend vom braunen Sporenpulver überfärbt, relativ dicht stehend, reichlich untermischt. Sporenpulver dunkel milchkaffeebraun. **Stiel** 5 bis 12 cm lang, zylindrisch, besonders bei büscheligem Wuchs oft verbogen, 0,8 bis 1,5 cm dick, voll und hart, zwischen Ring und Basis wie der Hut beschuppt, basal schwächer schuppig mit orangebraunem Ton, meist büschelig verwachsen, oberhalb der Ringzone hell punktiert. **Fleisch** fahlgelb, im Stiel dunkler und zunehmend holzig, Geruch porlingsartig säuerlich, Geschmack ausgesprochen bitter. **Verwechslungen** Häufig wird der Sparrige Schüppling für **Hallimasch** (*Armillaria mellea*, Weißsporer!, S. 183) gehalten, zumal er auch in der gleichen Jahreszeit wächst. Aus zahlreichen Berichten über den „bitteren Hallimasch" – so kommt die Verwechslung dann in der Beratung zur Sprache – wissen wir, dass er meistens vertragen wird. Empfindliche Personen bekommen aber durchaus auch Bauchweh nach solch einer wenig schmackhaften Mahlzeit.

Steckbrief
Büschelig wachsender, ockergelber Braunsporer mit sparrigen Schuppen auf Hut und Stiel.

Vorkommen
In der Hauptpilzzeit an Laub- (Kernobst) und Nadelbäumen (Fichte), meist Schwächeparasit, aber auch Totholzzersetzer.

Tipp
Am Apfelbaum? Der Baum kann auch die nächsten 20 Jahre gute Apfelernten liefern, derweil der Pilz das Kernholz verzehrt.

Stockschwämmchen

Kuehneromyces mutabilis

Steckbrief
Büschelig wachsender Braunsporer mit schuppigem Stiel, unverwechselbarem Geruch, typisch zweifarbigem Hut.

Vorkommen
Mai bis Oktober an Laubholz, besonders Buche, im Bergland auch an Nadelholz, besonders Fichte.

Tipp
Um Stockschwämmchen von der Pilzberatungsstelle kontrollieren zu lassen, unbedingt Büschel mit vollständigen Stielen ernten!

Hut 2,5 bis 5 (8) cm, fast halbkugelig mit geschlossenem Ring und noch ockerfarbenen Gesamthüllresten auf dem Hut (-rand) und dem Ring, schirmen die Pilzchen schnell auf und verlieren diese sicheren Merkmale. Dann ist der Hut mehr oder weniger flach ausgebreitet, wellig verbogen und im Idealfall typisch zweifarbig mit dunkelbraunem durchwässertem Rand und falbockerlicher Mitte. **Lamellen** jung blass sahneweiß mit leichtem Braunstich, später vom Sporenpulver satt braun getönt. Sporenpulver dunkel milchkaffeebraun. **Stiel** 3 bis 8 cm lang, zylindrisch, besonders bei büscheligem Wuchs oft verbogen, 0,4 bis 0,8 cm dick, relativ holzig, unterhalb des hautartigen Rings mit dunkleren Schüppchen besetzt. **Fleisch** hellbraun, im Hut schnittfest, im Stiel zunehmend holzig, in Geruch und Geschmack von nicht vergleichbarem, angenehmem Pilzaroma. **Verwechslungen Gift-Häublinge** (*Galerina marginata*, S. 147) können dem Stockschwämmchen tückisch ähnlich sehen, weshalb größte Vorsicht geboten ist. Beachtet man aber alle Merkmale, sind typische Stockschwämmchen auch leicht kenntlich und eine große Bereicherung der Pilzküche. Sehen Stockschwämmchen mal nicht so typisch aus, sollte man lieber zehnmal darauf verzichten, als einmal Gift-Häublinge essen.

Grünblättriger Schwefelkopf

Hypholoma fasciculare

Hut 2,5 bis 5 (8) cm, ganz jung konvex mit Spuren von Hüllresten am Rand, bald abgeflacht und völlig kahl, in der Mitte fuchsig-gelborange, zum Rand hin heller gelb oder olivgelb. Nicht wasserzügig und dadurch zweifarbig. **Lamellen** jung leuchtend gelb, bald olivgelb bis olivgrün, schließlich vom Sporenpulver überfärbt stärker dunkel lilagrau. Es gibt Sterilformen mit dauerhaft leuchtend gelben Lamellen. Sporenpulver schwarzlila. **Stiel** 3 bis 8 cm lang, zylindrisch, besonders bei büscheligem Wuchs oft verbogen, 0,3 bis 0,8 cm dick, elastisch, jung voll, bald hohl, gelb, zur Basis dunkler fuchsig, oft mit einer Cortinazone im oberen Drittel, in der sich der dunkle Sporenstaub fängt, oberhalb der Cortinazone gelb bleibend. **Fleisch** gelb, im Stiel dunkler, Geruch säuerlich, nicht angenehm, Geschmack ekelhaft bitter. **Verwechslungen** Grünblättrige Schwefelköpfe werden unter anderem immer wieder verwechselt, weil sie überall vorkommen; überall, wo die ähnlichen Essbaren wachsen sollten! Im Grunde schließen die jung gelben Lamellen, die neongelbe Stielspitze und der bittere Geschmack jede Verwechslung aus. Dennoch werden sie immer mal für **Rauchblättrige Schwefelköpfe** (*Hypholoma capnoides*, S. 142) oder gar **Stockschwämmchen** (*Kuehneromyces mutabilis*, S. 140) gehalten.

Steckbrief
Büschelig wachsender Folgezersetzer an Holz mit lilagrauem Sporenpulver und furchtbar bitterem Geschmack.

Vorkommen
In den frostfreien Perioden fast das ganze Jahr hindurch an praktisch allen Holzarten. Manchmal sogar in nassen Gebäuden.

Tipp
Schwefelköpfe, als solche erkannt, lassen immer eine Geschmacksprobe zu. Die meisten sind bitter.

DEZ NOV OKT SEPT AUG JULI JUNI MAI APRIL MÄRZ FEB JAN

Rauchblättriger Schwefelkopf
Graublättriger Schwefelkopf

Hypholoma capnoides

Steckbrief
Büscheliger Folgezersetzer an Holz, lilagraues Sporenpulver, sahneweiße Stielspitze, angenehm milder Geschmack.

Vorkommen
In kühlen Sommern, sonst erst im Herbst, büschelig an totem Nadelholz, besonders an Fichte.

Tipp
Aus den zähen Stielen kann man – wie übrigens auch aus Stockschwämmchenstielen – ein leckeres Pilzpulver machen.

Hut 2 bis 4 (7) cm, ganz jung konvex mit Spuren von weißen Hüllresten am Rand, bald abgeflacht und völlig kahl, in der Mitte fuchsig-gelborange, zum Rand hin heller gelb bis weißlich gelb. Nicht wasserzügig und dadurch zweifarbig werdend. **Lamellen** jung sahneweiß, bald grauweißlich, schließlich vom Sporenpulver überfärbt stärker dunkel lilagrau. Es gibt Sterilformen mit dauerhaft cremefarbenen Lamellen. Sporenpulver dunkel graulila. **Stiel** 3 bis 7 cm lang, zylindrisch, besonders bei büscheligem Wuchs oft verbogen, 0,3 bis 0,8 cm dick, jung schnittfest, bald holzig und eng-hohl, Spitze weiß, obere Hälfte hellgelb, schließlich und im Alter bis auf die Spitze gänzlich rotbraun. **Fleisch** hellgelb, gelegentlich mit olivlichem Beiton, im Stiel dunkler, Geruch angenehm pilzartig, an Steinpilz erinnernd, Geschmack mild von spezieller Ausprägung, ähnlich älteren Erbsenschalen. **Verwechslungen** Die häufigste Verwechslung geschieht wohl mit dem bitteren **Natternstieligen Schwefelkopf** (*Hypholoma marginatum*, S. 143), dessen Hut sehr ähnlich, der Stiel aber weiß genattert ist, und der nicht büschelig, sondern gesellig wächst. Schmächtige **Ziegelrote Schwefelköpfe** *(Hypholoma lateritium)* können auch ähnlich aussehen. Notfalls hilft eine Geschmacksprobe.

Natternstieliger Schwefelkopf Geselliger Schwefelkopf

Hypholoma marginatum

Hut 1,5 bis 3 (5) cm, jung halbkugelig bis konvex mit reichlich weißen Hüllresten am Rand, bald flach-konvex, fast nie völlig kahl, in der Mitte fuchsig-gelborange, zum Rand hin heller gelb bis weißlich gelb, im Alter olivstichig und radial-runzelig werdend. Nicht wasserzügig und dadurch zweifarbig werdend. **Lamellen** jung sahneweiß, bald grauweißlich bis grauoliv, schließlich vom Sporenpulver überfärbt stärker dunkel lilagrau. Es gibt Sterilformen mit dauerhaft cremefarbenen Lamellen. Sporenpulver dunkel graulilabraun. **Stiel** 3 bis 9 cm lang, zylindrisch, 0,2 bis 0,4 cm dick, zäh-elastisch, auf ganzer Länge von weißen Gesamthüllresten überfasert, die im Alter in Natternzonen zerreißen. **Fleisch** sehr dünn, cremefarben, im Alter auch graubraun, ohne deutlichen Geruch, aber mit sehr bitterem Geschmack. **Verwechslungen** Der Natternstielige Schwefelkopf ist als Doppelgänger des essbaren Bruders zu wenig bekannt und deshalb schmecken die **Rauchblättrigen Schwefelköpfe** (*Hypholoma capnoides*, S. 142) manchmal unerklärlich bitter. Verwechslungen passieren mit diesem „Dürrbeinderl“, besonders beim Wachstum zwischen Rauchblättrigen Schwefelköpfen, aber auch mit vielen anderen ähnlichen braunsporigen Folgezersetzern, die jedoch nicht essbar sind.

Steckbrief
Geselliger, fast nie büscheliger Folgezersetzer an Holz mit weiß genattertem Stiel und dunkel lilagrauem Sporenpulver.

Vorkommen
Sommer bis Herbst an Nadelholz und Holzabfällen. Gern zwischen den essbaren Rauchblättrigen Schwefelköpfen.

Tipp
Stiele genau prüfen, um bittere Erfahrungen zu vermeiden.

Spitzkegeliger Kahlkopf

Psilocybe semilanceata

Steckbrief
Klebrig, zart, Hut spitzkegelig, meist mit extra Zipfelchen endend und klebrig, dunkles, purpurbraunes Sporenpulver.

Vorkommen
Auf Weidewiesen um Kuhfladen herum, auch auf Wildlosungsplätzen, meist nach einigen kalten Nächten.

Tipp
Von Rauschpilzen ist dringend abzuraten. Sie machen nicht abhängig, können aber Psychosen auslösen.

Hut 0,5 bis 2 cm, glockig bis meist spitzkegelig, oft mit extra Zipfelchen, nie ausgebreitet; in der Mitte fahl graugelb bis ockeroliv, schmierig mit abziehbarer gelatineartiger Oberhaut. Der Olivton verliert sich beim Trocknen, dann sind die Pilze strohgelb bis falb. In der Jugend am Rand von weißen fädigen Hüllresten leicht übersponnen. **Lamellen** jung graubraun, bald schmutzig purpurbraun, sehr breit, schmal angeheftet mit weißlicher Schneide. Sporenpulver dunkel purpurbraun. **Stiel** 4 bis 12 cm lang, 0,1 bis 0,2 cm dick, wellig mit quer verlaufenden runzeligen Unebenheiten, gelblich, bräunlich, gebrechlich, hohl, zur weißfilzigen Basis hin grünlich bis türkis überfärbt bzw. beim Trocknen so verfärbend. **Fleisch** gelblich ockerlich, sehr dünn, mit rettichartigem Geruch und Geschmack. **Verwechslungen** Am ähnlichsten sind kleine Träuschlingsarten und Düngerlinge. In der Rauschmittelszene wird aber wegen der Beschaffungskriminalität für andere Drogen alles Mögliche als Kahlköpfe angeboten, u. a. auch tödlich giftige Schleierlinge. Während meiner Gutachtertätigkeit habe ich aber auch schon **Maronen-Röhrlinge** (*Xerocomus badius*, S. 100) darunter gefunden. Sammler müssen sich die Rauschwirkung aber auch sonst oft einbilden, denn Verwechslungen selbst mit Helmlingen und Rötlingen kommen vor.

DEZ NOV OKT SEPT AUG JULI JUNI MAI APRIL MÄRZ FEB JAN

Riesen-Träuschling
Kultur-Träuschling
Stropharia rugosoannulata

Hut (3) 6 bis 12 (20) cm, jung polsterförmig, bald abgeflacht mit lange eingebogenem, unregelmäßigem Rand; rotbraun bis ockergelb, leicht schmierig, am Rand spärlich mit Resten der Gesamthülle gesäumt. Oft finden sich narbige Einschlüsse und Unebenheiten auf der selten „ordentlichen" Oberfläche. **Lamellen** jung hell cremegrau, bald vom Sporenpulver dunkel violettgrau, am Stiel breit angewachsen. Sporenpulver violettgrau, fast schwarz. Bei der Zubereitung ist das Essen fast immer vom reichlichen Sporenpulver sehr dunkel gefärbt. **Stiel** 6 bis 15 cm lang, 0,5 bis 2,5 (4) cm dick, zylindrisch, aber auch manchmal bauchig oder knollig angeschwollen, voll, oft jedoch mit verwachsungsbedingten Höhlungen. Der stabile Ring im oberen Drittel ist unterseits sternförmig aufgerissen, oberseits schön gerieft, im Alter dann vergänglich. **Fleisch** weiß, fest, mit deutlichem Rettich- oder Weißkohlgeruch, Geschmack nach Rettich mit einer Komponente von frischem Stroh. **Verwechslungen** Höchstens mit dem sehr seltenen **Üppigen Träuschling** *(Stropharia homemannii)* oder essbaren Egerlingen, sodass eigentlich keine Gefahr davon ausgeht. Der Pilz wird auch auf Strohballen gezüchtet, der Genusswert wird wegen des Geschmacks jedoch sehr unterschiedlich beurteilt.

Steckbrief
Stattlich, fleischiger Stielring, violettgraue, breit angewachsene Lamellen, starker Rettichgeruch.

Vorkommen
Auf Häcksel, Rindenmulch, Stroh- und Heuabfällen in Parkanlagen, längs bepflanzter Wege und in Kultur.

Tipp
Ziehen im Garten alle Schnecken an. In der Folge sind kaum noch Pilze da, aber die Schneckenplage ist auch unter Kontrolle.

Geflecktblättriger Flämmling

Gymnopilus penetrans

Steckbrief
Einzeln oder gesellig an Holz, mit gelbem Fleisch, gelben Lamellen und rostgelbem Sporenpulver: ein Flämmling.

Vorkommen
Auf Nadelholzstubben, -ästen und -Sägemehl, August bis November sehr häufig.

Tipp
Finden sich viele an alten Ästen im Fichtenwald, lohnt es, die Trompeten-Pfifferlings-Stellen zu kontrollieren.

Hut 2,5 bis 5 (8) cm, gewölbt, bald flachkonvex oder ausgebreitet, orangefuchsig geflammt oder auch dunkler gefleckt, zum scharfen Rand hin heller gelb; jung feinsamtig, bald verkahlend und bei feuchtem Wetter schmierig. **Lamellen** jung buttergelb, bald rostfleckig werdend, bei Reife oft gänzlich rostorange überfärbt; am Stiel breit angewachsen, etwas herablaufend, aber auch manchmal leicht ausgebuchtet; Schneiden meist heller. Sporenpulver sehr hell rostbraun, rostgelb. **Stiel** 3 bis 5 (8) cm lang, zylindrisch, besonders bei büscheligem Wuchs oft verbogen, 0,3 bis 0,8 cm dick, elastisch, jung voll, bald hohl, gelblich weiß, weißlich überfasert, im Alter zur Basis dunkel rotbraun, oft mit einer Cortinazone im oberen Drittel. **Fleisch** gelbbraun, rotbraun, zur Stielbasis hin dunkler; Geruch muffig, Geschmack bitter. **Verwechslungen** Bei schlechter werdendem Pilzwetter gibt es einige Arten, die besonders lange ausharren. Dazu gehören Rüblinge (ab S. 166) und einige Flämmlinge. Man geht mit gewisser Hoffnung Pilze sammeln, sieht nur diese „Kenn ich nicht" und versucht, alles Mögliche da hineinzuinterpretieren. Dabei ist die Gattung Flämmlinge mit der im Steckbrief genannten Farbenfolge gelbes Fleisch, gelbe Lamellen und rostgelbes Sporenpulver untrügerisch festgelegt.

Gift-Häubling

Galerina marginata

Hut 2,5 bis 4 (6) cm, gewölbt, bald flachkonvex oder ausgebreitet, feucht braun, rötlich braun, trocken ockerfalb, beim Eintrocknen typisch zweifarbig und von oben kaum von Stockschwämmchen zu unterscheiden; Rand mehr oder weniger gerieft. **Lamellen** hell ockerbraun, bald rostbraun, am Stiel breit angewachsen, auch etwas herablaufend oder auch ausgebuchtet. Sporenpulver milchkaffeebraun, rostbraun. **Stiel** 3 bis 4 (6) cm lang, zylindrisch, 0,2 bis 0,6 cm dick, elastisch, jung voll, bald hohl, auf braunem Grund unterhalb des vergänglichen Ringes weißlich überfasert. **Fleisch** hellbraun, im Stiel dunkler, Geruch oft undeutlich mehlartig, Geschmack mehlartig, meist mild. **Verwechslungen** Gift-Häubling ist der einzig richtige Name für streng genommen mehrere Arten von Pilzen, die kaum untereinander zu trennen sind, Knollenblätterpilzgifte enthalten und tödlich wirken können. Der oft verwendete Name Nadelholz-Häubling suggeriert, dass der Pilz nicht an Laubholz vorkommt. Gerade im Flachland ist er aber an Laubholz häufiger und damit erst recht mit dem wohlschmeckenden **Stockschwämmchen** (*Kuehneromyces mutabilis*, S. 140) zu verwechseln. Die beiden Arten wurden schon am selben Holzstück gefunden, und dann wird man nachdenklich.

Steckbrief
Gesellig, auch büschelig an Holz, braunes Sporenpulver, unter dem Ring silbrig-faseriger Stiel, Mehlgeruch.

Vorkommen
Auf Nadel- und Laubholzstümpfen und -stämmen, im Gebirge sehr häufig, im Flachland seltener.

Tipp
Diagnose im Vergiftungsfall: Häublinge haben dextrinoides Sporenpulver, verfärbt sich mit Jodlösung auf weißer Plastikunterlage erkennbar dunkel.

Gesäumter Häubling
Weißflockiger Sumpfhäubling
Galerina paludosa

Steckbrief
Einzeln und gesellig, immer auf Torfmoos, zart, von Resten einer Gesamthülle weiß geschmückter Stiel.

Vorkommen
In allen Sumpfgebieten und Mooren mit saurer Bodenreaktion sehr häufig.

Tipp
Bildet eine natürliche Lebensgemeinschaft mit Sumpf-Graublatt, einigen Hautköpfen, Sumpf-Schwefelkopf usw. Immer Anzeiger schutzwürdiger Biotope.

Hut 1 bis 3 cm, glockig, später etwas gebuckelt, nie flach aufgeschirmt, ockerrötlich bis gelbbraun, Rand bis zur Hälfte gerieft, trocken ockerfalb und ungerieft, Rand jung von weißer Gesamthülle überfasert. **Lamellen** falbocker, ockerbraun, sehr breit und relativ breit am Stiel angeheftet, Schneide weiß bewimpert. Sporenpulver milchkaffeebraun, hell rostbraun. **Stiel** 5 bis 10 (15) cm lang, zylindrisch, 0,1 bis 0,25 cm dick, zartfleischig, gebrechlich, auf bernsteinfarbenem Grund weißflockig von der Gesamthülle geschmückt. Die Teilhülle bildet im oberen Viertel eine vergängliche Ringzone. **Fleisch** hell ockerbraun, Geruch und Geschmack deutlich mehlartig. Zur Wahrnehmung des Geruchs etwas Hutfleisch und Lamellen zerquetschen! **Verwechslungen** Der Gesäumte Häubling gehört in die Gruppe Pilze, die zwar schön sind, den Speisepilzsammler aber nicht interessieren, solange es ausreichend Speisepilze gibt. Hat man mal Zeit und Muße, auf diese „Dürrbeinderl“ aufmerksam zu werden, verwechselt man Helmlinge, Häublinge u. v. a. hoffnungslos, solange man sich nicht der Bedeutung von Sporenpulver für die Bestimmung der Blätterpilze bewusst wird. Mit hell rostbraunem Sporenpulver und weißem Schmuck am Stiel ist die Art dann plötzlich doch unverwechselbar und Sie dürfen sich zu den Experten zählen.

Tonblasser Fälbling

Hebeloma crustiliniforme

Hut 5 bis 8 (10) cm, glockig, gewölbt, bald flachkonvex oder ausgebreitet, leichenblass mit weißlichem Rand, Mitte auch dunkler cremebeige, bei feuchtem Wetter stark schleimig, Rand lange eingerollt. **Lamellen** jung falbrosa, dann rosabraun, vom Sporenpulver stumpfbraun, Schneide weiß bewimpert. Bei feuchter Witterung und bei jungen Pilzen werden glasige Tröpfchen abgeschieden, die dazu führen, dass die Lamellen bei reifen Pilzen gefleckt erscheinen. Sporenpulver milchkakaobraun, stumpfbraun. **Stiel** 3 bis 5 (8) cm lang, zylindrisch, oft an der Basis keulig verdickt oder mit einem Myzelfilz verdickt erscheinend, 0,7 bis 1,5 cm dick, brüchig, jung voll, bald hohl, weiß, mit feinen weißcreme gefärbten Pusteln und Fasern überzogen. **Fleisch** im Hut recht dick, weißlich, creme, mit starkem Geruch nach Rettich oder unangenehm nach Rettichfahne und zusammenziehendem, nicht angenehmem Rettichgeschmack. **Verwechslungen** Fälblingsarten mit Rettichgeruch sind zahlreich und untereinander nicht immer leicht zu trennen. Der ähnlich häufige, ebenfalls giftige **Große Rettich-Fälbling** *(Hebeloma sinapizans)* ist im Ganzen dunkler gefärbt und kompakter gebaut. Der typische Hexenring (Foto) lässt an den **Elfenring-Fälbling** *(Hebeloma circinans)* denken. Vor der Christianisierung hießen Hexenringe Elfenringe. Ähnliche Speisepilze gibt es nicht.

Steckbrief
Hut blass und schmierig, Erscheinungsbild eines Ritterlings, Lamellen hell kakaobraun mit weißer Schneide, starker Rettichgeruch.

Vorkommen
In Laub- und Mischwäldern auf sauren und neutralen Böden, besonders bei Buchen und Birken, in Parks.

Tipp
Pilze mit Rettichgeruch meiden! Darunter sind kaum Speisepilze, aber viele Giftpilze.

DEZ NOV OKT SEPT AUG JULI JUNI MAI APRIL MÄRZ FEB JAN

Lila Dickfuß
Safranfleischiger Dickfuß
Cortinarius traganus

Steckbrief
Jung lila gefärbter, bald bräunlich ausblassender Schleierling mit starkem Geruch nach gärenden Birnen.

Vorkommen
In Bergnadelwäldern auf sauren Böden, besonders bei Fichten häufig, sonst selten oder fehlend.

Tipp
Pilzgerüche gehören zu den wichtigen Bestimmungsmerkmalen. An einem so ausgeprägten Geruch kann man trainieren.

Hut 5 bis 8 (12) cm, polsterförmig gewölbt, bald flachkonvex, jung hell lilablau, bald von der Mitte her ocker oder falbbraun ausblassend. Oberfläche fein seidig überfasert, „glimmerig", in der Mitte im Alter oft schollig aufgerissen, in der Jugend am Rand leicht von silberlila Gesamthüllfasern überzogen. **Lamellen** jung gelblich, ocker, zunehmend vom Sporenpulver rostbraun überfärbt, am Stiel tief ausgebuchtet angewachsen, Schneide gesägt, gekerbt. Sporenpulver rostbraun, für Schleierlinge relativ hell. **Stiel** 5 bis 10 cm lang, nicht immer deutlich keulig verdickt, auch zylindrisch oder etwas bauchig, 0,7 bis 2 cm dick, Basis bis 4 cm angeschwollen, voll, unterhalb der vom Sporenpulver rostbraun gefärbten Schleierzone lilasilbrig von Fäden der Gesamthülle dick überfasert. Diese Hüllreste zerreißen in eine undeutliche Bänderung, die sich dann zunehmend ockerlich verfärbt. **Fleisch** in der Hutmitte dick, zum Rand hin recht dünn, safrangelblich, Geruch nach mostenden oder faulenden Birnen, nicht für jedermann unangenehm. **Verwechslungen** Als Schleierling erkannt kaum verwechselbar. Der **Bocks-Dickfuß** *(Cortinarius camphoratus)* hat blaues Fleisch und stinkt nach faulenden Kartoffeln. Ähnlich gefärbte essbare Rötelritterlinge (S. 165) haben hell cremerosa Sporenpulver und keinen Schleier.

Dottergelber Klumpfuß
Schöngelber Klumpfuß

Cortinarius splendens ssp. *meinhardii*

Hut 4 bis 8 cm, halbkugelig gewölbt, bald flachkonvex, auch flach aufgeschirmt und oft verbogen, leuchtend gelb, vom oxidierenden Hutschleim bald ocker, dann kupfer-, schließlich schwarzbraun fleckig überfärbt. Oberfläche stark schleimig, bei Trockenheit glänzend wie eingetrockneter Schneckenschleim. **Lamellen** jung schwefelgelb, nur langsam vom Sporenpulver bräunlich überfärbt, am Stiel tief ausgebuchtet angewachsen, Schneide schwach gekerbt. Sporenpulver rostbraun. **Stiel** 4 bis 8 cm lang, zylindrisch, 0,6 bis 1,5 cm dick, Basis stark verdickt, Basis bis 3 cm gerandet, knollig erweitert, voll, leuchtend gelb, unterhalb der vom Sporenpulver rostbraun gefärbten Schleierzone von braun oxidierten Gesamthüllfasern überzogen. Basis mit reichlich schwefelgelben Myzelfäden (Rhizomorphen) beschopft. **Fleisch** in allen Teilen schwefelgelb mit dumpfem, an modrigen Pfeffer erinnernden Geruch, Geschmack unangenehm seifenartig. Sollte wegen der möglichen Giftigkeit nicht probiert werden. **Verwechslungen** Gelbe, gelbfleischige Schleierlinge der Untergattung *Phlegmacium* können untereinander leicht vermischt werden; auch Grünlinge (Weißsporer!) sehen ähnlich aus. Da sie aber allesamt keine Speisepilze (mehr) sind, gehen kaum Gefahren davon aus.

Steckbrief
Leuchtend gelb aus der Erde brechender Schleierling mit gerandeter Knolle, Hutschleim oxidiert kupfer- bis rostbräunlich.

Vorkommen
In Bergnadelwäldern auf kalkhaltigen Böden, besonders bei Fichten, ortshäufig, sonst selten oder fehlend.

Tipp
In allen Teilen quittengelbe Lamellenpilze mit gelbem Fleisch sind niemals essbar.

Semmelgelber Schleimkopf
Ziegelgelber Schleimkopf

Cortinarius varius

Steckbrief
Semmelgelber Hut, weißer Stiel, lila Lamellen und rostbraunes Sporenpulver, das in der Schleierzone hängt.

Vorkommen
In Bergnadelwäldern auf kalkhaltigen Böden bei Fichten, mancherorts sehr häufig, in der Ebene selten oder fehlend.

Tipp
Den Hutschleim wischt man am besten unter fließend heißem Wasser ab, er kann ein wenig bitter sein.

Hut 5 bis 10 cm, halbkugelig bis polsterförmig, manchmal an Steinpilz erinnernd, bald flachkonvex, auch flach aufgeschirmt, mit ockerfuchsiger Mitte und heller werdendem Rand an die Farbe frischer Brötchen erinnernd. Oberfläche deutlich schleimig, bei Trockenheit glänzend wie eingetrockneter Schneckenschleim. **Lamellen** jung sanft lila, allmählich vom rostbraunen Sporenpulver übertönt. **Stiel** 5 bis 10 (12) cm lang, Spitze verjüngt, Mitte oft bauchig oder Basis mehr oder weniger keulig, 0,8 bis 2 cm dick, keulige, bauchige Teile bis 3 cm, voll, weiß, mit deutlicher Schleierzone, in der sich das rostbraune Sporenpulver fängt. Oberhalb der Cortinazone fein weiß beflockt, später durch das Sporenpulver braun erscheinende Pusteln. **Fleisch** in allen Teilen weiß, über den Lamellen und im Stielansatz leicht bläulich, in Geruch und Geschmack uncharakteristisch angenehm. **Verwechslungen** Die Kombination irgendwie mit Gelb gemischte Hutfarbe und lila Lamellen ist selten und den Schleierlingen vorbehalten. Dort können dann eine stattliche Zahl von Arten ähnlich sein, z. B. **Blaublättriger Schleimfuß** *(Cortinarius delibutus)*, **Rundsporiger Klumpfuß** *(Cortinarius caesiocortinatus)* oder **Amethystblättriger Klumpfuß** *(Cortinarius calochrous)*. Sie sind aber alle nicht giftig.

Heide-Schleimfuß
Brotpilz

Cortinarius mucosus

Hut 5 bis 10 cm, halbkugelig, bald flachkonvex und am Rand uneben verbogen, mit frischen Farben von knusprig gebackenem Weiß- oder Mischbrot, Mitte oft recht dunkel, der Rand bis hell bernsteingelb, jung mit einem feinen, nur Millimeter breiten weißen Saum von der Teilhülle; Oberfläche deutlich schleimig, bei Trockenheit glänzend wie eingetrockneter Schneckenschleim. **Lamellen** jung tonblass bis creme, bald vom Sporenpulver bräunlicher, am Stiel ausgebuchtet angewachsen und fein gekerbt. **Stiel** 5 bis 10 (12) cm lang, zylindrisch mit meist zugespitzter Basis, 0,8 bis 2 cm dick, unterhalb der Schleierzone von weißer, schleimiger Gesamthülle überzogen, die im Alter in etwas ockerlich färbende Schleimbänder zerreißt. **Fleisch** in allen Teilen weiß, bisweilen auch etwas cremefarben, in Geruch und Geschmack uncharakteristisch angenehm. **Verwechslungen** Die Untergattung Schleimfüße ist größtenteils durch schleimigen Hut und Stiel festgelegt. Alle milden Arten der Untergattung gelten als zumindest nicht giftig, sodass keine Gefahr von ihr ausgeht. Würde man allerdings den viel helleren, schmächtigen **Galligen Schleimfuß** *(Cortinarius vibratilis)* verwechseln, wäre das ganze Essen bitter und verdorben. Beide Arten finden sich selten am gleichen Standort.

Steckbrief
Erdbewohner mit schleimigem Hut und Stiel muss ein Schleimfuß sein. Weißbrotfarbener Hut: Brotpilz.

Vorkommen
In sandigen Kiefernwäldern Ostdeutschlands stellenweise häufig, sonst seltener in sauren Kiefernwäldern.

Tipp
Ganzen Pilz kurz überbrühen, dann lässt sich der Schleim leicht abwischen und das Essen wird appetitlicher.

Geschmückter Gürtelfuß

Cortinarius armillatus

Steckbrief
Großer braunhütiger Birkenbegleiter mit auffallenden zinnoberroten Bändern der Gesamthülle am Stiel.

Vorkommen
In feuchten bis nassen Mischwäldern, auch im offenen Gelände, aber immer bei Birken.

Tipp
Bei pilzfeindlicher Trockenheit sind nicht unter Naturschutz stehende Birkenbestände oft noch eine Fundgrube.

Hut 5 bis 10 (15) cm, polsterförmig, flachkonvex, bald in der Mitte verflacht und am Rand typisch wie ein Satteldach abgeknickt, aber auch breit und stumpf gebuckelt, rötlich ocker, rosabraun durch die Überdeckung der Huthaut mit der zinnoberroten Gesamthülle, die aber nur am Rand als solche sichtbar wird; je nach Witterung mehr oder weniger Wasser aufsaugend (hygrophan). **Lamellen** jung hell ockerfarben, zunehmend rotbraun, breit angewachsen, auch schwach ausgebuchtet und mit Zähnchen herablaufend. **Stiel** 8 bis 12 (15) cm lang, zylindrisch mit meist angeschwollener Basis, 0,8 bis 2 cm dick, Basis bis 2 cm, unterhalb der Schleierzone mit leuchtend zinnoberroten Bändern der Gesamthülle geschmückt, zur Basis hin weißfilzig. **Fleisch** creme bis orangebraun, wässrig durchzogen oder strohig ausgetrocknet; Geruch und Geschmack dumpf rettichartig, zubereitet ausgesprochen muffig. **Verwechslungen** Gürtelfüße und Wasserköpfe, als Untergattung der Schleierlinge, gehören zu Recht zu den schwierigsten Pilzgruppen überhaupt. Die Vielfalt der Arten und die mehrfache Vielfalt der Doppelbeschreibungen machen die Sache besonders problematisch. Zum Glück ist der Geschmückte Gürtelfuß mit seiner Stielbänderung ziemlich einmalig.

Spitzgebuckelter Schleierling Spitzgebuckelter Raukopf

Cortinarius rubellus

☠

Hut 3 bis 7 (10) cm, kegelig bis spitz gebuckelt, zunehmend breitkegelig aufgeschirmt, mit oder ohne deutlichen Buckel in der Mitte, radialfaserig, faserschuppig mit orangebraunen bis rostfuchsigen Farben, Rand heller, jung gelblich von der Gesamthülle überfasert. **Lamellen** schon jung rostfuchsig, mit zunehmendem Alter vergeht die Brillanz der Farbe durch das rostbraune Sporenpulver. **Stiel** 4 bis 10 cm lang, zylindrisch mit meist ampullenförmig angeschwollener Basis, 0,5 bis 1 cm dick, Basisspindel bis 1,8 cm, unterhalb der Schleierzone typisch strohgelb gebändert oder zerrissen überfasert. **Fleisch** ockerbräunlich, auch dunkler rostbraun, mit Rettichgeruch und unauffälligem Geschmack. **Verwechslungen** Dieser gefährliche Giftpilz, dessen Wirkung oft erst nach Tagen oder Wochen einsetzt, wird dadurch noch gefährlicher, dass er nichts besonders Auffälliges hat. Verwechslungen mit Todesfolge gab es bereits mit dem **Kupferroten Gelbfuß** *(Chroogomphus rutilus)*, der aber herablaufende Lamellen hat, und mit vermeintlichen Rauschpilzen. Man kann besonders aus der letzten Angabe ersehen, dass es keinen Schutz gegen Verwechslung gibt, außer man prüft kritisch die eigene Bestimmung und lässt bei geringsten Zweifeln die Finger von der nicht zweifelsfrei zugeordneten Beute.

Steckbrief
Schön orangefuchsiger, oft spitz gebuckelter Pilz mit typischen strohgelben Gesamthüllresten am Stiel.

Vorkommen
In sauren Bergnadelwäldern, fast immer bei Fichten, oft an feuchten Stellen, z. B. Druckwasserhängen und Quellsümpfen.

Tipp
Vorsicht bei auffällig rostorangen bis roten Lamellenpilzen. Sie können die Nierenfunktion zerstören.

Orangefuchsiger Raukopf Orangefuchsiger Schleierling

Cortinarius orellanus

Steckbrief Schön orangefuchsig, mittelgroß, ohne alkohollösliche Farbstoffe, kaum Gesamt- und Teilhüllfäden.

Vorkommen In Laub- und Nadelwäldern, gern bei Eiche und Kiefer, nirgends häufig und doch überall.

Tipp Nach dem Sammeln jeden Pilz erneut prüfen. Arten wie diese werden nicht verwechselt, sie kommen versehentlich in den Korb.

Hut 3 bis 7 (10) cm, kegelig bis konvex, bald ausgebreitet und verbogen, oft etwas exzentrisch; satt orangefuchsig bis kupferbraun, radialfaserig, in der Mitte auf dem stumpfen Buckel oft angedrückt schuppig. **Lamellen** in jüngstem Zustand kanariengelb und sehr entfernt, bald leuchtend orangefuchsig, im Alter vom Sporenstaub etwas eingetrübt. **Stiel** 4 bis 10 cm lang, zylindrisch mit oft verjüngter Basis, 0,5 bis 1 cm dick, unterhalb der kaum sichtbaren Schleierzone geringfügig rostbraun überfasert. **Fleisch** cremegelblich, oft madig, mit Rettichgeruch und unauffälligem Geschmack. **Verwechslungen** könnte es eigentlich kaum mit Speisepilzen geben, da ihm kein mir bekannter Speisepilz ähnlich sieht. Die ersten Vergiftungen, die im Jahre 1952 in Polen bekannt wurden, ließen zunächst mal die bis dahin gängige Meinung, es gäbe keine ernsthaft giftigen Schleierlinge, erschüttern. Später ist man leider nie systematisch der Frage nachgegangen, ob Jahre, in denen gehäuft essenzielles Nierenversagen diagnostiziert wurde, auch reichliche Schleierlings-Jahre waren. Sicher ist nur, dass in der Pilzberatung immer wieder Orangefuchsige Schleierlinge, z. B. zwischen **Pfifferlingen** (*Cantharellus cibarius*, S. 219), im Sammelgut entdeckt werden.

Blutblättriger Hautkopf

Cortinarius semisanguineus

Hut 3 bis 5 (8) cm, breitkegelig bis konvex, bald ausgebreitet und verbogen mit breitem Buckel; olivgelb bis olivbraun, im Alter auch ockerrötlich, feinfaserig zum Rand hin von vergänglichen Resten der gelben Gesamthülle. **Lamellen** von Jugend an leuchtend blutrot, erst sehr spät mehr bräunlich rot, im Verhältnis zum Hutfleisch breit angewachsen bis ausgebuchtet und mit Zähnchen herablaufend. **Stiel** 4 bis 7 cm lang, zylindrisch, oft verbogen, auch mit etwas verdickter Basis, 0,4 bis 0,8 cm dick, unterhalb der wenig sichtbaren Schleierzone goldgelb von der Gesamthülle überfasert. Basismyzel rosarot bis rot. **Fleisch** cremefalb bis gelbbraun, Geruch im Hut etwas rettichartig, im Stiel auch nach Jodoform, Geschmack nicht einladend, bitterlich. **Verwechslungen** sind am ehesten mit anderen Schleierlingen aus der Sektion Hautköpfe gegeben. Der **Purpurfaserige Hautkopf** *(Cortinarius purpureus)* kann sehr ähnlich aussehen, hat aber rote Velumfasern auf Hut und Stiel, der **Blut-Hautkopf** *(Cortinarius sanguineus)* ist gänzlich purpur- bis blutrot und der **Zinnoberrote Hautkopf** *(Cortinarius cinnabarinus)* ist im Gegensatz zu den bisher benannten stark wasserzügig (hygrophan) und viel heller in seinen Rottönen.

Steckbrief
Ocker- bis olivbrauner Hut kontrastiert mit blutroten Lamellen und einem gelbockerlichen Stiel.

Vorkommen
In Nadel- und Laubwäldern, besonders unter Fichte und Kiefer, aber auch Buche oder Birke, auf sauren Böden.

Tipp
Mit einigen Pilzen, besonders mit Hautköpfen, kann man Wolle und Seide färben. Diese Art gibt ein schönes Pastelllila.

Duftender Gürtelfuß Geranien-Gürtelfuß

Cortinarius flexipes

Steckbrief
Klein, spitz gebuckelt, dunkelbraun, von der Gesamthülle auffallend weiß gepunkteter Hut, genatterter Stiel, Geraniengeruch.

Vorkommen
In Nadel- und Laubwäldern, besonders unter Fichte und Kiefer, aber auch Buche oder Birke, auf sauren Böden.

Tipp
Liste von bekannten Pilzen anfertigen und sich die Gerüche laut Buch dazu notieren, dann das Erkennen üben.

Hut 1,5 bis 3 cm, spitzkegelig bis kegelig geschweift, feucht stark durchwässert dunkelbraun, auch mit einem Violettstich, trocken falbbraun; auf ganzer Fläche mit reichlich weißen Pusteln der Gesamthülle besetzt. **Lamellen** graubraun, braunviolett, im Alter dunkler, am Stiel angeheftet mit etwas welliger, hell gefärbter, steriler Schneide. **Stiel** 3 bis 7 cm lang, zylindrisch, oft verbogen, auch mit etwas verdickter oder zugespitzter Basis, 0,3 bis 0,6 cm dick, unterhalb der fast ringförmigen Schleierzone von dicken weißen Flocken der Gesamthülle und Ringen besetzt. Basis mehr ockerbräunlich überfasert. **Fleisch** cremefalb im trockenen Zustand, dunkelbraun bis violettbraun im durchfeuchteten Zustand und dann auch mit starkem Geruch nach zerriebenen Geranienblättern; Geschmack überraschend angenehm pilzartig banal. **Verwechslungen** sind mit ganz vielen anderen kleinen Wasserköpfen und Gürtelfüßen möglich. Allein die Artengruppe um den Geranien-Gürtelfuß umfasst je nach Autor drei bis neun verschiedene Arten. Der **Weißflockige Gürtelfuß** *(Cortinarius hemitrichus)* ist ebenfalls sehr ähnlich, aber geruchlos. Sind die Gesamthüllreste erst mal abgewaschen, wird die Bestimmung nahezu unmöglich. Grundsätzlich sind Gürtelfüße wohl die schwierigste Großpilzgruppe.

Reifpilz
Zigeuner
Cortinarius caperatus

Hut 5 bis 10 (15) cm, jung halbkugelig fest dem Stielring anliegend, beim Aufschirmen über glockig und konvex einen breiten Buckel bildend, wobei der Rand dann oft nach oben gebogen und zerrissen ist, ockerfalb bis lehmgelb mit einer feinen silbrig-lilafarbenen Bereifung durch die Gesamthülle, die auch den Stielring überzieht; Oberfläche besonders zum Rand hin runzelig narbig. **Lamellen** jung beige, dann blassbraun mit weißer, stark gekerbter Schneide. **Stiel** 6 bis 10 (15) cm lang, zylindrisch, oft verbogen, auch mit etwas lauchartig verdickter Basis, 1 bis 2 cm dick, unterhalb des schmalen, dauerhaften, aber wenig verwachsenen Ringes längsfaserig, oberhalb des Ringes flockig punktiert. **Fleisch** weißlich, ockerfalb marmoriert, im trockenen Zustand cremeblass mit kaum differenzierbarem Geruch und mildem Geschmack. **Verwechslungen** sind mit ähnlich gefärbten Schleierlingen möglich, die aber keinen Ring, allenfalls eine faserige Ringzone haben. Junge **Riesen-Rötlinge** (*Entoloma sinuatum*, S. 128), obwohl ohne Ring, können sehr ähnlich aussehen. Die beiden Arten stehen zwar nicht gerade durcheinander, aber auf Grund der Oberflächenversauerung haben wir auch im Kalk-Buchenwald schon Stellen mit Heidelbeere und vielleicht auch bald mit Reifpilzen.

Steckbrief
Kräftiger Braunsporer mit lilasilbriger Hutbedeckung, schartige Lamellen, im Alter Hutrand meist zerrissen, dauerhafter Stielring.

Vorkommen
In Nadel- und Mischwäldern, besonders unter Kiefern, aber auch Buche, meist bei Heidelbeeren auf sauren Böden.

Tipp
Eignet sich zu jedem Mischgericht, das feste Fleisch und der neutrale Eigengeschmack passen zu allem.

DEZ NOV OKT SEPT AUG JULI JUNI MAI APRIL MÄRZ FEB JAN

Kegelhütiger Risspilz

Inocybe rimosa

Steckbrief
Kräftiger Braunsporer mit kegelig geschweiftem, zum Einreißen neigendem Hut, Fleisch bitter, spermatischer Geruch.

Vorkommen
In Nadel- und Laubwäldern, besonders an Wegrändern auf mineralreichen Böden.

Tipp
Viele Risspilze weisen spermatischen Geruch auf, was immer giftig bedeutet.

Hut (3) 5 bis 10 cm, jung kegelig, beim Aufschirmen kegelig geschweift, radialfaserig, allmählich vom Rand her einreißend mit lange nach innen gebogenem Rand, ockerfalb blassbraun, auch umbrabraun, meistens mit einem Olivstich, am Scheitel oft weißlich überfasert, durch die Huthaut-Risse aber jedenfalls olivgelb durchschimmernd. **Lamellen** beige mit deutlichem Olivton, im Alter schmutzig olivbraun, Schneide weiß bewimpert, am Stiel schmal angeheftet. Sporenpulver graubraun, schmutzig tabakbraun. **Stiel** 4 bis 10 cm lang, zylindrisch, bisweilen etwas knollig, im oberen Drittel auf hellocker Grundfarbe weißlich bereift, nach unten zu überfasert. **Fleisch** weißlich, falboliv, auch bräunlich, zur Stielspitze hin aber immer heller. Stiel im Alter hohl und faserig, sonst brüchig mit deutlich spermatischem Geruch und bitterem Geschmack. **Verwechslungen** mit vielen anderen Risspilzen, z. B. dem **Gefleckten Risspilz** *(Inocybe maculata)*, möglich. Speisepilze, die eventuell verwechselt werden könnten, sind der **Zigeuner** oder **Reifpilz** (*Rozites caperatus*, S. 159) und vor allem achtlos mit eingesammelte Pilze, bei denen auf die genaue Zuordnung kein Wert gelegt wurde. Der spermatische Geruch und die immer irgendwo auffälligen Olivtöne lassen jedoch keine große Verwechslungsgefahr von diesem Giftpilz ausgehen.

Ziegelroter Risspilz Mai-Risspilz

Inocybe erubescens

Hut (3) 5 bis 7 cm, jung kegelig, beim Aufschirmen eher mit geraden Rändern wie ein Reisbauernhut geöffnet und vom Rand her einreißend, Oberfläche weiß oder cremeblass, auf Druck oder im Alter in den Rissen von alleine rötend bis stumpf ziegelrötlich verfärbend, radialfaserig eingewachsen, in der Mitte filzig. **Lamellen** jung weißlich, bald creme, zeigen sie meistens eine spontane rosa Verfärbung, bevor das Sporenpulver einen dumpfen Grauton mit sich bringt; am Stiel schmal angeheftet mit weiß bewimperter Schneide. Sporenpulver graubraun, schmutzig tabakbraun. **Stiel** 4 bis 8 cm lang, zylindrisch, bisweilen etwas knollig, gänzlich schmutzig weiß, im Alter von der Basis her ziegelrot fleckend. **Fleisch** weißlich, auf Druck und im Schnitt rötlich verfärbend, relativ dick, im Stiel hohl, mit fruchtigem, alt auch etwas fäkalem Geruch und wenig angenehmem muffig-fruchtigen Geschmack. **Verwechslungen** mit anderen rötenden Risspilzen, z. B. dem **Weinroten Risspilz** *(Inocybe adaequata)* möglich. Vom Genuss dieses in manchen Büchern als essbar angegebenen Risspilzes ist schon aus diesem Grunde abzuraten! Gebräuchliche Speisepilze, wie der **Maipilz** (*Calocybe gambosa*, S. 182) gehören ebenfalls zu den potenziellen Verwechslungsmöglichkeiten. Der Maipilz hat jedoch starken Mehlgeruch, weißes Sporenpulver und rötet nie.

Steckbrief
Weiß bis ocker gefärbt, relativ kräftig, fällt durch Röten und frühe Erscheinungszeit auf.

Vorkommen
In Laubwäldern, öfter jedoch im offenen, parkartigen Gelände unter Laubbäumen, besonders Buchen und Linden.

Tipp
Risspilzvergiftungen sind Muskarin-Vergiftungen, die der Arzt auch ohne Kenntnis der Pilze diagnostizieren und behandeln kann.

Erdblättriger Risspilz
Lilaseidiger Risspilz

Inocybe geophylla var. *lilacina*

Steckbrief
Ein zartlila gefärbtes Pilzchen mit erdgrauen Lamellen, spermatischem Geruch.

Vorkommen
In Laub- und Nadelwäldern auf neutralen Böden, meist jedoch in Parks und Grünanlagen, an Wegrändern und Spielplätzen.

Tipp
Finden sich solche Giftpilze dort, wo Kinder spielen, ist die Aufklärung der Kinder sehr wichtig.

Hut 2 bis 5 cm, jung kegelig, beim Aufschirmen kegelig geschweift, schließlich ausgebreitet mit deutlichem Buckel, radialfaserig, zartlila mit ockerlicher Mitte, wenig zum Einreißen neigend. **Lamellen** jung lila, bald beige bis graubraun, „erdfarben"; am Stiel schmal angeheftet mit weiß bewimperter Schneide, relativ breit im Verhältnis zum dünnen Hutfleisch. Sporenpulver graubraun, schmutzig tabakbraun. **Stiel** 3 bis 5 cm lang, zylindrisch, gänzlich lila überfasert, Spitze zusätzlich weiß bereift, später ocker ausblassend. **Fleisch** weißlich bis blasslila, dünn, im Stiel hohl, Geruch spermatisch, Geschmack ähnlich Weißkohl, aber nicht angenehm. **Verwechslungen** Viel häufiger ist die weiße, höchstens etwas ockerliche Typusart mit den gleichen Merkmalen, aber ohne lila Tönung. Die lila Variante ist insofern die interessantere, als sie mit dem **Violetten Lacktrichterling** (*Laccaria amethystina*, S. 188) verwechselt werden könnte und besonders, weil sie für Kinder viel attraktiver ausschaut. Kinder vor Giftpilzen schützen, heißt einzig und allein Aufklären. Es ist auch bei größter Sorgfalt unmöglich, alle Giftpilze (und -pflanzen) aus öffentlichen Anlagen, Schulgärten usw. zu entfernen. Daher kann ich nur dafür appellieren, viel Aufklärungsarbeit zu leisten, um Gefahren zu vermeiden. Ansonsten bliebe nur die Alternative, auf Grünanlagen zu verzichten.

Gurken-Schnitzling

Macrocystidia cucumis

Hut 2 bis 7 cm, kegelig, glockig aus dem Substrat hervorragend, später auch aufgeschirmt meist konvex bleibend, aber auch bisweilen flach und wellig verbogen, meist mit einem stumpfen Buckel, ockerbraun bis fast schwarzbraun in feuchtem Zustand, ockerfalb beim Eintrocknen, auf der ganzen Fläche samtig bereift. **Lamellen** jung sehr hell, dann cremeockerlich, schließlich ockerrosabraun, am Stiel schmal angeheftet. **Stiel** 3 bis 8 cm lang, 0,2 bis 0,5 cm dick, wie der Hut gefärbt mit heller bernsteinfarbener Spitze, auf ganzer Länge samtig bereift. **Fleisch** wässrig, dunkelbraun durchgefärbt, beim Eintrocknen hell ockerbraun, Geruch stark fischtranartig, wie das Vitamin-D-Aufbaupräparat „Lebertran", Geschmack ebenfalls tranig, nach Fischeingeweiden. **Verwechslungen** Jahrelang habe ich einen großen Bogen um diesen wie auch fast alle anderen kleinen braunen Pilze gemacht, denn es ist allgemein bekannt, dass man sie nur schwer auseinander halten kann. Zufällig einmal hatte ich im Wald das Gefühl, ich hätte Lebertran einnehmen müssen, jedenfalls hatte ich diesen Gruselgeruch aus der Kindheit in der Nase. Auf den Boden schauend, entdeckte ich eine große Schar Gurken-Schnitzlinge und konnte mich ihrer als Ursache vergewissern. Von da an kannte ich den Pilz. Also gehorchen Sie Ihrer Nase, dann ist die Art unverwechselbar.

Steckbrief
Kleiner brauner Pilz mit unbeschreiblichem Geruch nach Fischtran.

Vorkommen
An Wegrändern, auf Schuttplätzen usw., oft an und um Holzstückchen herum, stickstoff- und feuchtigkeitsliebend.

Tipp
Geruchsprobe: Den Gurken-Schnitzling kann man an seinem einmaligen Geruch blind erkennen.

Fuchsiger Röteltrichterling
Wasserfleckiger Röteltrichterling

Lepista flaccida

Steckbrief
Weit herablaufende Lamellen, falbfuchsige Farben, Geruch nach frisch geschnittenem Gras (Ruchgras), cremerosa Sporenpulver.

Vorkommen
In Laub- und Nadelwäldern an und um verrottete Reisighaufen, auch direkt auf der Erde, sehr häufig.

Tipp
Viele Autoren vermuten 2 bis 3 Arten, doch Wasserfleckige entpuppen sich nach einer kalten Nacht als Fuchsige.

Hut 3 bis 8 cm, flach gewölbt, allmählich niedergedrückt und im Alter tief trichterförmig, in der Jugend und besonders bei warmer Witterung blassbeige mit tropfenartigen, runden, glasigen Flecken (Name!), nach kalten Nächten dann fuchsigocker durchgefärbt und teilweise mit roströtlichen Flecken gesprenkelt. **Lamellen** jung blass cremerosa, dann dumpfer ockerrosa. **Stiel** 3 bis 6 cm dick in den Hut erweitert, an der Basis bisweilen etwas angeschwollen und mit viel Substrat verwachsen, wie der Hut gefärbt, aber weißlich überfasert. **Fleisch** in allen Teilen creme, cremebräunlich, je nach Durchwässerung dunkler, Geruch charakteristisch nach frischem Grasschnitt (Ruchgras). **Verwechslungen** Fuchsigocker- bis rotbraun gefärbte, trichterlingsähnliche Pilze galten immer als gut kenntliche, mäßige Speisepilze, egal ob nun die hier beschriebene Art oder ähnliche essbare Arten gesammelt wurden. Nun ist aber in Italien ein ernst zu nehmender, sehr ähnlicher Giftpilz, der **Wohlriechende Trichterling** *(Clitocybe amoenolens)*, durch Vergiftungen bekannt geworden. Er ist vielleicht erst in Ausbreitung begriffen, sodass man beim Genuss der Röteltrichterlinge besondere Vorsicht walten lassen muss.

Nackter Rötelritterling Violetter Rötelritterling

Lepista nuda

Hut 6 bis 12 (18) cm, erst polsterförmig, konvex, bald aufgeschirmt, wellig verbogen mit lange eingerolltem Rand, blauviolett oder lila von der Mitte bräunlich verfärbend oder verblassend, nackt und kahl, bei Feuchtigkeit speckig glänzend und klebrig erscheinend. **Lamellen** tief lilablau, erst sehr alt braunrosa verfärbend. Sporenpulver blass cremerosa. **Stiel** 5 bis 10 cm lang, zylindrisch, an der Basis oft angeschwollen und mit reichlich Substrat verwachsen, lilagrau, meist weißlich überfasert, 0,5 bis 2,5 cm dick, jung voll, alt oft in Spalten oder zentral hohl werdend. **Fleisch** weißlich bis lila, besonders über den Lamellen und im Stielansatzbereich, im Hut schnittfest, im Stiel etwas stärker faserig, Geruch süßlich parfümiert, auch als fruchtig empfunden, Geschmack „pilzig", aber von dem Aroma des Geruchs überdeckt. **Verwechslungen** Sehr ähnlich ist der **Schmutzige Rötelritterling** *(Lepista sordida)*, der auch essbar ist. Bläuliche, giftige Schleierlinge sind oft ähnlich, haben aber im Gegensatz zum beschriebenen Speisepilz immer rostbraunes Sporenpulver, das sich in der Schleierzone am Stiel fängt, und einen anderen, teils widerlichen Geruch.

Steckbrief
Stattlicher violetter Pilz mit cremerosa Sporenpulver, oft in großen Mengen in Waldnischen und Parkanlagen.

Vorkommen
Auf grasigen Wegen, oft an und um Holzstückchen, stickstoffliebend, oft in Hexenringen, spät im Jahr, häufig.

Tipp
Kann in feine Streifen geschnitten, gedünstet und wie Rotkohl angerichtet werden.

Gefleckter Rübling

Rhodocollybia maculata

Steckbrief
Weißer, im Alter ocker- und rostigfleckiger Pilz mit gerilltem Stiel, für Rüblinge sehr fleischig.

Vorkommen
In Laub- und Nadelwäldern, meist truppweise an streu- und reisigreichen Stellen, schon im Frühsommer, auch bei Trockenheit.

Tipp
Gibt es viele, zum Teil schon angetrocknete im Wald, lohnt es sich nicht, nach Speisepilzen Ausschau zu halten.

Hut 4 bis 6 (10) cm, erst polsterförmig, lange flachkonvex bleibend mit lange eingerolltem Rand, schließlich wellig verbogen, elfenbeinweiß, zunehmend ocker und rostrot gesprenkelt. **Lamellen** weiß bis cremegelblich, im Alter mit Rosastich vom Sporenpulver, dünn, schmal und eng, am Stiel angeheftet oder ausgebuchtet angewachsen. Sporenpulver cremerosa. **Stiel** 5 bis 10 cm lang, zylindrisch, Basis oft zugespitzt bis wurzelnd, mit reichlich Substrat verwachsen, elfenbeinweißlich gerillt und oft verdreht, im unteren Drittel rostfleckig, 0,5 bis 1,5 cm dick, jung voll, alt eng-hohl werdend, sehr steif, zäh und elastisch. **Fleisch** weißlich, in der Hutmitte ausgesprochen dickfleischig, mit angenehmem, an Steinpilze erinnernden Geruch, im Alter etwas mit Holzfäule-Komponente, unangenehm, Geschmack bitter. **Verwechslungen** Sehr ähnlich sind einige weiße Ritterlinge, z. B. der **Unverschämte Ritterling** *(Tricholoma lascivum)*, späte **Maipilze** (*Calocybe gambosa*, S. 182) könnten noch ähnlich sein. Beide haben aber einen völlig anderen Geruch und niemals Rostflecken. Der Gefleckte Rübling ist im Ganzen eher lästig, weil er meistens wächst, wenn sonst nichts zu finden ist.

Butter-Rübling
Horngrauer Rübling

Rhodocollybia butyracea var. *asema*

Hut 3 bis 6 cm Durchmesser, konisch gewölbt, dann ausgebreitet und fast immer von den flattrigen Rändern her nach oben gebogen, sodass sich Wasser in der entstehenden Schale sammeln kann, dennoch meist gebuckelt, es entsteht also ein Wassergraben; horngrau bis dunkel kastanienbraun, speckig glänzend und vom Rand her feinstrahlig durchscheinend gerieft. **Lamellen** weiß, im Alter leicht rosabräunlicher Schimmer, sehr breit, Schneide fein gesägt, angeheftet bis ausgebuchtet angewachsen. Sporenpulver cremerosa. **Stiel** 3,5 bis 7 cm lang, keulig, wie aufgeblasen erscheinend, wie der Hut gefärbt und auffallend zu den weißen Lamellen kontrastierend, längs gerillt, oft leicht vom Hut trennbar, im unteren Drittel meist weiß bereift und überfasert, 0,5 bis 0,9 cm dick, Basis bis 1,5 cm, jung wattig ausgestopft, bald hohl werdend, von einer sehr kompakten Rindenschicht getragen. **Fleisch** in der Stielwatte weißlich, sonst bräunlich. **Verwechslungen** sind mit anderen Rüblingen, besonders dem bitteren **Kerbblättrigen Rübling** *(Rhodocollybia prolixa)*, möglich. Kräftige, **Rosablättrige Helmlinge** (*Mycena galericulata*, S. 176) sind ähnlich, wachsen aber an Holz und sind auch nicht giftig.

Steckbrief
Horngrauer bis kastanienbrauner Hut mit speckigem Glanz, Stiel berindet, cremerosa Sporenpulver.

Vorkommen
In Laub- und Nadelwäldern, meist truppweise an streu- und reisigreichen Stellen, im Herbst oft Massenpilz.

Tipp
Gibt es beim Sammeln wenig Speisepilze, sind Butter-Rüblinge eine willkommene, quantitative Bereicherung.

Brennender Rübling

Gymnopus peronatus

Steckbrief Runzeliger, pelziger, graubrauner Hut, zäher, haariger Stiel, entfernte Lamellen und pfeffriger Geschmack.

Vorkommen In Laub- und Nadelwäldern in Scharen und Ringen massenhaft als Streuzersetzer.

Tipp Brennende Rüblinge stehen noch wochenlang herum, wenn wegen Trockenheit schon längst fast nichts mehr wächst.

Hut 3 bis 7 cm, flach gewölbt bis abgeflacht mit bis in hohes Alter eingebogenem Rand, mattfaserig, manchmal wie silbrig bepudert, uneben, narbig erscheinend; blassbraun, graustichig, aber auch ganz jung schwefelgelb, nie gerieft. **Lamellen** jung cremegelblich, aber auch schwefelgelb und lange so bleibend, dann aufhellend, schließlich braun, fast wie der Hut gefärbt, sehr entfernt, dicklich, starr. **Stiel** 4 bis 7 (10) cm lang, zylindrisch, ähnlich dem Hut gefärbt, aber meist blasser, auf ganzer Länge fein samthaarig, was aber im unteren Drittel durch kräftige, starre, gelbliche bis bräunliche Striegelhaare überdeckt wird. **Fleisch** blassbraun, auch gelblich, zäh-elastisch, bei Feuchtigkeit nach nicht allzu langer Trockenheit wieder auflebend und dadurch wochenlang „frisch", mit uncharakteristisch angenehmem Geruch, verletzt deutlich nach Essig, und mit anfangs banalem, nach längerem Kauen aber pfeffrig-scharfem Geschmack. **Verwechslungen** Sehr ähnlich, wenn auch in Hutform, Geruch, Geschmack und Standort verschieden, können die essbaren **Nelken-Schwindlinge** (*Marasmius oreades*, S. 173) aussehen. Andere Rüblinge sind teilweise ähnlich. Es ist einfach hilfreich zu wissen, dass diese sehr häufigen Streuzersetzer auch einen Namen und eine Funktion haben und dass sie ungenießbar sind. Da läuft einem nicht immer vergebens das Wasser im Mund zusammen.

Waldfreund-Rübling

Gymnopus dryophilus

Hut 2 bis 5 cm, flach gewölbt bis abgeflacht mit scharfem flachem Rand, glatt, bei Feuchtigkeit schmierig erscheinend, in einer sehr großen Farbenpalette von Elfenbeinweiß über alle Ocker- und Bernstein-Töne bis zu einer satt dunkelbraunen Form; zur Mitte hin meist niedergedrückt, aber dennoch gebuckelt. **Lamellen** weißlich, cremegelblich, aber auch schwefelgelb (wird dann oft als Varietät angesehen), ausgebuchtet angewachsen; oft Herberge tausender kleiner Käfer und Fliegen. Sporenpulver weiß. **Stiel** 3 bis 5 (8) cm lang, 0,3 bis 0,6 cm dick, zylindrisch, ähnlich dem Hut gefärbt, glatt und speckig glänzend, zur äußersten Stielbasis hin striegelhaarig und oft auch angeschwollen, typisch knorpelig berindet, das heißt jung wattig ausgestopft und alt hohl. **Fleisch** weißlich, gelblich, zäh-elastisch, bei Feuchtigkeit nach nicht allzu langer Trockenheit wieder auflebend und dadurch wochenlang „frisch", mit an Steinpilz erinnerndem Geruch und angenehm mildem Geschmack. **Verwechslungen** Waldfreund-Rüblinge sind so variabel, dass man sie hauptsächlich mit ihnen selbst verwechselt. Das heißt, man glaubt gar nicht, was alles – innerhalb der Variabilität – Waldfreund-Rüblinge sind. Andere Rüblinge, z. B. der **Rotstielige Rübling** *(Gymnopus marasmioides)*, und größere Schwindlinge, die alle kaum genießbar sind, können ebenfalls verwechselt werden.

Steckbrief
Kleines, häufiges, flaches, ockerliches Pilzchen mit angenehmem Steinpilzgeruch.

Vorkommen
In Laub- und Nadelwäldern massenhaft in Scharen und Ringen.

Tipp
So lästig und so häufig wie der Waldfreund-Rübling vorkommt, ist er dennoch kein Hoffnungsträger für größere Speisepilze.

Wurzelnder Schleimrübling
Grubiger Schleimrübling

Xerula radicata

Steckbrief
Schleimiger, grubiger Holzzersetzer mit spindelig wurzelndem Stiel.

Vorkommen
Auf Stümpfen und vergrabenem Holz von Buche, seltener anderen Laubhölzern.

Tipp
Holzbewohner mit elastischen, weit stehenden, weißen Lamellen sind niemals wertvolle Speisepilze.

Hut 2 bis 10 cm, jung konvex, bald flach gewölbt, oft mit stumpf-konischem Buckel, radialrunzelig, grubig, bei feuchtem Wetter tropfend schleimig, bei Trockenheit seidig glänzend, fast weiß bis nebelgrau oder haselbraun, auch in Mischtönen gefleckt. **Lamellen** weiß, entfernt, sehr breit, ausgebuchtet angewachsen, oft mit langem Zahn in den Stiel herablaufend, am Grunde queradrig gerunzelt (= anastomosierend); mit weiß bewimperter oder auch brauner Schneide. Sporenpulver weiß. **Stiel** im freien Bereich 6 bis 20 cm lang, wurzelnde Basis manchmal noch länger, sodass eine Gesamtlänge von 50 cm erreicht werden kann, 0,8 bis 1,2 cm dick, im Bereich der ampullenförmig angeschwollenen Substrat-Austrittsstelle bis 2 cm, im frei liegenden Teil blass wie der Hut gefärbt, im wurzelnden Teil weißlich. **Fleisch** weißlich, sehr dünn, im Hut elastisch, im Stiel zäh, erst wattig ausgestopft und berindet, später hohl; Geruch unauffällig, Geschmack mild bis muffig, bitterlich. **Verwechslungen** Abgeschnittene Fruchtkörper könnte man nach Schlüsselmerkmalen für Schnecklinge (Wachsblättler) halten. Im Übrigen bietet sich kein Vergleichspilz an, sodass die Art auf Grund der Vielgestaltigkeit nicht immer leicht erkennbar ist. Man vermutet aber auch keine andere Art, sondern ist ratlos.

Breitblatt
Breitblättriger Holzrübling

Megacollybia platyphylla

Hut 5 bis 15 cm, jung konvex, bald flach gewölbt, oft mit stumpf-konischem Buckel, radialfaserig gestreift, in der Mitte auch schuppig; in nahezu allen Farbtönen von schmutzig Weiß über Braun bis zu fast Schwarz, mal seidig glänzend, mal radialrissig, zerlumpt aussehend. **Lamellen** weiß, bei älteren Stücken creme, entfernt, sehr breit, ausgebuchtet angewachsen, mit Zahn herablaufend, anastomosierend. Sporenpulver weiß. **Stiel** 6 bis 15 cm lang, zylindrisch, Basis bisweilen leicht angeschwollen, weiß, grau bis beigebraun, längs gerillt und faserig gestreift, im oberen Drittel weißlich bereift, an der Basis mit bisweilen einige Meter langen Myzelsträngen mit holzigem Substrat verbunden. **Fleisch** weißlich, sehr dünn, im Stiel zäh, erst wattig ausgestopft und berindet, später hohl; Geruch muffig, Geschmack mild bis muffig, bitterlich. **Verwechslungen** Die Art ist extrem vielgestaltig und wird mit grauen **Ritterlingen** (*Tricholoma* spec., S. 179), mit **Schnecklingen** (*Hygrophorus* spec., S. 189) oder auch mit **Risspilzen** (*Inocybe* spec., S. 160) verwechselt. Beachtet man die zähen, extrem breiten Lamellen und findet durch sorgfältige Ernte, das heißt mit etwas ausgegrabener Basis, die Myzelstränge der zunächst unbekannten Art, ist eine Verwechslung weitgehend ausgeschlossen.

Steckbrief
Radialfaseriger, graubrauner Holzzersetzer mit extrem dünnem Fleisch und Myzelsträngen (Rhizoiden) am zähen Stiel.

Vorkommen
Überall, wo naturbelassenes Holz ausreichend feucht herumliegt oder vergraben ist.

Tipp
Holzbewohner mit elastischen, weit stehenden, weißen Lamellen sind niemals wertvolle Speisepilze.

Samtfuß-Rübling Winterpilz

Flammulina velutipes

Steckbrief
Klebriger, gelber Hut, büscheliger Wuchs an Laubholz und bernsteinfarbener, bald schwarzsamtiger Stiel.

Vorkommen
Besonders an Laubhölzern, gern an Weiden und Besenginster im Winter.

Tipp
Nach dem ersten Novemberschnee kann man in Berglagen an Besenginster oft Massenernten finden.

Hut 2 bis 5 cm, flach gewölbt bis abgeflacht, mit scharfem, flachen Rand, im Alter flatterig aufgebogen, glatt, klebrig, bei Feuchtigkeit stark schmierig, hellgelb, ocker bis orange, auch mit bernsteinfarbener Mitte, gelegentlich fleckig. **Lamellen** weißlich, bald cremegelblich bis cremeorange, ausgebuchtet oder breit angewachsen, manchmal anastomosierend. Es kommen auch Exemplare vor, deren Lamellen so gekräuselt und quer verbunden sind, dass der Lamellenbereich wabenartig erscheint. Sporenpulver weiß. **Stiel** 1,5 bis 5 (8) cm lang, zylindrisch, oft flach gedrückt, zunächst gelb bis bernsteinfarben, alsbald dunkelnd und braun, fast schwarzsamtig (Name), ziemlich fest, bald holzig, 0,3 bis 0,8 cm dick. **Fleisch** weißlich, gelblich, weich-elastisch; Geruch angenehm, meist spezifisch mit einer Komponente nach Krabbenschalen, Geschmack mild, nussig mit einer an Fisch erinnernden Komponente. **Verwechslungen** In dieser Jahreszeit sind Verwechslungen mit Giftpilzen ziemlich auszuschließen. Sehr ähnliche Arten sind der **Hauhechel-Samtfuß-Rübling** *(Flammulina ononidis)*, kleiner und früher im Jahr an Hauhechel *(Ononis spinosa)*, und der **Blasse Samtfuß-Rübling** *(Flammulina fennae)*, der den für die beschriebene Art notwendigen Kälteschock nicht braucht und durch größere Sporen mikroskopisch unterschieden wird, aber auch essbar ist.

Nelken-Schwindling Nagelschwamm

Marasmius oreades

Hut 1,5 bis 5 cm, konisch konvex, wie ein alter handgeschmiedeter Nagel (Name), dann ausgebreitet mit breitem Buckel und flatterig gekerbtem Rand, jung und feucht ockerorange bis hellrosa-bräunlich, später lederfarben, trocken blass falbfarben, Rand gekerbt bis gerippt gerieft. **Lamellen** blass bis deutlich cremefarben, dick, entfernt, breit und am Grunde wellig bis anastomosierend, angeheftet bis fast frei. Sporenpulver blasscreme. **Stiel** 3 bis 5 (7) cm lang, zylindrisch, cremefarben, gedreht, voll, im Alter jedoch auch wattig und hohl erscheinend, oft etwas wurzelnd, zunächst fast weiß, dann blassocker, 0,2 bis 0,5 cm dick. **Fleisch** weißlich, gelblich, fest-elastisch, im Stiel zäh, immer wieder nach Trockenperioden auflebend; Geruch aromatisch an grüne Baumnussschalen, frisches Kiefernsägemehl oder Ruchgras erinnernd. Geschmack aromatisch angenehm, besonders als legierte Suppe. Die zähen Stiele sollten jedoch weggeworfen werden. **Verwechslungen** Es gibt eine große Zahl von kleinen Wiesenpilzen, aber keiner ist so fest und zugleich so aromatisch wie die beschriebene Art. In Waldnähe könnte der **Brennende Rübling** (*Gymnopus peronatus*, S. 168), der aber anders riecht und in den Lamellen deutlich verschieden ist, verwechselt werden. Der **Seitenstielige Knoblauch-Schwindling** (*Marasmius alliaceus*, S. 21) wächst auf Buchenholz in basenreichen Wäldern.

Steckbrief
Steifstieliger Rasenpilz, oft in Hexenringen gesellig mit vielen Exemplaren.

Vorkommen
In Rasenflächen, auf Grünstreifen, mageren Wiesen, von Frühsommer bis Herbst.

Tipp
Wenn Nelken-Schwindlinge im Rasen als störend empfunden werden: Pilze ernten, Suppe kochen, aufessen.

Rettich-Helmling

Mycena pura

Steckbrief Kleiner bis mittelgroßer, glasig erscheinender, weißrosa bis violettblauer Pilz mit starkem Rettichgeruch.

Vorkommen In Laub- und Nadelstreu, auf allen Böden sehr häufig.

Tipp Wenn Sie sehen, dass ein Kind so etwas „Niedliches“ in den Mund steckt, Ruhe bewahren, ausspucken lassen. In aller Regel passiert gar nichts.

Hut 1,5 bis 5 (8) cm, konvex, alt ausgebreitet mit breitem Buckel und flatterig nach oben verbogenem Rand, von fast weiß über intensiv rosa (var. *rosea* des Laubwaldes) bis zu lila oder violettblau gefärbt, Rand zu etwa einem Drittel gerieft. **Lamellen** blass bis deutlich lila oder rosa, dick, entfernt, breit und am Grunde wellig bis anastomosierend, angeheftet bis ausgebuchtet, sehr weich, leicht zerdrückbar. Sporenpulver blassweiß. **Stiel** 3 bis 5 (7) cm lang, zylindrisch, Basis oft etwas angeschwollen, wie der Hut gefärbt, etwas mattseidig, zur Basis hin blasser; 0,3 bis 0,7 cm dick, gebrechlich, im Alter hohl. **Fleisch** blass graulila oder rosa, wässrig, weich, leicht zerdrückbar; Geruch und Geschmack stark nach Rettich, zerdrückt typisch nach Rettichfahne oder abgestandenem Rettichsalat. **Verwechslungen** Beachtet man den Rettichgeruch, sind Verwechslungen auszuschließen. Wenn der Geruch, z. B. bei kalter Witterung, nicht gut wahrnehmbar ist, könnte man **Violette Lacktrichterlinge** (*Laccaria amethystina*, S. 188) verwechseln, die aber recht zähes Fleisch und steife Lamellen haben. Früher galten Rettich-Helmlinge als essbar. Da war man einfach noch härter im Nehmen und hat einem Durchfall nicht so große Bedeutung beigemessen. Wegen des z. T. vorhandenen Giftgehalts (Muskarin) müssen wir aber schon „giftig“ dazu sagen.

Weißmilchender Helmling

Mycena galopus

Hut 0,5 bis 2 cm, halbkugelig, helmförmig, konvex, gebuckelt, nie flach aufgeschirmt, Oberfläche glänzend weißgrau, graubraun bis anthrazitschwarz, bis zur Hälfte durchscheinend gerieft, wasserzügig, also bei Trockenheit heller. **Lamellen** weiß bis gräulich, vom Hut her durchscheinend, angeheftet angewachsen, sehr breit, Schneide fein bewimpert und gelegentlich auch dunkler gefärbt. **Stiel** 5 bis 8 (12) cm lang, zylindrisch, Basis oft etwas angeschwollen, wie der Hut gefärbt, etwas mattseidig, glatt, zur Basis hin blasser und von striegeligem Myzelfilz besetzt; 0,1 bis 0,25 cm dick, elastisch, aber leicht zu knicken, hohl; bei Verletzung, besonders bei frischen Exemplaren, weißer Milchsaft austretend. **Fleisch** weiß bis blassgrau, sehr dünn und leicht welkend, Geruch und Geschmack schwach rettichartig. Man wird aber kaum auf den Gedanken kommen, so etwas Dünnfleischiges zum Essen zu sammeln. **Verwechslungen** Mit dem bei frischen Exemplaren aus dem abgerissenen unteren Stieldrittel austretenden weißen Milchsaft unverwechselbar. Der bittere **Milchfuß-Helmling** *(Mycena erubescens)* wird durch die wässrige Milch und den sehr bitteren Geschmack unterschieden. Sind die Pilzchen erst mal etwas angetrocknet, dass keine Milch mehr festgestellt werden kann, ist nur noch eine recht aufwendige mikroskopische Bestimmung möglich.

Steckbrief
Kleiner, langstieliger, grauer Pilz mit hohlem, an der Abrissstelle weiß milchendem Stiel.

Vorkommen
Zwischen Moosen und in der Streu saurer Nadelwälder wohl der häufigste Pilz, seltener auch im Laubwald.

Tipp
Kennt man diesen Pilz und sagt – den Milchsaft im Stiel prüfend – den Namen, wird man für andere schnell zum „Experten".

Rosablättriger Helmling

Mycena galericulata

Steckbrief Meist langstieliger, grauer Pilz an Holz mit hohlem, für Helmlinge recht steifem Stiel.

Vorkommen An abgestorbenem Laub-, seltener Nadelholz, oft büschelig.

Tipp Farbe oder Verfärbung von Lamellen sind nicht immer durch das Sporenpulver bedingt.

Hut 2 bis 5 cm, halbkugelig, helmförmig, dann konvex bis gebuckelt ausgebreitet, manchmal mit aufgebogenen Rändern, Oberfläche weißgrau, graubraun, hell rosabraun, seltener auch satt rehbraun, matt, runzelig, gerippt gerieft, Rand oft wellig. **Lamellen** weiß bis creme, ziemlich entfernt stehend, am Grunde stark quer geadert (anastomosiert), im Alter zunehmend rosa verfärbend. Sporenpulver ganz blass creme. **Stiel** 5 bis 8 cm lang, zylindrisch, oft zusammengedrückt mit einer Längsrille wie ein Doppelstiel erscheinend, weißlich grau bis cremebraun, meist heller als der Hut gefärbt, glatt, glänzend, zur Basis hin blasser und schwach von striegeligem Myzelfilz besetzt. Oft schauen die Stiele etwas wurzelnd unter der Rinde des Substrats hervor und sind an der verborgenen Basis büschelig verwachsen und stark striegelhaarig. 0,2 bis 0,5 cm dick, elastisch, nicht leicht zu knicken, hohl. **Fleisch** weiß, fest bis zäh, Geruch zerdrückt schwach mehl- bis etwas rettichartig, Geschmack schwach mehlig. **Verwechslungen** Häufig wird der Rosablättrige Helmling zunächst für einen Rübling gehalten. Die im Alter rosa anlaufenden, stark anastomosierenden Lamellen lassen ihn aber meistens eindeutig zuordnen. Sehr ähnlich ist auch der ebenfalls an Holz wachsende **Rillstielige Helmling** *(Mycena polygramma)*, der auch weder essbar noch giftig ist.

Rötlicher Holzritterling
Purpurfilziger Holzritterling

Tricholomopsis rutilans

Hut 4 bis 10 (18) cm, halbkugelig, polsterförmig, später abgeflacht und oft am Rand wellig verbogen, jung auf der ganzen Fläche fein purpurfilzig bis schwarzrot, mit zunehmendem Alter heller und die rote, aufhellende Huthaut in Schüppchen aufbrechend, als würde sie langsamer mitwachsen, in Spätstadien oft fast ohne verbleibenden Rotton; in der Jugend recht dickfleischig. **Lamellen** gelb, ausgebuchtet angewachsen, manchmal auch etwas herablaufend erscheinend, stark untermischt und tief im Grund schwach anastomosierend. **Stiel** 5 bis 12 cm lang, zylindrisch, zur Basis auch keulig erweitert, meist schon durch den büscheligen Wuchs verbogen, an der Spitze gelb, wie die Lamellen gefärbt, zur Basis hin weinrot überfärbt, faserig oder flockig und zur Anwachsstelle hin wieder gelb, gelbweiß. 0,5 bis 2,5 cm dick, vollfleischig, grobfaserig, im Alter meist eng-hohl. **Fleisch** gelb, im Hut schnittfest, im Stiel etwas grobfaserig; Geruch angenehm bis säuerlich, an schimmelnde Sommersteinpilze erinnernd, Geschmack mild, beim Erhitzen jedoch immer muffig. **Verwechslungen** Einzeln gewachsene, schon entfärbte Exemplare können dem **Goldblatt** (*Phylloporus pelletieri*, S. 92) oder dem **Braunscheibigen Schwefel-Ritterling** (*Tricholoma sulfureum* var. *bufonium*) ähnlich sehen. Beides sind jedoch erdbewohnende Symbiosepilze.

Steckbrief
Holzritterlinge haben gelbe Lamellen, gelbes Fleisch, weißes Sporenpulver.

Vorkommen
An totem Nadelholz, besonders Fichte und Kiefer, sehr häufig.

Tipp
Auch wenn er noch so schön ist, er schmeckt wirklich muffig.

DEZ NOV OKT SEPT AUG JULI JUNI MAI APRIL MÄRZ FEB JAN

Frühlings-Weichritterling

Melanoleuca cognata

Steckbrief
Lederfarbener Hut (wie ein Dach auf einer Säule) und ockerrosa Lamellen.

Vorkommen
In Laub- und Nadelwäldern, besonders an Wegrändern, in offenem Waldwiesen-Gelände und Parkanlagen.

Tipp
Weichritterlinge gelten allgemein als genießbar, ein Genuss ist es – für mich zumindest – aber wahrlich nicht.

Hut 4 bis 10 (15) cm, flach gewölbt und stumpf gebuckelt, schließlich abgeflacht, in einem konzentrischen Graben um den Buckel auch etwas vertieft, Rand abgeknickt, nie aufgebogen, hellbraun, falbbraun, aber auch dunkel milchkaffeebraun gefärbt, Haut in frisch-feuchtem Zustand bis über die Mitte abziehbar. **Lamellen** breit und gedrängt, tief ausgebuchtet angewachsen, ockergelblich mit einem schönen lachsrosa Schimmer im schräg auffallenden Licht, Schneide fein gesägt. **Stiel** 6 bis 12 cm lang, zylindrisch, zur Basis auch schwach keulig erweitert, steif berindet, im oberen Drittel auf ockerbrauner Grundfarbe weiß bepudert, in der Mitte braun längsfaserig, zur Basis hin rillig, wieder etwas heller und um die Anwachsstelle weißfilzig mit Substrat verwachsen; 0,8 bis 1,5 cm dick, vollfleischig grobfaserig, in der Mitte ausgestopft. **Fleisch** im Hut cremeweißlich, mit zunehmendem Alter von der Huthaut her cremefalb durchgefärbt, schwammig, stets einen nassen, weichen (Name) Eindruck hinterlassend. Im Stiel zähfaserig berindet, wattig weich ausgestopft. **Verwechslungen** Innerhalb der Weichritterlinge, die als Gattung recht gut kenntlich sind, sehen viele Arten sehr ähnlich aus und selbst Experten ringen auch heute noch um ein vernünftiges Artenkonzept. Auch große **Rötel-Rüblinge** (*Rhodocollybia* spec., ab S. 166) könnten verwechselt werden.

Tiger-Ritterling

Tricholoma pardalotum

Hut 4 bis 8 (12) cm, jung konisch, stumpfkegelig, beim Aufschirmen lange in breiter Kegelform bleibend, schließlich flach ausgebreitet, meist mit Buckel, seltener auch mit etwas niedergedrückter Mitte, dachziegelig grau bis braunschuppig auf hellem, meist weißlichem Grund. **Lamellen** weißlich, oft gelbstichig, im Alter mit bräunender Schneide, jung und bei feuchtem Wetter glasige Tropfen in Stielnähe abscheidend, tief ausgebuchtet, Schneide fein gesägt. **Stiel** 6 bis 12 cm, lange Zeit bauchig oder keulig mit oft besonders angeschwollener Basis, 1 bis 2,5 cm dick, vollfleischig grobfaserig, zur Basis auch etwas schuppig, in der Mitte mit gestaltlosen Höhlungen, die durch Verwachsungen entstehen. **Fleisch** weiß, recht dick und kompakt, in der Stielbasis rotbräunlich verfärbend; Geschmack mild mehlartig, wie bei vielen Ritterlingen, Geruch ebenfalls mehlartig. Die Pilze wachsen oft in Gruppen oder Kreisen (Hexenringen), es kommen aber auch immer wieder Einzelfruchtkörper vor. **Verwechslungen** sind mit vielen grauen Ritterlingen, besonders dem **Rötenden Erd-Ritterling** *(Tricholoma orirubens)*, möglich. Besonders lästig ist dabei, dass einzelne Tiger-Ritterlinge durchaus zwischen den essbaren Arten stehen können. Wenn die Pilzberatung keine grauen Ritterlinge zum Essen freigibt, kann ich es gut verstehen.

Steckbrief
Kräftiger, jung konischer Pilz mit tränenden, weißlichen Lamellen und dachziegelschuppigem Hut.

Vorkommen
In Laub- und Nadelwäldern auf kalkreichen Böden im Bergland, fehlt an der Küste und im Tiefland.

Tipp
Keine achtlosen Geschmacksproben! Eine Probe vom Tiger-Ritterling verursacht heftige Übelkeit.

DEZ NOV OKT SEPT AUG JULI JUNI MAI APRIL MÄRZ FEB JAN

Grünling
Echter Ritterling
Tricholoma equestre

Steckbrief
In allen Teilen gelber bis gelbgrüner Pilz mit starkem Mehlgeruch.

Vorkommen
In Nadelwäldern, fast ausschließlich unter Kiefern auf kalkarmen Böden. Im Osten Deutschlands ortshäufig.

Tipp
Auch wenn der Grünling noch auf Märkten in Osteuropa gehandelt wird, er ist möglicherweise giftig!

Hut 4 bis 8 (12) cm, jung halbkugelig, glockig oder stumpfkegelig, beim Aufschirmen lange eingerollt, schließlich flach ausgebreitet, am Rand meist wellig verbogen, selten symmetrisch. Oberfläche auf gelbem, gelbolivem bis gelbbraunem Grund körnig dunkler braun, feinschuppig, mit einer gelatinösen Schicht überzogen, in der meist Erdpartikel kleben bleiben. **Lamellen** schwefelgelb, ausgebuchtet angewachsen, leicht gezähnelt. **Stiel** 6 bis 10 cm lang, zylindrisch oder schwach keulig mit etwas angeschwollener Basis, 0,8 bis 1,5 cm dick, vollfleischig grobfaserig, zur Basis auch etwas braunschuppig, in der Mitte des Fleisches mit gestaltlosen Höhlungen, die durch Verwachsungen entstehen. **Fleisch** unter der Hutdeckschicht und in der Stielrinde gelb, sonst weißlich mit starkem Mehlgeruch; Geschmack mild, ebenfalls mehlartig, wie bei vielen Ritterlingen. Die Pilze wachsen oft in Gruppen an kargen Böschungen. **Verwechslungen** sind mit vielen grünlich gefärbten Pilzen möglich. Da der Grünling nun kein Speisepilz mehr ist, erübrigen sich die Hinweise auf **Schwefel-Ritterlinge** *(Tricholoma sulphureum)* und **Grünen Knollenblätterpilz** (*Amanita phalloides*, S. 113). Laut französischer Studien soll es nach dem Genuss von Grünlingen vereinzelt zu Rhabdomyolyse, einem heimtückischen Muskelzerfall mit anschließendem Nierenversagen, gekommen sein.

Panzer-Rasling
Büschel-Rasling

Lyophyllum decastes

Hut einzeln 4 bis 8 cm, jung halbkugelig, glockig, beim Aufschirmen lange eingerollt, schließlich flach ausgebreitet, am Rand meist wellig verbogen, selten symmetrisch. Oberfläche anthrazit, grau, braun oder ocker gemischt, radialfaserig, feucht etwas klebrig. **Lamellen** weißlich, grau ausgebuchtet oder auch leicht herablaufend, ganzrandig. Sporenpulver weiß. **Stiel** 4 bis 8 (15) cm lang, meist der Büscheligkeit wegen verbogen, vielfach auch verdreht, 0,5 bis 1,5 cm dick, zylindrisch oder etwas nach oben verjüngt, dem büscheligen Wuchs folgend auch zu vielen in einem Strunk mit zugespitzter Basis, vollfleischig grobfaserig, weißlich bepudert, weißgrau in der Grundfarbe. **Fleisch** weiß, elastisch, fest, aber nicht zäh, im Stiel doch etwas knorpelig. Die Pilze wachsen fast immer büschelig zu bis zu 50 Einzelfruchtkörpern zusammen. **Verwechslungen** Unter dem Oberbegriff „Büschel-Raslinge" werden von manchen Autoren zwei oder drei Arten unterschieden. Für unsere Zwecke genügt es, diese stark büscheligen Pilze von ähnlichen einzeln wachsenden Arten sicher abzugrenzen. So können z. B. die sehr giftigen **Riesen-Rötlinge** (*Entoloma sinuatum*, S. 128) schon mal sehr ähnlich aussehen, haben aber rosa Sporenpulver. Auch einzelne **Weichritterlinge** (*Melanoleuca* spec., S. 178) geben trotz ihres weichen Hutfleisches bisweilen Anlass zu Verwechslungen.

Steckbrief
Büschelig, jung wie Schafskot aussehend, dicht gedrängte Hüte, die sich zu bis 20 cm Durchmesser großen Büscheln entwickeln.

Vorkommen
An Wegrändern, Grasflächen, in lichten Wäldern und Parkanlagen, nicht häufig, aber wenn, dann oft massenhaft.

Tipp
Junge, geschnetzelte Hüte können Kalbfleisch vortäuschen.

Maipilz
Mai-Ritterling
Calocybe gambosa

Steckbrief
Mehlweißer, alt weiß-gelblicher, dickfleischiger Lamellenpilz mit starkem Mehlgeruch.

Vorkommen
In lichten Wäldern, Parks und Alleen auf mineralreichen Böden.

Tipp
Durch kurzes Blanchieren kann der Mehlgeschmack gemildert werden.

Hut 4 bis 8 (12) cm, jung polsterförmig, halbkugelig, beim Aufschirmen lange eingerollt, schließlich flach ausgebreitet, der Tendenz nach kreisrund, aber oft wellig verbogen und asymmetrisch. Oberfläche weiß, cremebeige, seidenfaserig wie weißes Wildleder. **Lamellen** weiß oder etwas gelblich, dünn und schmal, meist ausgebuchtet angewachsen, selten und im Alter auch etwas herablaufend, Schneide wellig. Sporenpulver weiß. **Stiel** 4 bis 8 cm lang, stämmig, 1 bis 2 cm dick, zylindrisch oder etwas knollig angeschwollen. **Fleisch** weiß, fest, aber kurzfaserig, d. h. gut zu schneiden, im Stiel bei älteren Stücken ausgestopft mit ausgesprochenem Geruch und Geschmack nach altem Mehl. Es gibt eine der Intensität nach verfolgbare Geruchsschiene von frischem Mehl, altem Mehl, frischer Gurke, alter Gurke bis hin zu Fischtran. Gerüche sind bei der Pilzbestimmung sehr wichtig, leider aber großer Empfindungssubjektivität ausgesetzt. **Verwechslungen** gibt es am ehesten mit giftigen, weißen **Risspilzen** (*Inocybe* spec., ab S. 160), die teilweise auch schon so früh im Jahr wachsen. Häufig genannt wird der zumeist rötende **Ziegelrote Risspilz** (*Inocybe erubescens*, S. 161), noch ähnlicher ist der bisweilen auch schon im Mai erscheinende **Weiße Risspilz** *(Inocybe fibrosa)*. Beide riechen jedoch nicht nach Mehl und haben graubraunes Sporenpulver.

DEZ NOV OKT SEPT AUG JULI JUNI MAI APRIL MÄRZ FEB JAN

Hallimasch
Wenzels-Schwamm

Armillaria mellea s. l.

Hut 3 bis 12 (20) cm, halbkugelig gewölbt, bei Ausbreitung meist wellig verbogen und in der Mitte mit einem flachen Buckel gelbbraun bis rostbraun, zerstreut bis dicht mit beige gefärbten, gelblichen bis fast schwarzen Schüppchen einer Gesamthülle geschmückt, am Rand oft etwas gekerbt und mehr oder weniger deutlich gerieft. **Lamellen** weißlich, bald creme oder blassbeige und oft rostfleckig werdend, im Alter trotz des weißen Sporenstaubes meist schmutzig braun, am Stiel ausgebuchtet angewachsen oder schwach herablaufend. **Stiel** zylindrisch bis deutlich keulig und gelegentlich mit verjüngter Spitze, oft auch teilweise abgeflacht, Spitze weißlich, gerillt, unterhalb des wattigen Rings zunehmend graubraun bis braun, auch olivgrau. Der Ring erscheint als geschlossene Teilhülle sehr üppig, bei älteren Pilzen verschwindet er dann oft fast völlig. **Fleisch** im Hut weißlich bis fleischfarben, weich und dünn, im Stiel wattig weiß ausgestopft, zäh berindet, besonders zur Basis hin. Geruch nicht sehr auffällig, aber angenehm, Geschmack herb kratzend, zusammenziehend. Achtung: Hallimasch ist roh lebensbedrohlich giftig! Kleine Geschmacksprobe, wenn überhaupt zur Bestimmung nötig, wieder ausspucken. **Verwechslungen** kommen am häufigsten mit dem **Sparrigen Schüppling** (*Pholiota squarrosa*, S. 139) vor, der braunes Sporenpulver hat.

Steckbrief
Büschelig wachsender Weißsporer mit wattigem Ring und gelben bis braunschwarzen Gesamthüllschuppen.

Vorkommen
An geschwächtem und abgestorbenem Nadel- und Laubholz, innerhalb und außerhalb der Wälder.

Tipp
Hallimasch mindestens 20 min gedünstet ist nicht giftig, wird aber individuell nicht immer vertragen.

DEZ NOV OKT SEPT AUG JULI JUNI MAI APRIL MÄRZ FEB JAN

Wurzelmöhrling Doppeltberingter Trichterling

Catathelasma imperiale

Steckbrief
Derbfleischiger, radial gestromter Pilz mit doppeltem Ring und weit herablaufenden Lamellen.

Vorkommen
Im Bergnadelwald auf Kalkböden, allgemein selten, doch in manchen Alpenrandregionen ortshäufig.

Tipp
Wegen seiner Seltenheit kein Speisepilz. In der Schweiz wird ihm ein spezielles Standort-Erfassungsprogramm gewidmet.

Hut 6 bis 15 cm, polsterförmig, bei der Entwicklung des jungen Pilzes massig, wie ein Dickröhrling erscheinend. Später mit lange Zeit eingerolltem Rand flach gewölbt und erst im hohen Alter scharfrandig trichterförmig aufgebogen, radialfaserig bis faserschuppig, ockerbraun, rotbraun geflammt, in der Mitte oft mit weißlich gelben Resten einer Gesamthülle geschmückt. **Lamellen** weiß bis creme, dünn und sehr schmal, weit herablaufend, relativ leicht ablösbar. **Stiel** 4 bis 10 cm lang, zylindrisch, am oberirdischen Basalteil etwas angeschwollen, 2 bis 4 cm dick, meist in die Erde eingesenkt noch mehr oder weniger lang wurzelnd, in der Mitte mit zwei Ringen, der obere als Rest der Teilhülle leicht nach unten abziehbar, der untere als Grenzlinie der Gesamthülle fest mit dem Stiel verwachsen. Unterhalb der Ringzonen auf cremefarbenem Grund bräunlich-schuppig punktiert. **Fleisch** derb und fest mit Geruch und Geschmack nach Mehl oder gurkenartig. Ältere Stücke haben einen zusammenziehend bitteren Beigeschmack. **Verwechslungen** sind mit dem ebenfalls massigen **Riesen-Ritterling** *(Tricholoma colossus)* möglich, der aber eine schwächere Ringzone, seinen Standort im sauren Milieu und rötendes Fleisch hat, eventuell auch mit dem im Erscheinungsbild ähnlichen **Buchsblättrigen Trichterling** *(Clitocybe alexandri)*, der aber keinen Stielring hat.

Feld-Trichterling
Gift-Trichterling
Clitocybe dealbata

Hut 2 bis 5 cm, jung flach gewölbt, bald ausgebreitet und niedergedrückt, seidig glänzend, weiß, altweiß, manchmal mit blassrosa Flecken oder konzentrischen Ringen. Rein weiße, rosafleckige und weißrosa gezonte Exemplare kommen in fließenden Übergängen vor. **Lamellen** weiß bis creme, jung manchmal ausgebuchtet, sonst breit angewachsen bis etwas herablaufend. **Stiel** 2 bis 6 cm lang, zylindrisch, am Hut etwas verbreitert, oft unrund, platt gedrückt, 0,4 bis 0,8 cm dick, Basis etwas verjüngt, besonders bei büscheligem Wuchs, und von Myzelsträngen mehr oder weniger weißfilzig. **Fleisch** dünn, wässrig, weißlich bis ockerrosa, im Hut sehr weich, im Stiel faserig, etwas berindet und zum Mark hin aufgelockert. Geruch unauffällig, Geschmack mild, aber nicht angenehm, eher muffig und erdig. **Verwechslungen** Als der **Weiße Rasling** *(Lyophyllum connatum)* noch zu den Speisepilzen gehörte, musste vor dieser Verwechslung besonders gewarnt werden. Zur sichersten Unterscheidung gehört die blaugraue Eisensulfat-Reaktion, ein Alleinstellungsmerkmal für den Weißen Rasling. Ähnlich weiße Trichterlinge, wie der **Laubfreund-Trichterling** *(Clitocybe phyllophila)* mit gelbem Sporenpulver oder die **Weißen Anis-Trichterlinge** (*Clitocybe fragrans* agg.), gehören ebenfalls zu den schwach muskarinhaltigen giftigen Pilzen.

Steckbrief
Kleiner bis mittelgroßer, unauffälliger, weißlicher Pilz mit nicht immer deutlich herablaufenden Lamellen.

Vorkommen
An Wegrändern, in Gebüschen, nahe Spielplätzen, Friedhöfen und ähnlichen Standorten.

Tipp
Mit „Hände weg von kleinen weißen Pilzen" war sinnvollerweise mal ein Merkblatt für Pilzsammler der DDR überschrieben.

Mönchskopf

Clitocybe geotropa

Steckbrief
Großer, starrer, trichterförmiger Pilz mit charakteristisch kleinem Buckel in der Mitte.

Vorkommen
In Laub- und Nadelwäldern auf mineralreichen Böden, gern in Hexenringen.

Tipp
Mönchsköpfe eignen sich in Streifen geschnitten besonders zu einer nach schwäbischem Kuttel-Rezept zubereiteten Speise.

Hut 8 bis 18 (25) cm, jung charakteristisch konisch gebuckelt, bald ausgebreitet, unter Beibehaltung des Buckels mit noch eingerolltem Rand niedergedrückt und schließlich tief trichterförmig, schwach filzig, creme bis rosafalb, am Rand gerippt. **Lamellen** weiß bis creme, jung manchmal breit angewachsen, dann weit herablaufend, am Stiel scharf abgegrenzt, stark untermischt. Sporenpulver weiß. **Stiel** 8 bis 20 cm lang, zylindrisch, gegen die Basis oft angeschwollen und von Myzelsträngen filzig mit Substrat verwachsen, 1 bis 3 cm dick, weißlich-creme bis blassocker in Längsrichtung überfasert. **Fleisch** dick, fest und im Stiel etwas zäh, außen berindet, innen wattig, aber selten hohl. Der Geruch ist charakteristisch cyanidisch, nach Blausäure, zerquetschten grünen Schalen unreifer Walnüsse oder Ruchgras. Geschmack weder besonders auffällig noch angenehm. **Verwechslungen** Zwar gibt es kaum ähnlich aussehende Giftpilze, aber da hin und wieder der zentrale Buckel, der auch bei der Namensgebung „Mönchskopf" mitgewirkt hat, fehlt, können andere große, weiße Pilze, wie der **Riesenkrempen-Ritterling** *(Leucopaxillus giganteus)* oder der **Riesen-Trichterling** *(Clitocybe maxima)*, verwechselt werden. Ganz junge Pilze könnten noch mit jungen, zu hell geratenen, giftigen **Riesen-Rötlingen** (*Entoloma sinuatum*, S. 128) eventuell vertauscht werden.

Nebelkappe, Graukappe Herbstblattl

Clitocybe nebularis

Hut 8 bis 15 (20) cm, jung flach gewölbt, breit gebuckelt, bald ausgebreitet und unregelmäßig verbogen, in der Mitte oft vertieft, nebelgrau, graubraun, selten auch rein weiß, stumpf radialfaserig, oft mit pusteligen oder von der Mitte ausgehenden, wie Schimmel aussehenden Sekundär-Myzelbildungen, Rand sehr lange eingerollt. **Lamellen** cremeweiß bis gelblich, jung ausgebuchtet bis breit angewachsen, dann mehr oder weniger herablaufend, leicht vom Hutfleisch ablösbar. Sporenpulver weißlich bis blass cremegelblich. **Stiel** 6 bis 12 (15) cm lang, zylindrisch, gegen die Basis meist angeschwollen und von Myzelsträngen filzig mit reichlich Substrat verwachsen, 1 bis 2 cm dick, weißlich bis blass ockergrau, längsfaserig, manchmal auch gerillt. **Fleisch** dick, fest und am Stiel berindet, im Stielinneren wattig und im Alter hohl. Der Geruch ist charakteristisch, mal als parfümiert, mal als süßlich beschrieben und erfüllt bei der Zubereitung den ganzen Raum. Geschmack mild, etwas zusammenziehend und dem Geruch ähnlich den Gaumen hochsteigend. **Verwechslungen** kommen mit dem seltenen, aber auch essbaren **Buchsblättrigen Trichterling** *(Clitocybe alexandri)* vor. Im August, wenn schon frühe Nebelkappen wachsen können, sehen die seltenen, aber sehr giftigen **Riesen-Rötlinge** (*Entoloma sinuatum*, S. 128) unter Umständen täuschend ähnlich aus.

Steckbrief
Großer, stattlicher grauer Pilz, spät im Jahr mit charakteristischem parfümierten Geruch.

Vorkommen
Sehr häufig in Laub- und Nadelwäldern, Parkanlagen, Baumgärten usw., gern in Hexenringen.

Tipp
Auch wenn die Nebelkappe früher als essbar galt, sollte aufgrund von genverändernden Inhaltsstoffen auf ihren Genuss verzichtet werden.

Violetter Lacktrichterling Amethystblauer Lackpilz

Laccaria amethystina

Steckbrief
Kleiner bis mittelgroßer, durch und durch lila Pilz, der sehr schnell von oben graublau ausblasst.

Vorkommen
Sehr häufig in Laub- und Nadelwäldern, Parkanlagen, Baumgärten usw.

Tipp
Lacktrichterlinge als Essigpilze oder Mixed Pickles geben einem bunten Salat die besondere Note.

Hut 2 bis 5 (7) cm, jung flach gewölbt, bald unregelmäßig flach ausgebreitet mit lange heruntergezogenem Rand und allmählich unterschiedlich deutlich vertiefter Mitte, bisweilen auch durchbohrt. Oberfläche fein-filzig, zur Mitte hin auch schuppig, in feuchtem Zustand tief violettblau, bald ausblassend und radialstrahlig graublau, cremegrau mit lila Schein ausblassend. **Lamellen** dick, entfernt, breit und ziemlich zäh, tief violettblau und, während der Hut trocknend verblasst, lange so bleibend, breit angewachsen, ausgebuchtet, fast frei und nur selten, meist im Alter, eindeutig herablaufend. Sporenpulver weiß, höchstens mit ganz blassem lila Schein. **Stiel** 3 bis 8 cm lang, zylindrisch, gegen den Hut und die Basis meist etwas erweitert, von Myzelsträngen filzig mit reichlich Substrat verwachsen, 0,3 bis 0,6 cm dick, violettblau, bald verblassend, sodass die weißlichen Längsfasern auf der Oberfläche die Farbe bestimmen. **Fleisch** dünn, blasslila, auch weißlich, sehr faserig, fast zäh, von wenig auffälligem Geruch und Geschmack. **Verwechslungen** sind möglich mit dem **Rettich-Helmling** (*Mycena pura*, S. 174), der aber ausgesprochen weiche, helle Lamellen hat, und dünnen, lilafarbenen Schleierlingen, z. B. dem **Violetten Rettich-Gürtelfuß** *(Cortinarius scutulatus)* mit braunem Sporenpulver. Die beiden leicht giftigen Arten riechen deutlich nach Rettich.

Natternstieliger Schneckling

Hygrophorus olivaceoalbus

Hut 2 bis 5 cm, jung konisch bis glockig, dann kegelig geschweift und schließlich mit zentralem Buckel flach ausgebreitet. Oberfläche schleimig-schmierig, bei trockenem Wetter seidig glänzend, manchmal auch etwas körnig, olivgrau, ockergrau mit dunklerer Mitte, Rand im Alter durchscheinend gerieft. Der Hutschleim bildet beim jungen Pilz über den Stiel hinweg eine Gesamthülle. **Lamellen** dick, entfernt, breit und wachsartig weich, leicht zerdrückbar, weiß, im Alter creme bis gelblich, breit angewachsen bis sichelförmig in den Stiel gezogen, im Alter deutlich herablaufend. Sporenpulver weiß. **Stiel** 5 bis 12 cm lang, zylindrisch, mit verjüngter, abgerundeter Basis, in den Hut zumeist etwas erweitert. Die Oberfläche ist von dem Schleim der Gesamthülle in graubeigen oder grauolivlichen Zonen genattert und oberhalb der Abrissstelle des Schleims im oberen Stieldrittel weiß abgesetzt. **Fleisch** weiß, weich, von schnittfester Konsistenz, nicht matschig; Geruch und Geschmack unauffällig. **Verwechslungen** sind mit ähnlichen Schnecklingen, z. B. dem **Pustel-Schneckling** *(Hygrophorus pustulatus)* oder wenig gelben Exemplaren des kiefernbegleitenden **Frost-Schnecklings** *(Hygrophorus hypothejus)*, der noch später erscheint, möglich. Verwechslungen mit dem **Schleimrübling** (*Xerula radicata*, S. 170) scheiden wegen des Standortes an Holz und des zähen Stiels aus.

Steckbrief
Klein bis mittelgroß, olivgrau, farblich scharf abgesetzte dicke, weiche, weiße Lamellen und weiße Stielspitze.

Vorkommen
Häufig in sauren Fichtenwäldern, meist spät im Jahr, oft fast ausbleibend, dann wieder massenhaft.

Tipp
Das unscheinbare Pilzchen ist von Konsistenz und Geschmack nicht zu unterschätzen und leicht kenntlich.

Rasiger Purpur-Schneckling

Hygrophorus erubescens

Steckbrief
Mittelgroßer, alt stark gilbender Wachsblättler mit zunehmend rötlichen Rostflecken auf Hut und Stiel.

Vorkommen
Häufig in Kalk-Fichtenwäldern der Mittelgebirge und daher mit süddeutscher, circumalpiner Verbreitung.

Tipp
Wälder mit ihm sind immer gleichzeitig Standorte des wohlschmeckenden Semmelgelben Schleimkopfs (S. 152).

Hut 5 bis 12 cm, jung konvex, flach gewölbt, bald flatterig aufgebogen und in der Mitte vertieft. Am Rand gekerbt oder gerippt-gerieft. Oberfläche zunächst oft mehr oder weniger weiß, bald mit fleckenweise rosa bis rosalila Anflug, aus dem sich dann intensivere weinrote bis rostrote Flecken, Streifen und Sprenkel ergeben. Auf Druck und von alleine im Alter verfärbt sich der Hutrand, gelegentlich auch die Mitte quittengelb. **Lamellen** für einen Schneckling nicht sehr dick, mäßig entfernt, breit und elastisch, aber nicht sehr weich, weiß, bald mit rosa Anflug und rosafleckig, schließlich gilbend und auch rostfleckig, jung ausgebuchtet bis breit angewachsen, im Alter deutlich herablaufend. Sporenpulver weiß. **Stiel** 4 bis 10 cm lang, zylindrisch, meist verbogen, mit abgerundeter Basis. Die Oberfläche auf ganzer Länge fein mit Pusteln besetzt, die ganz oben fast weiß, weiter unten mehr oder weniger rosa gefärbt sind, besonders zur Basis hin auf Druck stark gilbend. **Fleisch** weiß, fest, mit angenehmem Geruch und bitter-scharfem, unangenehmem Geschmack. **Verwechslungen** sind mit dem **Gefleckblättrigen Purpur-Schneckling** *(Hygrophorus russula)* und ähnlichen Arten, die alle einen ein wenig stämmigeren Ritterlingshabitus zeigen, möglich. Oft sind nur Farb- und Verfärbeunterschiede und gleichzeitig andere Symbiose-Bäume für Laien eindeutige Unterscheidungsmerkmale.

DEZ NOV OKT SEPT AUG JULI JUNI MAI APRIL MÄRZ FEB JAN

Schwärzender Saftling
Kegeliger Saftling
Hygrocybe conica

Hut 2 bis 4 cm Durchmesser und ebenso hoch, jung kegelig und meist trotz Hutspreizung der Form nach kegelig bleibend oder auch stumpfbuckelig ausgebreitet. Oberfläche gelb, orange bis rot, selten auch mit Olivtönen, radialfaserig, speckig glänzend, von der Mitte und den Lamellenrändern her im Alter schwärzend. Rand oft rissig, zerklüftet, etwas nach innen über die Lamellen gezogen. **Lamellen** weißlich, gelb bis orange, breit, dick, weich und dem Anfühlen nach wachsartig, meist stark untermischt, gegabelt und seitlich wellig mit Neigung zu Anastomosen. Schneide wellig bis gekerbt und etwas dunkler als die Fläche. **Stiel** 3 bis 7 cm lang, 0,5 bis 1 cm dick, meist gefurcht oder verdreht, mit weißlicher, abgerundeter Basis. Die Oberfläche ist jung rot oder gelb, dann Richtung Rot oder Gelb intensiver oder blasser werdend. Auf Druck oder im Alter schwärzt die Stielbasis besonders. **Fleisch** im Hutbereich gelb oder rötlich durchgefärbt, sonst weißlich, ohne speziellen Geruch, mit bitterlichem, zumindest nicht angenehmem Geschmack. **Verwechslungen** sind mit vielen anderen kegelig geformten, gelben oder rötlichen Saftlingen möglich, solange das Schwärzen als sicheres Merkmal nicht auffällt. Da der Schwärzende Saftling nicht genießbar ist und die anderen ähnlichen noch viel seltener auftreten, bestehen für Speisepilzsammler keine Gefahren.

Steckbrief
Kleiner, rotorangebunter, kegelhütiger Pilz, der sich auf Druck und im Alter schwarz verfärbt.

Vorkommen
Relativ häufig, besiedelt neben dem klassischen Standort „Magerrasen“ auch Schuttplatzränder.

Tipp
Saftlinge sind die farbenprächtigsten und zugleich seltensten Pilze, mit denen Artenschutz leicht zu vermitteln ist.

Austernseitling
Austernpilz
Pleurotus ostreatus

Steckbrief
Graublaue Büschel seitlich gestielter Pilze im Winter mit glattem Stiel und unterschiedlich langen Lamellen.

Vorkommen
An Laub-, seltener Nadelholz, sowohl an totem Holz als auch als Schwächeparasit, besonders an lebenden Buchen.

Tipp
Austernpilze sind auf massivem Laubholz, Häckselstroh oder Schüttsubstraten leicht kultivierbar.

Hut 5 bis 20 cm breit und lang, jung als graues, Schafskot ähnlich sehendes Gebilde hervorbrechend, dann in spatel- bis zungenförmige Einzelfruchtkörper differenziert, wachsen teilweise stattliche fächer- oder halbkreisförmige, in der Mitte meist niedergedrückte Hüte heran. Die Oberfläche ist cremebraun, grau oder schön stahlblau bzw. in einer Mischung dieser Farben getönt, radial seidig glänzend und im Alter im Zentrum oft von einem Filz blassgrauen Sekundärmyzels überwachsen. **Lamellen** weißlich, creme, auch blassgrau durchscheinend, dünn, schmal und herablaufend, am Stiel unterschiedlich lang. **Stiel** seitlich, selten bei stirnseitigen Einzelfruchtkörpern auch zentral, 1 bis 5 (10) cm lang, 1 bis 3 cm dick, in den Hut erweitert, unterhalb schwach gerillt und zur – zumeist von Myzelfilz besetzten – Basis hin verjüngt bzw. durch den büscheligen Wuchs verformt. **Fleisch** grauweißlich marmoriert oder blassbeige, im Hut festfaserig, im Stiel zumindest bei ausgewachsenen Fruchtkörpern zäh. Geruch aromatisch porlingsartig, Geschmack etwas säuerlich, angenehm. **Verwechslungen** Es gibt einige sehr ähnliche Arten der Gattung Seitlinge, die ebenfalls essbar sind. Der **Gelbstielige Muschelseitling** *(Sarcomyxa serotina)* kann ebenfalls sehr ähnlich sein, hat aber einen gelbfilzigen Stiel und schmeckt meist etwas bitter.

Fichten-Blutreizker
Fichten-Reizker
Lactarius deterrimus

Hut 5 bis 12 cm, jung halbkugelig gewölbt mit stark eingerolltem Rand, der beim Aufschirmen noch lange zu 90° abgerundet erhalten bleibt. Dieser sanft abgerundete Hutrand trägt bei vielen Sprödblättlern zum charakteristischen Aussehen bei. Oberfläche körnig, schorfig, orange mit silbrigem Schein, oft schon jung von der Mitte her vergrünend, Grüntöne nicht immer in konzentrischen Zonen ausgebildet. **Lamellen** orange, orangerosa, breit angewachsen, im Alter deutlich herablaufend und unterschiedlich stark vergrünend, relativ brüchig. **Stiel** 4 bis 10 cm lang, zylindrisch, Basis abgerundet, 0,8 bis 1,5 cm dick, orangefarben, weißsilbrig, schorfig überhaucht, nur selten mit dunkler orangerot gefärbten Grübchen geschmückt, innen ganz jung weißwattig ausgestopft oder gekammert. Meistens von Insektenlarven befallen, „madig". **Fleisch** orange gefärbt, brüchig, nicht in Längsfasern zerteilbar, im für essbar zu haltenden Frischezustand mit karottenroter Flüssigkeitsabsonderung („Milch"). Die Flüssigkeit verfärbt sich an der Luft nach 10 bis 20 Minuten weinrot. **Verwechslungen** Blutreizker werden noch nicht sehr lange in die heute anerkannten verschiedenen Arten untergliedert. Eines der wichtigen Trennmerkmale ist die Milchverfärbung bzw. die von Anfang an dunkelrote Milch des **Weinroten Kiefern-Reizkers** *(Lactarius sanguifluus)*.

Steckbrief
Sprödblättler mit karottenroter Flüssigkeitsabsonderung und meist in Kreisen vergrünendem Hut. Stiel ohne Grübchen.

Vorkommen
Streng an Fichte als Symbiosepartner gebunden, mit einer Tendenz zu basenreichen Böden.

Tipp
Alle Blutreizker sind zwar essbar, aber geschmacklich so unterschiedlich, dass jeder Gourmet „seinen" Favoriten hat.

DEZ NOV OKT SEPT AUG JULI JUNI MAI APRIL MÄRZ FEB JAN

Brätling
Milch-Brätling
Lactarius volemus

Steckbrief
Der Pilz mit der stärksten weißen Milchabsonderung und gleichzeitig extremem Fisch- oder Krabbengeruch.

Vorkommen
Laub- und Nadelwälder, besonders auf sauren, armen Böden. Jahrzehntelang rückläufig, seit acht Jahren wieder häufiger.

Tipp
Roh essbar. Wer keine Angst vor Verunreinigungen hat: Salz darüber und reinbeißen.

Hut 5 bis 12 cm, jung halbkugelig gewölbt mit stark eingerolltem Rand, beim Aufschirmen meist nicht ganzrandig rund, oft eingedellt oder verbogen, Rand erst in hohem Alter waagerecht. Oberfläche ocker, bernsteinfarben bis rosabraun, matt, wildlederartig, bei warmem Sommerwetter grob felderig-rissig. **Lamellen** blasscreme bis cremeocker, am Stiel breit angewachsen, im Alter herablaufend, zum Rand hin stark gegabelt. **Stiel** 4 bis 12 cm lang, zylindrisch, Basis verjüngt abgerundet, Spitze etwas erweitert, 1 bis 2,5 cm dick, ähnlich, aber blasser als der Hut gefärbt, zur Basis auf rostorangem Grund fein weißflaumig oder striegelig überfasert. **Fleisch** weißlich, unterhalb der Huthaut auch gelblich, knackig fest mit reichlicher milchweißer Flüssigkeitsabsonderung. In der Stielrinde verdichtet, im Innenteil meist voll, aber etwas wattig weich und dadurch im Alter auch oft gekammert hohl. Die Milch fließt bei jungen Fruchtkörpern tropfend aus verletzten Stellen, oxidiert an der Luft bräunlich und bekommt dabei einen sehr strengen Fisch- oder Krabbengeruch, der sich beim Eintrocknen noch verstärkt. **Verwechslungen** Durch die reichliche, fischige Milch ist der Brätling deutlich festgelegt. Zahlreichen ähnlichen braunen Milchlingen fehlt dieses Merkmal. **Birken-Reizker** (*Lactarius torminosus*, S. 201) u. Ä. haben einen fransigen Hut.

Wolliger Milchling
Wolliger Erdschieber

Lactarius vellereus

Hut (5) 10 bis 20 (30) cm, jung flachhütig, mit abgerundetem, lange Zeit eingerolltem Rand und oft schon in der Jugend in der Mitte niedergedrückt, beim Aufschirmen zunehmend trichterförmig. Oberfläche weiß, schmutzig cremeweiß, mit flaumiger Bereifung an einen Camembert erinnernd, alt ocker bis braunfleckig und bei Trockenheit grob felderig-rissig. Meist ist der in der Mitte bereits vertiefte Hut infolge der ebenerdigen Fruchtkörperentwicklung mit Humuspartikeln oder Erdkrümeln bedeckt. **Lamellen** weiß bis blassgelb, im Alter strohgelb, entfernt, zum Rand hin stark gegabelt, jung breit angewachsen, beim Aufschirmen deutlich herablaufend. **Stiel** 3 bis 6 (10) cm lang, zylindrisch, Basis verjüngt abgerundet, 2 bis 5 cm dick, wie der Hut gefärbt, zur Basis hin zunehmend ocker bis rostfleckig, mit deutlichen Myzelfasern (Rhizomorphen), die auch Humusteile festhalten. **Fleisch** weißlich, sehr hart, an Schnitt- und Druckstellen – wie auch die Lamellen – meist blassrosa verfärbend; Geruch im Alter etwas fischig, Geschmack im Gegensatz zu der weißen, milden Milch sehr scharf. **Verwechslungen** gibt es mit dem sehr ähnlichen **Scharfen Wollschwamm** *(Lactarius bertillonii)*, der auch scharfe Milch hat, und dem **Pfeffer-Milchling** (*Lactarius piperatus*, S. 196), dessen Lamellen viel enger stehen und der eine zugespitzte Stielbasis hat.

Steckbrief
Weißer kräftiger, weiß milchender Pilz mit entfernten Lamellen, schiebt meist Humus auf dem Hut mit hoch.

Vorkommen
Laub- und Nadelwälder mit einer Tendenz zu basenreichen Böden, fast jedes Jahr sehr häufig.

Tipp
Viele an sich ungenießbare Milchlinge eignen sich zum Silieren und schmecken dann recht gut.

Pfeffer-Milchling

Lactarius piperatus

Steckbrief
Weißer, mittelgroßer, weiß milchender Pilz mit sehr engen Lamellen.

Vorkommen
Laub-, ganz selten Nadelwälder, meist mit Buchen und einer Tendenz zu sauren Böden, fast jedes Jahr sehr häufig.

Tipp
Wälder mit Pfeffer-Milchlingen sind meistens auch Pfifferlingswälder.

Hut 5 bis 10 (15) cm, jung flach gewölbt, mit abgerundetem, eingerolltem Rand und oft schon in der Jugend in der Mitte etwas niedergedrückt, beim Aufschirmen zunehmend trichterförmig. Oberfläche weiß, schmutzig cremeweiß, körnigmatt, alt ocker bis braunfleckig und bei Trockenheit grob felderigrissig. **Lamellen** weiß bis blassgelb, im Alter braunfleckig oder braunrandig, sehr schmal und eng stehend, zum Rand hin gegabelt, beim Aufschirmen deutlich herablaufend. **Stiel** 4 bis 9 (13) cm lang, zylindrisch, Basis verjüngt abgerundet, aber auch zugespitzt, 1 bis 1,5 cm dick, wie der Hut gefärbt, zur Basis hin zunehmend ocker bis rostfleckig mit deutlichen Myzelfasern (Rhizomorphen), die auch Humusteile festhalten. **Fleisch** weißlich, sehr hart, an Schnitt- und Druckstellen – wie auch die Lamellen – unterschiedlich grünend, gilbend oder nicht veränderlich; Geruch unauffällig, Geschmack sehr scharf. Die zumindest bei jungen Pilzen bei Verletzung, besonders der Lamellen, sehr reichlich austretende weiße Milch ist sehr scharf, oxidiert aber beim Erhitzen zu einer faden Speise, sodass nur nach knusprigem Rösten vom Biss her etwas Essbares übrig bliebe. **Verwechslungen** kommen mit dem sehr ähnlichen **Scharfen Wollschwamm** *(Lactarius bertillonii)*, der auch scharfe Milch hat, und dem **Wolligen Milchling** (*Lactarius vellereus*, S. 195) mit milder Milch vor.

Mohrenkopf-Milchling Essenkehrer

Lactarius lignyotus

Hut 3 bis 7 (10) cm, jung flach gewölbt, mit zentralem spitzem Buckel und wellig unregelmäßigem, nicht sehr stark eingerolltem Rand, beim Aufschirmen zunehmend abgeflacht bis niedergedrückt. Oberfläche dunkel graubraun bis rußgrau, fast schwarz, aderig und konzentrisch runzelig, am Rand gerippt. **Lamellen** weiß bis blasscreme, im Alter an Druckstellen blass schmutzig braun, oft anastomosierend, zum Rand hin wellig und gegabelt, jung breit angewachsen, beim Aufschirmen mehr oder weniger herablaufend, gegen die Stielfarbe scharf abgesetzt, derweil sich die Lamellen noch in Runzeln in den Stiel fortsetzen. **Stiel** 4 bis 9 cm lang, zylindrisch, Basis verjüngt abgerundet, 0,5 bis 1,5 cm dick, wie der Hut gefärbt, zur Basis hin zunehmend weißlich überfasert mit deutlichen Myzelfasern (Rhizomorphen), die auch Humusteile festhalten. **Fleisch** weißlich, fast elastisch, Geruch angenehm und doch etwas an Blattwanzen erinnernd, Geschmack mild, nach längerem Kauen ausgesprochen nussartig, vollmundig. Die spärlich austretende weiße Milch ist mild, nach längerer Zeit, oft erst nach Stunden, verfärbt sie sich blassrosa. **Verwechslungen** sind mit dem **Pechschwarzen Milchling** *(Lactarius picinus)* mit gleichem Standort möglich. Dieser hat aber allmählich ineinander übergehende Farben und eine kratzig scharf schmeckende Milch.

Steckbrief
Rußgrauer Hut und Stiel weiß bis creme scharf abgesetzte Lamellen und milde, weiße Milch.

Vorkommen
Fichtenbegleiter in Nadelwäldern der Mittelgebirge auf sauren Böden, stark rückläufig.

Tipp
Mohrenkopf-Milchlinge sind selten geworden. Früher zählten ganz junge Stücke, roh verzehrt, zu den besonderen Delikatessen.

Rotbrauner Milchling

Lactarius rufus

Steckbrief
Mittelgroßer Pilz mit rotbraunem, körnig-trockenem Hut, mit spitzem Buckel und weißer, sehr scharfer Milch.

Vorkommen
Fichtenbegleiter in Nadel- und Mischwäldern auf sauren Böden, noch häufig, aber stark rückläufig.

Tipp
Rotbraune Milchlinge, über Nacht gewässert, abgetropft, scharf angebraten, schmecken trotzdem gut.

Hut 3 bis 11 cm, jung flach gewölbt, mit zentralem, spitzem Buckel, der leider auch fehlen kann, und wellig-unregelmäßigem, nicht sehr stark eingerolltem Rand, beim Aufschirmen zunehmend abgeflacht bis niedergedrückt. Oberfläche fuchsigrot, orangerot, körnig matt, oft mit silbrig-schorfigem Reif, am Rand schwach gerippt. **Lamellen** jung blasscreme, im Alter dem Hut ähnlich, aber viel blasser gefärbt, oft etwas rotbraun fleckig, am Stiel schwach ausgebuchtet bis breit angewachsen und im Alter deutlich herablaufend. **Stiel** 4 bis 9 cm lang, zylindrisch, Basis verjüngt abgerundet, 0,5 bis 1,5 cm dick, wie der Hut gefärbt, zur Basis hin zunehmend weißlich überfasert mit deutlichen Myzelfasern (Rhizomorphen), die auch Humusteile festhalten. **Fleisch** ganz jung weißlich, dann meist rotbraun durchgefärbt mit weißer, im Alter spärlicher, sehr scharfer Milch. Geruch nach altem Harz, Geschmack ohne Milch fast mild. **Verwechslungen** Es gibt eine große Menge bräunlich oder rotbraun gefärbter Milchlinge und alle sehen ähnlich aus. Der Rotbraune Milchling ist nie schmierig, auch bei nassem Wetter nicht. Unter den trockenen Arten haben viele milde, manche aber auch im Hals kratzende oder bittere Milch. Wirklich brennend scharfe Milch hat aber nur der Rotbraune Milchling, und wenn die fehlt, dann ist er eben unbestimmbar.

Maggipilz
Filziger Liebstöckel-Milchling
Lactarius helvus

Hut 5 bis 12 (18) cm, flach gewölbt mit stark abgebogenem Rand, bald in der Mitte vertieft und dann scharfrandig trichterförmig aufgeschirmt. Oberfläche matt, körnig bis angedrückt filzig, oft etwas narbig uneben, fleischockerlich, falbbraun, später lederocker ausblassend. **Lamellen** jung weißlich falb, bald dem Hut in hellerer Tönung gleichfarben, am Stiel schwach ausgebuchtet bis breit angewachsen und im Alter deutlich herablaufend, kaum gegabelt, aber deutlich untermischt. **Stiel** 4 bis 12 cm lang, zylindrisch, Basis verjüngt abgerundet, 0,5 bis 2,5 cm dick, wie der Hut gefärbt, zur Basis hin zunehmend weißlich überfasert. **Fleisch** ganz jung weißlich, dann meist falbbraun durchgefärbt, sehr brüchig im Hut, im Stiel zunächst wattig voll und brüchig, später gekammert oder durchgehend hohl und in der Rinde schlaffer, fast zerfaserbar mit nur in der Jugend deutlich wasserklarer Flüssigkeitsabsonderung, im Alter spärlich oder fehlend. Geruch besonders in der Hutmitte deutlich nach Liebstöckel. **Verwechslungen** Den deutlichen Maggi-(Liebstöckel-)Geruch, der beim Trocknen besonders hervortritt, hat der Pilz mit dem kleinen **Zichorien-Milchling** *(Lactarius camphoratus)* gemeinsam. Andere ähnliche Arten mit kräftigen Eigengerüchen – wie etwa der **Eichen-Milchling** *(Lactarius quietus)* – erinnern jedoch niemals an Maggi.

Steckbrief
Falbbrauner, körnig-trockener Hut, spärliche wasserklare Flüssigkeitsabsonderung und starker Liebstöckelgeruch.

Vorkommen
Meist Kiefernbegleiter in Nadel- und Mischwäldern auf sauren Böden, mancherorts häufig.

Tipp
Getrocknete Maggipilze ergeben ein hervorragendes Würzpulver. In Mahlzeitmenge giftig!

Graugrüner Milchling

Lactarius blennius

Steckbrief
Pilz mit olivgrauem Hut, graugrün fleckender, scharfer Milch und zumindest jung weißen Lamellen.

Vorkommen
Buchenbegleiter auf fast allen Bodenqualitäten mit einer Tendenz zum Kalkboden.

Tipp
Laubreiche Buchenwälder mit ihm sind oft auch Standorte des Blassen Pfifferlings (*Cantharellus cibarius* var. *pallidus*).

Hut 5 bis 7 (10) cm, flach gewölbt mit wenig eingerolltem Rand, bald in der Mitte nicht immer deutlich vertieft und schließlich scharfrandig flach bis schwach trichterförmig aufgeschirmt. Oberfläche graugrün, braunoliv, auch gelbgrün, meist mit konzentrisch angeordneten dunkleren Flecken, bisweilen auch in Ringen gezont, bei Feuchtigkeit schmierig. **Lamellen** jung rein weiß, später auch creme getönt, am Stiel etwas ausgebuchtet, nicht herablaufend, relativ dicht stehend, auf Druck wenig fleckend, Milch jedoch graugrün eintrocknend. **Stiel** je nach Standort 3 bis 7 cm lang, zylindrisch, Basis wurstzipfelartig zusammengeschnürt, 0,7 bis 1,5 cm dick, blassgrau oder olivgrau, Spitze weißlich, Basis bisweilen rostfleckig. **Fleisch** weiß, fest, im Stiel hohl. Geruch schwach, etwas an Blattwanzen erinnernd. Geschmack der weißen, graugrün eintrocknenden Milch und des Fleisches mäßig scharf. **Verwechslungen** Befasst man sich mit den irgendwie grauen, oliv oder bräunlich gefärbten Milchlingen, stellt man fest, es gibt viele davon und nur wenige haben augenfällige Alleinstellungsmerkmale. Am ähnlichsten ist der **Braunfleckende Milchling** *(Lactarius fluens)*, der sich fast nur durch die braun fleckenden, nie ganz weißen Lamellen unterscheidet. Aber auch der **Hasel-Milchling** *(Lactarius hortensis)* mit sehr entfernten Lamellen und andere sind sehr ähnlich.

Zottiger Birken-Milchling
Birken-Reizker

Lactarius torminosus

Hut 5 bis 10 (15) cm, flach gewölbt mit stark abgerundet eingerolltem Rand, bald in der Mitte vertieft und schließlich scharfrandig, trichterförmig aufgeschirmt. Oberfläche stark fransig-zottig, allmählich von der Mitte her verkahlend, weiß, rosa oder fleischfarben, konzentrisch gezont, im Alter verblassend. **Lamellen** jung weißlich, blassrosa oder fleischfarben, relativ dicht, am Stiel breit angewachsen, im Bereich der Anwachsstelle mit einem dunkler fleischrötlichen Ring farblich abgesetzt. **Stiel** je nach Standort 2 bis 10 cm lang, zylindrisch, Basis abgerundet, 1 bis 2 cm dick, blassrosa oder fleischfarben, weißlich bereift, Basis mit deutlichen Myzelsträngen (Rhizomorphen). **Fleisch** körnig brechend, fest und spröde, weißlich bis blass fleischfarben mit weißem, unveränderlichem, sehr scharfem Milchsaft. Geruch angenehm, an **Zitronenblättrigen Täubling** (*Russula sardonia*, S. 218) erinnernd. Geschmack, auch des Fleisches, sehr scharf. **Verwechslungen** Immer wieder kommen Unsicherheiten gegenüber den Blutreizkern (S. 193) vor, denn ältere, verkahlte Birken-Reizker können sehr ähnlich aussehen, aber die Farbe der Flüssigkeitsabsonderung, hier weiß, dort karotten- oder weinrot, ist ein absolut sicheres Merkmal. Mit helleren zottigen Arten, z. B. dem **Flaumigen Milchling** *(Lactarius pubescens)*, sind Verwechslungen wahrscheinlicher, aber diese gelten auch als giftig.

Steckbrief
Fransig-zottiger Milchling mit rosaweiß-fleischfarben konzentrisch gezontem Hut und weißer, sehr scharfer Milch.

Vorkommen
Birkenbegleiter mit deutlich nordischer Hauptverbreitung, aber auch in den Mittelgebirgen anzutreffen.

Tipp
Der – normal zubereitet – giftige Birken-Reizker wird in Skandinavien siliert und gegessen.

Zottiger Violett-Milchling
Violettmilchender Zotten-Reizker

Lactarius repraesentaneus

Steckbrief
Großer, gelber, zottiger Milchling mit weißer Milch, die sich an der Luft pastelllila verfärbt.

Vorkommen
Seltener Fichten- und Birkenbegleiter im höheren Bergland auf sauren Böden.

Tipp
Meist als Fichtenbegleiter angegeben, finde ich ihn im Schwarzwald nur, wenn die Fichte von einer Birke begleitet wird.

Hut 5 bis 10 (15) cm, jung fast polsterförmig mit abgerundetem, stark eingerolltem Rand, erst im Alter scharfrandig und dann bisweilen trichterförmig, auf der ganzen goldgelben Fläche mit derben konzentrisch angeordneten Zotten besetzt, die auf dem Hut angedrückt und schmierig eingebettet, am Hutrand abstehend, fast bürstig sind. **Lamellen** jung blassgelb, dann hell ockerlich, schließlich graulila fleckend, am Stiel etwas ausgebuchtet, nicht herablaufend, relativ dicht stehend, in der Jugend je nach Witterung wässrig bernsteinfarbene Guttationstropfen in Stielnähe absondernd. **Stiel** 5 bis 10 cm lang, zylindrisch, Basis stark mit Substrat verklebenden Myzelsträngen besetzt, 1 bis 2,5 cm dick, blass ockergelb bis bernsteinbräunlich, manchmal auch mit Guttationstropfen in der Spitze; auf ganzer Länge mit dunkleren Gruben besetzt, die in sich wieder kleinere Grübchen haben. **Fleisch** blass gelblich, fest, im Stiel erst ausgestopft, dann gekammert, schließlich unregelmäßig hohl. Geruch leicht obstartig würzig. Geschmack stumpf, die Zähne trocknend, bitterlich. Milch reichlich, magermilchweiß, an der Luft innerhalb weniger Sekunden bis zu einer Minute pastelllila verfärbend. **Verwechslungen** In der Kombination gelber, zottiger Hut und an der Luft lila verfärbende Milch ist die Art einmalig. Ähnlich gefärbte Arten haben weiße, gelb verfärbende Milch.

Olivbrauner Milchling Tannen-Reizker

Lactarius turpis

Hut 5 bis 11 (15) cm, jung flach gewölbt mit abgerundet, stark eingerolltem, zottigem Rand, der bald verkahlt, erst im Alter scharfrandig und dann trichterförmig aufgeschirmt, durchweg schmutzig olivgrün gefärbt, zur Mitte hin fast schwarz untermischt, zum Rand hin mit hellen Ockertönen durchzogen, bisweilen konzentrisch gezont, bei feuchtem Wetter recht schmierig. **Lamellen** jung weißlich, bald creme und in Tüpfeln und Strichen schmutzig grauoliv oder dunkelgrau fleckend, auf Druck dumpf rotbraun fleckend. In Stielnähe bildet sich meistens ein dunkel olivfarbenes Rändchen um den Lamellenansatz. **Stiel** 4 bis 7 cm lang, zylindrisch, 0,7 bis 1,5 cm dick, etwas heller als der Hut, aber genauso schmutzig gefärbt und mit dunklen olivanthrazit gefärbten Grübchen unterbrochen. **Fleisch** weißlich, unter der Huthaut auch leicht graugrün durchgefärbt, im Stiel hohl, bei älteren Stücken blassgelb, Geruch etwas harzig, Geschmack brennend scharf. Die weiße, sehr scharfe Milch wird oft als unveränderlich angegeben, verfärbt sich aber in aller Regel beim Eintrocknen am Fruchtkörper graugrün. Allerdings habe ich schon Exemplare gefunden, deren Milch auch an den Lamellen nur sahnegelblich wurde. **Verwechslungen** können vom Erscheinungsbild her, oberflächlich betrachtet, mit **Kahlen Kremplingen** (*Paxillus involutus*, S. 106) vorkommen.

Steckbrief
Schmutzig olivgrauer, olivbrauner Pilz, der mehr an Krempling erinnert als an einen schönen Milchling.

Vorkommen
Überall sehr häufiger Fichten- und Birkenbegleiter auf sauren Böden, meist an trockenen Standorten.

Tipp
Der normal zubereitet ohnehin giftige Pilz wird auch siliert nicht verwendet, weil er das Mutagen Necatorin enthält.

Dickblättriger Schwärz-Täubling

Russula nigricans

Steckbrief
Schmutzig weißbrauner, anthrazitgrauer, sehr harter Täubling, dessen verletztes Fleisch lachsfarben anläuft.

Vorkommen
Überall in Laub- und Nadelwäldern sehr häufig, meist auf sauren Böden, mit einer Tendenz zu trockenen Standorten.

Tipp
Gilt in den meisten Büchern als essbar. Probieren Sie es aus und lassen Sie ihn dann (vermutlich) im Wald.

Hut 5 bis 11 (15) cm, jung flach, meist schon genabelt mit abgerundetem, stark eingerolltem Rand, der erst im Alter scharfrandig und dann trichterförmig aufschirmt. Oberfläche trocken glatt und matt, zunächst weißlich mit etwas grauer oder brauner Mitte, bald dunkler graubraun werdend, im Alter meist anthrazit bis schwarz. Bei trockenem Wetter springt die Oberhaut grobschollig oder körnig auf, bei feuchtem Wetter kann sie sehr schmierig sein und ist dann ein wenig in Fetzen vom Rand abziehbar. **Lamellen** jung weißlich, dann hell holzfarben, bisweilen mit rosa Schein, sehr dick, spröde und entfernt, stark untermischt. **Stiel** 4 bis 8 cm lang, sehr fest und hart, erst blass, bald braun bis schwärzlich. **Fleisch** weiß, nach Verletzung – wie auch Lamellenbruchstücke – lachs- bis ziegelrot anlaufend, nach etwa 10 Minuten grauend, dann schwärzend. Geruch unauffällig, Geschmack mild bis schärflich, mit einem deutlich muffigen Beigeschmack, der sich bei der Zubereitung verstärkt, im Alter im Stiel meistens hohl und stellenweise grauschwarz, nicht einladend. **Verwechslungen** können mit den anderen fünf oder sechs Schwärz-Täublingen vorkommen, die einen meist scharfen Geschmack haben, oft nicht vor dem Schwärzen röten. Die Doppelgänger sind außerdem meist schmächtiger. Als Speisepilz kommt meiner Genussvorstellung nach keiner in Frage.

DEZ NOV OKT SEPT AUG JULI JUNI MAI APRIL MÄRZ FEB JAN

Mandel-Täubling

Russula grata

Hut 5 bis 8 cm, jung halbkugelig oder zumindest hoch gewölbt, in der Mitte bald genabelt und später trichterförmig vertieft, jedoch erst im Alter ganz ausgerollt und flach trichterförmig werdend und dann auch vom Rand her stark gerippt gerieft. Huthaut relativ dick, gelatinös, bei Feuchtigkeit stark schleimig, aber nur wenig abziehbar, ocker bis ockerbraun, meist mit dunkleren Flecken, besonders in der Nähe von Verletzungen. **Lamellen** jung weißlich, dann hell holzfarben bis creme, oft mit braunen Flecken, unverletzt mit starkem Mandelgeruch, zerdrückt mit unangenehmem Geruch nach Stink-Täubling. Sporenpulver creme. **Stiel** 5 bis 9 cm lang, gleich dick 1 bis 1,5 cm, fein gerunzelt, zunächst weiß, bald schmutzig creme bis hell bräunlich. **Fleisch** weiß, im Hut recht dünn, im Stiel wenig kompakt und bald gekammert, schließlich unregelmäßig hohl. **Verwechslungen** können mit den meisten Arten der Gruppe der Stink- und Mandel-Täublinge vorkommen. Alle haben im Alter gerippt geriefte Hüte, alle sind von den graugelben, schmutzig ockerlichen Farben her nicht sehr einladend und es ist auch wirklich kein Speisepilz dabei. Die ähnlichste Art ist der **Starkduftende Stink-Täubling** *(Russula fragrantissima)* mit gleichem Mandelgeruch. Seine zerdrückten Lamellen entwickeln aber keinen Waschlappengestank wie der Stink-Täubling, sondern duften dann nach Kokosraspeln.

Steckbrief
Schmutzig ockerbraun gefärbter, schmieriger Täubling mit auffallend starkem Bittermandel-(Marzipan-) Geruch.

Vorkommen
In Laub-, seltener Nadelwäldern, meist mit Buche vergesellschaftet, mit einer Tendenz zu mineralreichen Böden.

Tipp
Nur ganz wenige Pilze, die nach Marzipan riechen, sind auch essbar.

Frauen-Täubling
Violettgrüner Frauen-Täubling
Russula cyanoxantha

Steckbrief
Milder Täubling mit violettgrün untermischtem Hut, auch mit gelben Tönen und absolut elastischen Lamellen.

Vorkommen
In Laub-, seltener Nadelwäldern, oft bei Buchen, mit einer Tendenz zu sauren bis neutralen Böden.

Tipp
Gehört zu den wenigen roh genießbaren und wohlschmeckenden Arten. Durch Hutabziehen auch appetitlich sauber.

Hut 6 bis 12 (15) cm, jung halbkugelig oder zumindest hoch gewölbt, in der Mitte bald genabelt und später trichterförmig vertieft, jedoch erst im Alter flach trichterförmig werdend und dann auch vom Rand her gerieft, fast immer von Schnecken irgendwo angefressen. Huthaut farblich äußerst variabel von Violettrot über alle blauen und grünen Mischtöne, nicht selten auch mit Gelb gemischt. Äußerste Fleischschicht unter der bis zu zwei Drittel abziehbaren Huthaut rosalila gefärbt. **Lamellen** perlweiß, weich und total elastisch, sich speckig anfühlend. Sporenpulver weiß. **Stiel** 6 bis 11 cm lang, gleich dick oder Basis verjüngt, oft verbogen, 1 bis 2,5 cm, voll fest, alt wattig ausgestopft und bisweilen gekammert. **Fleisch** weiß und von angenehmer, nicht zu fester Konsistenz. Geruch und Geschmack in keiner Richtung auffällig, bis auf ältere Exemplare, die einen feinen Krabbengeruch aufweisen. **Verwechslungen** können mit vielen ähnlichen Arten aus dem Verwandtschaftskreis vorkommen, die aber auch alle mild und damit essbar sind. Oft sind auch bei anderen Arten die Lamellen relativ elastisch, z. B. beim **Grasgrünen Täubling** *(Russula aeruginea)*, und dann müssen zur genauen Bestimmung Spezialkenntnisse mit Mikroskop und chemischen Farbreaktionen her oder der Pilz wird ohne exakte Zuordnung als milder Täubling, aber dann gebraten, verzehrt.

Speise-Täubling
Fleischroter Speise-Täubling

Russula vesca

Hut 4 bis 10 cm, jung halbkugelig oder zumindest hoch gewölbt, in der Mitte von Anfang an fühlbar genabelt, jedoch erst im Alter flach trichterförmig werdend und dann auch vom Rand her schwach gerieft, wobei die Huthaut beim Aufschirmen langsamer wächst als das Fleisch darunter und dadurch ein feines Hutfleisch- und Lamellen-Rändchen von schräg oben betrachtet sichtbar wird. Huthaut fest, fast gummiartig, zur Hälfte abziehbar, fleischfarben von Putensteak bis Rinderbraten und auch in diesen unterschiedlich intensiven fleischfarbenen Tönen untermischt. **Lamellen** weiß, am Stiel breit angewachsen, kaum herablaufend, relativ elastisch und um den Ansatz herum stark gegabelt oder auch anastomosiert. Sporenpulver weiß. **Stiel** 5 bis 8 cm lang, obere zwei Drittel gleich dick, 0,8 bis 2 cm, weiß, oft verbogen, Basis fast immer deutlich verjüngt, ausnahmsweise mit leichtem lila oder rosabraunem Ton, fast immer – wie auch die Lamellen – stellenweise rostfleckig, voll fest, alt bisweilen gekammert. **Fleisch** weiß und von angenehmer, fester Konsistenz. Geruch auffällig, Geschmack nach längerem Kauen wie unreife frische Haselnüsse. **Verwechslungen** sind mit ähnlichen essbaren Arten möglich, aber auch mit giftigen Spei-Täublingen, z. B. dem **Buchen-Spei-Täubling** *(Russula mairei)*, der aber bei einer rohen Kostprobe – wie alle Spei-Täublinge – sehr scharf schmeckt.

Steckbrief
Milder Täubling mit fleischfarbenem, genabeltem Hut, zugespitztem Stiel und Rostflecken.

Vorkommen
In Laub- und Nadelwäldern, oft bei Buchen oder Fichten, mit einer Tendenz zu sauren Böden.

Tipp
Speise-Täublinge verbessern im Mischgericht fast jede Röhrlingskomposition.

Harter Zinnober-Täubling

Russula rosea

Steckbrief
Milder Täubling mit hartem Stielfleisch und nach längerem Kauen bitterlichem, bleistiftähnlichem Geschmack.

Vorkommen
In Laub- und Nadelwäldern, oft bei Buchen, mit einer Tendenz zu sauren Böden.

Tipp
Prinzipiell essbar, schmeckt aber in jedem Gericht unangenehm vor. Ich würde ihn meiden.

Hut 6 bis 12 cm, jung halbkugelig, bald verflacht, selten genabelt und erst im Alter flach trichterförmig werdend, ungerieft. Huthaut matt bereift, zinnoberrot, selten auch fast schwarzrot in der Mitte, rosa oder sogar ocker bis weiß, nur wenige Millimeter abziehbar; bei Trockenheit oft klüftig zerrissen. **Lamellen** weiß, am Stiel angeheftet bis breit angewachsen, kaum je herablaufend, sehr spröde, brüchig, erst weißlich, bald blasscreme und oft mit rötlich überhauchten Schneiden. Sporenpulver creme. **Stiel** 6 bis 10 cm lang, meist schwach bauchig oder keulig angeschwollen mit abgerundeter Basis, 1,2 bis 2,5 cm dick, selten rein weiß, meistens mit rosa oder zinnoberrotem Schimmer. Die rosa Tönung wächst über frühe Verletzungen und Wuchsstörungen wieder drüber. Es kommen auch Exemplare mit dunkel zinnoberrotem Stiel und völlig pigmentlose Formen vor, die eindeutig dieser Art zuzuordnen sind. **Fleisch** weiß, unter den bunt gefärbten Täublingen das härteste, mit unangenehmem Zedernholz-(Bleistift-) Geschmack, der nach längerem Kauen als bitter empfunden wird. **Verwechslungen** sind mit fast allen rothütigen Arten möglich. Die Spei-Täublinge haben neben dem scharfen Geschmack noch die relative Weichfleischigkeit und den glänzenden Hut als Trennmerkmale. Ähnliche Herings-Täublinge (S. 210) schmecken mild.

Milder Wachs-Täubling
Mädchen-Täubling
Russula puellaris

Hut 3 bis 5 (9) cm, jung flach gewölbt mit meist von Anfang an breit vertiefter Mitte, bald flach ausgebreitet, von relativ zartem Erscheinungsbild, Rand stark kammartig gerippt gerieft. Huthaut glänzend, bei Trockenheit körnig matt, bis zur Hälfte, teilweise auch ganz abziehbar. Von kupfer-, wein- bis lilarötlicher Farbe, Mitte meist dunkler, oft schwarzrot, im Alter verblassen die Pilze zu einem schmutzigen Ocker- bis Rosabraun. **Lamellen** anfangs hellcreme, bald satt buttergelb verfärbt, dunkler als das blassgelbe Sporenpulver, am Stiel angeheftet, sehr spröde, brüchig, relativ entfernt stehend und meist auffällig anastomosiert. **Stiel** 4 bis 7 (9) cm lang, zylindrisch mit manchmal angeschwollener, abgerundeter Basis, die oft von feinen Myzelfasern (= Rhizomorphen) bekleidet ist, 0,5 bis 1,5 cm dick, selten rein weiß, meistens mit gelblichem Schimmer, der im Alter stärker wird und in ein kräftiges Ocker bzw. Ockerbraun übergeht. **Fleisch** weiß bis buttergelb, im Hut dünn, im Stiel locker, gekammert und gebrechlich. **Verwechslungen** sind mit vielen anderen gebrechlichen, milden, ocker- bis dottergelbsporigen Täublingen möglich. Als Faustregel für Speisepilzsammler kann man sagen: Gebrechliche Täublinge mit Mischfarben auf dem Hut und creme bis gelben Lamellen sind bei roher Geschmacksprobe meistens mild und dann auch essbar.

Steckbrief
Milder gebrechlicher Täubling mit kupferrotem bis schwärzlich rotem Hut und der Neigung, in allen Teilen wachsgelb zu verfärben.

Vorkommen
In Laub- und Nadelwäldern, oft bei Fichten, mit einer Tendenz zu sauren Böden.

Tipp
Oft schon der Größe wegen missachtet. Ich nehme ihn gerne für Mischgerichte.

Roter Herings-Täubling

Russula xerampelina

Steckbrief
Wunderschön samtigroter, milder Täubling mit strengem Geruch nach Heringslake oder alten Krabben.

Vorkommen
In Nadelwäldern, oft mit Fichte, auch mit Kiefer vergesellschaftet, mit einer Tendenz zu mineralreichen Böden.

Tipp
Der bisweilen abstoßende Heringsgeruch verliert sich bei der Zubereitung völlig.

Hut 5 bis 10 cm, jung flach gewölbt mit breit nach innen gebogen abgerundetem Rand, beim Aufschirmen lange gewölbt bleibend, schließlich in der Mitte vertieft, aber kaum trichterförmig. Huthaut samtig matt, bis zu ein Drittel abziehbar, leuchtend purpurrot bis weinrot, auch mit ockerfarbenen Aufhellungen, samtig wie edle Kissen, nie schmierig. **Lamellen** creme, bald satt buttergelb gefärbt, am Stiel nur angeheftet, oft fast frei, Schneiden mitunter rötlich überlaufen. Sporenpulver sattocker. **Stiel** 5 bis 10 cm lang, zylindrisch oder bauchig, mit abgerundeter Basis, 0,5 bis 1,5 cm dick, selten rein weiß, meistens mit roter Überfärbung. Manchmal ist der Stiel wie der Hut purpursamtig und der ganze Pilz im grünen Moos eine Erscheinung von besonderer Ästhetik. **Fleisch** weiß, im Hut dünn, im Stiel fest, aber nie hart. Geruch ganz frisch kaum wahrnehmbar, bei älteren Exemplaren oder beim Eintrocknen aufdringlich nach Heringslake oder alten Krabben. Oberfläche und Fleisch bräunen bei Verletzung mehr oder weniger stark und riechen dann noch kräftiger. **Verwechslungen** sind mit dem bisweilen sehr ähnlich gefärbten **Harten Zinnober-Täubling** (*Russula rosea*, S. 208) möglich, der aber nie nach Hering riecht und viel festeres Fleisch hat. Alle anderen, ebenfalls essbaren Herings-Täublinge, oft auch mit roten Farben, werden mitgegessen.

Rotstieliger Leder-Täubling

Russula olivacea

Hut 8 bis 20 cm, jung polsterförmig, halbkugelig, schließlich breit aufgeschirmt und in der Mitte niedergedrückt, stets mit nach unten gezogenem, die Lamellen verdeckendem Hutrand. Huthaut von Olivgelbocker über Weinrot und Purpurgraubraun alle Farben in mehr oder weniger starker Durchmischung. Konstant ist ein zumindest teilweise pinkrosa, oft in die Lamellen übergreifendes Rändchen. Die matte Oberfläche ist fast immer ganz fein konzentrisch gerunzelt. **Lamellen** sehr dick, spröde und stark anastomosierend, creme, bald satt buttergelb gefärbt, Schneiden mitunter rötlich überlaufen. Sporenpulver sattgelb. **Stiel** 8 bis 15 cm lang, zylindrisch oder bauchig, mit verkehrt kegelig abgerundeter Basis, 1,5 bis 4 cm dick, selten rein weiß, meistens mit rosaroter, körniger Überfärbung. **Fleisch** weiß, dick und fest, im Stiel berindet. Geruch schwach obstartig, auch etwas harzig, aber angenehm, Geschmack nach längerem Kauen walnussartig. Der Pilz ist roh aber für die meisten Konsumenten sehr giftig im Magen-Darm-Bereich. **Verwechslungen** sind wegen des gleichen Standorts und wegen der u. U. ähnlich stattlichen Größe mit dem stets glänzenden **Lederstiel-Täubling** *(Russula viscida)*, dessen Fleisch und Stielrinde bräunen, möglich. Der **Blut-Täubling** *(Russula sanguinea)* und seine Verwandten können auch ähnlich aussehen, sind aber eindeutig scharf.

Steckbrief
Einer der größten milden Täublinge mit rotem, grünem oder panaschiertem, konzentrisch gerunzeltem Hut.

Vorkommen
In Laub- und Nadelwäldern, oft bei Fichten oder Buchen, mit einer Tendenz zu mineralreichen Böden.

Tipp
Giftigkeitsangaben beziehen sich auf Rohgenuss oder individuelle Unverträglichkeiten. Giftstoffe sind nicht bekannt.

DEZ NOV OKT SEPT AUG JULI JUNI MAI APRIL MÄRZ FEB JAN

Buckel-Täubling

Russula caerulea

Steckbrief Mittelgroßer milder Täubling mit charakteristisch bitterer Huthaut und meist einem spitzen Buckelchen in der Mitte.

Vorkommen In allen Wäldern, wo eine Kiefer steht, oft mit einer Tendenz zu mineralreichen Böden.

Tipp Obwohl in vielen Büchern als ungenießbar geführt, esse ich den Pilz gerne. Voraussetzung: die bittere Huthaut entfernen.

Hut 5 bis 10 cm, stumpfkegelig aus der Erde kommend, entwickelt sich der Hut zunächst kegelig geschweift, um dann konzentrisch in einen wulstigen, im Alter gerieften Rand, einen vertieften „Graben" und den zentralen Buckel aufgeteilt zu sein. Oft ist der Graben so vertieft, dass Wasser darin stehen kann und der Buckel als Insel herausragt. Die weinrote, lila bis fast schwarze Huthaut ist zu einem Drittel abziehbar und charakteristisch bitter, weswegen sie zum Genuss völlig entfernt werden muss. **Lamellen** jung weiß, vom Sporenpulver bald sattcreme; meist im Alter von oben schon zu sehen, weil die Huthaut nicht wie bei anderen Leder-Täublings-Verwandten übergreift, sondern ähnlich dem Speise-Täubling ein Rändchen Fleisch preisgibt. Sporenpulver gelb. **Stiel** 5 bis 9 cm lang, schlank und doch bauchig mit verjüngter Spitze und zugespitzter Basis, 0,5 bis 1,5 cm dick, rein weiß, im Alter oft etwas grauend. Der Buckel-Täubling steht verwandtschaftlich den Graustiel-Täublingen genauso nahe wie den Leder-Täublingen. **Fleisch** weiß, brüchig dünn, alt grauend, der zarteste in seinem Verwandtschaftskreis; Geruch schwach obstartig, angenehm, Geschmack mild. **Verwechslungen** sind immer möglich, wenn der charakteristische Buckel fehlt. Kann z. B. nach Regenperioden die bittere Huthaut nicht mehr festgestellt werden, helfen nur noch Mikroskopie und Chemie.

Gelber Graustiel-Täubling

Russula claroflava

Hut 5 bis 10 cm, jung halbkugelig, bald verflacht und in der Mitte vertieft, Rand im Alter gerippt gerieft. Huthaut von charakteristisch kanariengelber Farbe, nur in der Intensität variabel, sodass man, die Art erst mal kennen gelernt, schon von weitem sagen kann: „Das ist einer!" **Lamellen** jung blasscreme, vom Sporenpulver bald sattgelb, im Alter von den Schneiden her, aber auch von Insektengelegen ausgehend rußgrau bis schwärzlich verfärbend, am Stiel angeheftet bis fast frei. Sporenpulver gelb. **Stiel** 5 bis 9 cm lang, schlank, zylindrisch mit abgerundeter Basis, 1 bis 2 cm dick, weißlich bis cremegelb, im Alter stark grauend. Die angekratzte Stielrinde verfärbt sich meistens nach 2 bis 15 Minuten erst pink, rosalila, um dann während weiterer ca. 10 Minuten in Rußgrau umzuschlagen. **Fleisch** weiß, brüchig, im Stiel berindet. Alle verletzten Stellen verfärben sich, je dichter der Rinde zu, je intensiver rußgrau. Schneidet man junge Pilze ab, färbt sich der Stielrindenring deutlich, das markige Fleisch schwach. **Verwechslungen** sind mit anderen gelben Täublingen leicht möglich, solange man die „*Claroflava*-Farbe" noch nicht als visuellen Eindruck gespeichert hat. Besonders gibt es dann Probleme mit dem **Ocker-Täubling** (*Russula ochroleuca*, S. 214), der, je nasser der Standort, auch grauen kann. Auch der **Gallen-Täubling** (*Russula fellea*, S. 215) ist ähnlich.

Steckbrief
Mittelgroß, mild, charakteristisch kanariengelber Hut, im Alter sowie bei Verletzung rußgrau verfärbende Stielrinde.

Vorkommen
Nur bei Birken an meist nassen Standorten. Selten, aber ortshäufig.

Tipp
Alte Graustiel-Täublinge sind leicht kenntlich. Junge werden abgeschnitten, färbt sich die Stielrinde im Schnitt rußig, sind es welche.

JAN FEB MÄRZ APRIL MAI JUNI JULI AUG SEPT OKT NOV DEZ

Ocker-Täubling
Gelbweißer Täubling
Russula ochroleuca

Steckbrief Mittelgroßer, scharfer, selten milder Täubling der mageren, pilzarmen Fichtenforste.

Vorkommen Sehr häufiger Fichtenbegleiter auf sauren Böden, der aber auch mit Buche, Eiche, Tanne und anderen Symbiosen eingeht.

Tipp Junge Ocker-Täublinge könnte man knusprig gebraten essen. Ein Mischgericht würde ich damit nicht verschlechtern wollen.

Hut 5 bis 10 cm, jung flach gewölbt, bald verflacht und in der Mitte vertieft, Rand meist unregelmäßig, wellig, unrund. Huthaut in der Farbe sehr variabel. Der Pilz wird auch Zitronen-Täubling genannt und die Farben reifender Zitronen von olivgrau bis hin zu zitronengelb geben das am besten wieder. **Lamellen** *Ochroleuca* ist der wissenschaftliche Name, der den Gegensatz von Ocker im Hut und dem Weiß *(leuca)* der Lamellen wiedergibt, die im Alter aber auch gilben können und meist rostfleckig sind. Sporenpulver weiß. **Stiel** 5 bis 9 cm lang, kompakt, zylindrisch, 1 bis 2 cm dick, weißlich bis cremegelb, im Alter je nach Standort mehr oder weniger grauend. Die angeschwollene, etwas mit Hutfarbe überhauchte, wurstzipfelartig zusammengezogene Stielbasis ist charakteristisch. **Fleisch** weiß, im Alter, je nasser der Standort ist, grauend, ziemlich elastisch und scheinbar sogar zerfaserbar. Geruch nicht wahrnehmbar bis schwach obstartig, Geschmack bei von mir gesehenen, tausenden Kollektionen immer scharf oder durch Wässern (Regenperioden, alte Pilze) dumpf bzw. nicht mehr wahrnehmbar. **Verwechslungen** sind besonders mit dem sehr scharfen **Gallen-Täubling** (*Russula fellea*, S. 215), der aber trotz weißen Sporenpulvers ockerorange Lamellen hat, und dem gänzlich milden **Gelben Graustiel-Täubling** (*Russula claroflava*, S. 213) mit gelbem Sporenpulver möglich.

Gallen-Täubling

Russula fellea

Hut 3 bis 8 cm, jung halbkugelig, lange flach gewölbt bleibend und oft auch bei älteren Stücken eher gebuckelt als niedergedrückt, Rand zunächst glatt, im Alter zunehmend gerippt gerieft. Huthaut fahlgelb, ockergelb, in der Mitte kräftiger ockerorange oder ockerbräunlich gefärbt, durch bernstein- bis rostbraune Flecken, besonders an kleinen Verletzungen unterbrochen. **Lamellen** am Stiel etwas ausgebuchtet, nicht herablaufend, schon jung auffallend creme, dann schmutzig ockerorange, sodass man einen Pilz mit gelbem Sporenpulver vermuten möchte. **Stiel** 4 bis 8 cm lang, schlank, zylindrisch, 0,7 bis 1,5 cm dick, cremegelb, nie rein weiß, im Alter zunehmend wie die Lamellen blass ockerorange gefärbt. Basis meist durch angeheftete Myzelfasern mit Streu- und Humusteilen bedeckt. **Fleisch** nur ganz jung weißlich, bald cremegrau, relativ fest, im Stiel bei älteren Stücken schwammig und berindet. Geruch auffällig süßsäuerlich, an Moltebeeren-Kompott oder Currysenf erinnernd, Geschmack brennend scharf. **Verwechslungen** sind besonders mit dem weniger scharfen **Ocker-Täubling** (*Russula ochroleuca*, S. 214), der weiße Lamellen hat, und dem gänzlich milden **Gelben Graustiel-Täubling** (*Russula claroflava*, S. 213) mit gelbem Sporenpulver möglich. Auch der seltenere **Sonnen-Täubling** *(Russula solaris)* und weitere, scharfe Arten sehen ähnlich aus.

Steckbrief
Mittelgroßer, sehr scharfer, gelb- bis ockerfarbener Täubling mit auffallend ockerorangen Lamellen.

Vorkommen
Sehr häufiger Buchenbegleiter an meist sauren Standorten, der selten auch mit Fichte, Eiche und anderen Symbiosen eingeht.

Tipp
Unter den gelben Täublingen gibt es außer dem Gelben Graustiel-Täubling (S. 213) keinen wirklich guten Speisepilz.

Spei-Täubling
Kirschroter Spei-Täubling

Russula emetica

Steckbrief
Mittelgroßer, sehr scharfer, leuchtend roter Täubling; Lamellen und Stiel schneeweiß.

Vorkommen
Häufiger Fichtenbegleiter an meist sauren Standorten, der selten auch mit anderen Waldbäumen Symbiosen eingeht.

Tipp
Glänzend roter Hut und perlweiße Lamellen heißt immer: Finger – oder besser Zunge – weg: scharf!

Hut 4 bis 10 cm, jung halbkugelig, bald ausgebreitet, im Umriss meist wellig und in der Mitte niedergedrückt. Huthaut leuchtend kirschrot, niemals mit schwärzlichen oder lila bzw. olivlichen Tönen gemischt, eventuell etwas ockerfleckig, aber kaum ausblassend, lange Zeit glänzend, meist bis zur Mitte vollständig abziehbar. **Lamellen** am Stiel etwas ausgebuchtet oder frei, nicht herablaufend, zu jeder Zeit rein weiß. Sporenpulver weiß. **Stiel** 4 bis 8 cm lang, schlank, zylindrisch, meist verbogen, 0,7 bis 1,5 cm dick, rein weiß. Es gibt Formen mit leicht rötlichem Hauch am Stiel, in diesem Fall sollte man aber seine Bestimmung überprüfen. **Fleisch** perlweiß, relativ weich, im Hut dünn, im Stiel brüchig. Geruch zart obstartig, Geschmack pfefferscharf, nicht so beißend wie etwa der des Gallen-Täublings. **Verwechslungen** sind mit den übrigen Spei-Täublings-Arten und -Varietäten möglich. Einige Arten aus der Gruppe um den **Schwarzroten Täubling** *(Russula atrorubens)* werden auch häufig verwechselt. Diese haben jedoch immer schwärzliche oder Lila- bzw. Olivtöne untermischt, sind weit weniger scharf und haben blass cremefarbenes Sporenpulver. Der **Fleischrote Speise-Täubling** *(Russula vesca*, S. 207) weist niemals den Glanz der Spei-Täublinge auf, wächst nicht an nassen Stellen und schmeckt angenehm mild.

Verblassender Täubling
Verblassender Birken-Täubling

Russula pulchella

Hut 4 bis 8 cm, jung stumpfkegelig, bald ausgebreitet und in der Mitte niedergedrückt, Rand lange nach unten gebogen. Huthaut hellrot, rosarot, weinrot, rasch ausblassend in Richtung Ockergrau bis Schlohweiß. **Lamellen** am Stiel breit angewachsen, im Alter mehr oder weniger herablaufend, zunächst weiß, dann creme bis blassgelb gefärbt. Sporenpulver hellocker. **Stiel** 3 bis 8 cm lang, etwas keulig oder zumindest angeschwollen, meist verbogen, 1 bis 2 cm dick, rein weiß, auch leicht grauend oder gilbend. **Fleisch** weißlich, besonders im Alter leicht nebelgrau verfärbend. Der ganze Pilz verliert, kaum dass er sich recht entwickelt hat, seine ganze Schönheit. Alles verblasst oder graut so vor sich hin und tatsächlich habe ich nie Finderfreude bei Pilzfreunden bemerkt. Geruch schwach obstartig, Geschmack scharf, aber selbst die Schärfe „verblasst", jedenfalls verliert sie sich bei längerem Kauen, weswegen der Pilz als essbar angegeben wird. Ich würde schon des Standorts wegen auf das im günstigsten Falle neutrale Geschmackserlebnis verzichten. **Verwechslungen** Ist man auf den Verblassenden Täubling nicht gefasst, wird man ihn zwar nicht verwechseln, aber auch nicht zuordnen können. Er hat in seiner nichtssagenden Erscheinung sein Alleinstellungsmerkmal. Der ebenfalls verblassende **Birken-Spei-Täubling** (*Russula emetica* var. *betularum*) glänzt.

Steckbrief
Rot melierter, stark ausblassender Täubling, mäßig scharf. Typischer Pilz der Parks und offenen Landschaften.

Vorkommen
Obligatorischer Birkenbegleiter in Alleen, Anlagen, Parks, toleriert durchaus die dortige Überdüngung.

Tipp
Die Pilzkunde beginnt vor der Haustür. Viele Arten haben sich auf von Menschenhand geschaffene Freiflächen spezialisiert.

Zitronenblättriger Täubling Säufernase

Russula sardonia

Steckbrief Kräftiger rotvioletter, auch grün untermischter, sehr scharfer Täubling, jung mit tränenden Lamellen.

Vorkommen Obligatorischer Kiefernbegleiter saurer Nadel- und Mischwälder.

Tipp Verlassen Sie sich bei Täublingen, bis auf wenige ausdrückliche Regeln, nie auf die enorm variablen Farben.

Hut 5 bis 10 (15) cm, jung flach polsterförmig, bald ausgebreitet und in der Mitte niedergedrückt, Rand meistens unrund, wellig verbogen. Huthaut blutrot, violettrot, schwärzlich violett oder grün untermischt, es kommen auch gänzlich grüne Formen vor. Im Schneckenfraß bildet sich neues Hutpigment, welches meistens von der Umgebung abweichend violettrot ist. **Lamellen** am Stiel breit angewachsen, im Alter mehr oder weniger herablaufend, zunächst creme, zitronengelb mit dunklerer Schneide. In der Jugend und bei feuchtem Wetter sondern die Lamellen wasserklare Guttationen ab, weshalb der Pilz auch den Volksnamen „Tränentäubling" führt. Sporenpulver hellocker. **Stiel** 5 bis 12 cm lang, zylindrisch oder basal etwas erweitert, oft verbogen, 1 bis 3 cm dick, selten rein weiß, meist satt rosalila überhaucht und über dieser Farbe noch ein grausilbriger Metallic-Glanz. **Fleisch** weißlich bis gelblich, unter der Huthaut auch rosa durchgefärbt, sehr fest, im Stiel bisweilen gekammert. Geruch angenehm nach Obstsäure, Geschmack anhaltend brennend und unangenehm scharf. **Verwechslungen** gibt es – auch in der gängigen Pilzliteratur – ständig mit dem **Stachelbeer-Täubling** *(Russula queletii)*, der deutlich schmächtiger ist, fast weiße Lamellen hat und als Fichtenbegleiter auf mineralreicheren Böden andere Standortansprüche hat und nicht ganz so ekelig scharf ist.

Pfifferling Eierschwamm

Cantharellus cibarius

Fruchtkörper kreiselförmig, im Alter auch tüten- oder trichterförmig, in allen Teilen gelb, je nach Varietät oder Kleinart mal sehr hell weißgelb, mal mit violetten Schüppchen besetzt. Unterseite leistenförmig, manchmal fast lamellenartig erscheinend, oft mit starken Gabelungen und Anastomosen, matt, hellgelb bis dottergelb. Stielteil gelb, Basis gefältelt, spitz zusammengezogen und heller. Sporenpulver blassgelb. **Fleisch** dick, faserig-elastisch, aber zumindest am Rand doch brüchig, weißlich bis blassgelb, im Alter wässrig. Geruch obstartig, aromatisch, Geschmack nach längerem Kauen pfeffrig. **Verwechslungen** sind besonders mit dem **Falschen Pfifferling** (*Hygrophoropsis aurantiaca*, S. 104) gegeben, der folgende erhebliche Unterschiede aufweist: Lamellen (statt Leisten) zwar gegabelt, aber nie anastomosiert, leicht vom Hutfleisch ablösbar, Standort auf (vergrabenem) Holz, Geruch fehlend, Geschmack, auch nach langem Kauen, nach nichts, Fleisch durchgefärbt gelb. Gemeinsam haben die beiden nur den ersten Eindruck und die finale Unverdaulichkeit. Neuerdings werden die schon immer von erfahrenen Waldgängern beobachteten Unterschiede der Pfifferlinge untereinander wissenschaftlich begründet zur Trennung von Arten herangezogen. So lernen wir quasi im Vorübergehen auch, welche den Buchenwald oder die Fichten bevorzugen.

Steckbrief
Der wohl bekannteste wild wachsende Speisepilz. Goldgelber Pilz mit Leisten und obstartigem Duft.

Vorkommen
In Laub- und Nadelwäldern mit Tendenz zu sauren Böden, manche Jahre massenhaft, dann wieder weniger üppig.

Tipp
Die Unterscheidung in mehrere Arten und Varietäten erhöht dem aufmerksamen Leser das Finderglück.

DEZ NOV OKT SEPT AUG JULI JUNI MAI APRIL MÄRZ FEB JAN

Trompeten-Pfifferling Herbst-Pfifferling

Craterellus tubaeformis

Steckbrief Grauockerliche Trichterhütchen mit graugelbem Stiel und ähnlich gefärbten, deutlichen Leisten.

Vorkommen In Laub- und Nadelwäldern auf sauren Böden, manche Jahre massenhaft, dann wieder weniger üppig.

Tipp Heidelbeer-Maronen-Röhrlings-Wälder können im November und Dezember, also „nach" der Saison, ein Dorado sein.

Fruchtkörper kreisel-, tüten-, trichterförmig, oft gänzlich hohl durchbohrt, olivgrau, gelbgrau, ockerbraun, selten auch ganz kanariengelb, auf der Oberfläche oft Ton in Ton meliert, 2 bis 6 (10) cm hoch, 2 bis 6 (10) cm im Durchmesser, nicht in Hut und Stiel gegliedert, auch wenn es so aussehen mag. Außenseite meist deutlich leistenförmig, manchmal fast lamellenartig erscheinend bis zum meist verbogenen, faltigen, fast nie runden Stielteil, matt, hellgelb, graugelb oder ganz unscheinbar grau, Stielteil dunkler graugelb oder ockerbraun. Basis gefältelt, spitz zusammengezogen und heller, oft, besonders bei büscheligem Wuchs, kurz vor der Ansatzstelle noch mal aufgeblasen und dann zusammengezogen. Sporenpulver weißlich. **Fleisch** dünn, bis 2 mm, faserig-elastisch, aber zumindest am Rand doch brüchig, graugelb, im Alter auch ganz grau. Geruch unauffällig, Geschmack mild. **Verwechslungen** sind mit dem **Goldstieligen Leistling** (*Cantharellus aurora*, S. 221) am wahrscheinlichsten, der kaum Leisten, meist nur Adern hat, deutlich obstig nach Aprikosenschalen riecht und stets an mineralreichen Standorten wächst. Auf Kalkböden entwickelt sich oft eine dicke, saure Humusschicht oder Umwelteinflüsse tragen zur Versauerung des Oberbodens bei. Und dann stehen Trompeten-Pfifferlinge und Goldstielige Leistlinge durcheinander.

Goldstieliger Leistling
Starkriechender Leistling

Craterellus aurora

Fruchtkörper kreisel-, tüten-, trichterförmig, manchmal gänzlich hohl durchbohrt, gelbgrau, ockerbraun, selten auch ganz kanariengelb auf der Oberfläche, oft Ton in Ton meliert, 2 bis 8 (12) cm hoch, 2 bis 6 (10) cm im Durchmesser, nicht in Hut und Stiel gegliedert, auch wenn es so aussehen mag. Außenseite meist deutlich adrig, manchmal fast leistenförmig bis zum meist verbogenen, faltigen, fast nie runden Stielteil, matt glänzend, hellgelb, gelb und selbst orangerosa, Stielteil dunkler dottergelb. Basis gefältelt, spitz zusammengezogen und heller, oft, besonders bei büscheligem Wuchs, kurz vor der Ansatzstelle noch mal aufgeblasen und dann zusammengezogen. Sporenpulver blassgelb. **Fleisch** dünn, bis 2 mm, faserig-elastisch, aber zumindest am Rand doch brüchig, sahnefarben bis hellgelb, graugelb im Alter. Geruch angenehm nach Aprikosenschalen, Geschmack mild. **Verwechslungen** sind mit dem **Trompeten-Pfifferling** (*Cantharellus tubaeformis*, S. 220) am wahrscheinlichsten, der viel stärkere Leisten hat, keinen besonderen Duft aufweist und stets an sauren Standorten wächst. Oft ist aber auf kalkhaltigem Untergrund schon in zweiter Generation Fichte gepflanzt oder Umwelteinflüsse tragen zur Versauerung des Oberbodens bei. Und dann stehen Trompeten-Pfifferlinge und Goldstielige Leistlinge durcheinander.

Steckbrief
Grauockerliche Trichterhütchen mit leuchtend gelbem Stiel und blassgelber Unterseite duften wie frische Aprikosen.

Vorkommen
In Laub- und Nadelwäldern auf mineralreichen Böden, manche Jahre massenhaft, dann wieder fehlend.

Tipp
Diese Art und die anderen Verwandten sind zum Trocknen geeignet, nur der Pfifferling selber nicht.

DEZ NOV OKT SEPT AUG JULI JUNI MAI APRIL MÄRZ FEB JAN

Totentrompete
Herbsttrompete

Craterellus cornucopioides

Steckbrief
Graue, graubraune, runzelige, kleine Tüten und Trichter, meist tief im Buchenlaub versteckt.

Vorkommen
In Laub- und Mischwäldern auf mineralreichen Böden, besonders bei Buchen, manche Jahre massenhaft, dann wieder fehlend.

Tipp
Bevorzugen Sie den Namen Herbsttrompete, wenn Sie Gäste haben.

Fruchtkörper kreisel-, tüten-, trichterförmig, fast immer gänzlich hohl durchbohrt, grau, graubraun oder auch fast schwarz, auf der Oberfläche oft Ton in Ton meliert, 4 bis 10 (15) cm hoch, 2 bis 6 (10) cm im Durchmesser, nicht in Hut und Stiel gegliedert. Außenseite meist dunkler adrig, schwach runzelig, matt glänzend, im Alter von Sporenpulver bestäubt grau bereift erscheinend. Basis gefältelt, spitz zusammengezogen. Sporenpulver weiß. **Fleisch** dünn, bis 2,5 mm, faserig-elastisch, aber zumindest am Rand doch brüchig, grauschwarz. Geruch würzig angenehm, Geschmack mild. Ältere Fruchtkörper können am Rand dunkelgrau, fast schwarz gefärbt, gummiartig elastisch sein und ein noch stärkeres, aber keineswegs schon unangenehmes Aroma haben. Diese Pilze sind dann noch nicht richtig verfault, aber schon in bedenklichen Zustand vorzersetzt. Zahlreiche Gesundheitsstörungen nach Genuss von Herbsttrompeten sind darauf zurückzuführen. **Verwechslungen** sind mit den anderen, teilweise oder gänzlich grauen Verwandten der Pfifferlinge möglich. Am ähnlichsten und auch am gleichen Standort zu finden ist der **Graue Pfifferling** *(Cantharellus cinereus)*. Auch der **Vollstielige Leistling** oder **Krause Leistling** *(Pseudocraterellus sinuosus)* sieht ähnlich aus, beide haben mehr oder weniger deutliche Leisten und sind auch essbar.

Schweinsohr
Keulen-Pfifferling

Gomphus clavatus

Fruchtkörper Meist abrupt abgestutzt, stehen in Reihen oder Hexenringen violette, auf der Oberfläche oder gänzlich ockerbraune Fruchtkörper von 3 bis 6 (10) cm Höhe und 1 bis 5 (10) cm Durchmesser in Büscheln oder einzeln und man weiß nicht recht: Sind das richtige Pilze oder sind das großzügige Erntereste von Pilzsammlern? Das Schweinsohr gehört in seiner Erscheinung zu den eigenwilligsten Fruchtkörperentwürfen. Mal leuchtend violettblau, mal ockerbraun wie trockenes Buchenlaub gefärbt, sind die Flanken der kreiselförmigen Fruchtkörper runzelig oder leistenförmig ausgestülpt und bei Reife von trüb ockerfalbem Sporenpulver bedeckt. **Fleisch** jung weißgrau marmoriert und schnittfest, schließlich wattig, schwammig. Geruch kaum feststellbar, Geschmack unauffällig, bei reifen Fruchtkörpern unangenehm bitter. Der gute Ruf, den das Schweinsohr als Speisepilz genießt, geht wohl hauptsächlich auf den angenehmen Biss der Speise zurück. **Verwechslungen** sind am ehesten mit der **Abgestutzten Riesenkeule** *(Clavariadelphus truncatus)* möglich, deren Fruchtkörper auch wie abgefressen aussehen und einen violetten Schimmer haben können, als Trennmerkmal aber süß, wie Cyclamat (Süßstoff) schmecken. Durch Verletzung verwachsene **Herkules-Keulen** (*Clavariadelphus pistillaris*, S. 224) können ebenfalls ähnlich erscheinen.

Steckbrief
Oft in Zeilen und Hexenringen erscheinende, violette oder ockerlila Pilze, die wie schon einmal geerntet aussehen.

Vorkommen
In Laub- und Nadelwäldern auf Kalkböden, stark zurückgegangen, aktuell wieder etwas in Ausbreitung.

Tipp
Das Schweinsohr gehört zu einer von 30 Pilzarten, deren Ökologie europaweit erforscht wird.

Herkules-Keule

Clavariadelphus pistillaris

Steckbrief Als hätte jemand Steinzeitwaffen in den Buchenwald gestellt.

Vorkommen In alten, naturnahen Buchen- und Mischwäldern auf Kalkböden.

Tipp Wo Herkules-Keulen wachsen, wird der versierte Pilzkenner auch die schönsten Schleierlinge suchen.

Fruchtkörper Als fingerdünner, fahl ockergelber Rundstab erscheinend, entwickelt sich bald eine stattliche, bis zu 30 cm hohe und bis zu 5 cm Durchmesser dicke Keule. Sie ist dann an der Basis nur halb so dick, meist violett oder rosalila überlaufen, an der dicksten Stelle ockerrosa, rosabräunlich gefärbt. Zur Spitze hin bleibt sie fahl ockergelb. Die sterile Basis bräunt auf Druck. Sporenpulver blassgelb. **Fleisch** jung weiß und schnittfest, im Alter zunehmend schwammig, leicht zusammendrückbar, cremebraun. Auch das frische Fleisch bräunt an der Luft. Geruch nicht auffällig, Geschmack meist bitter. **Verwechslungen** Sehr ähnlich kann die **Abgestutzte Riesenkeule** *(Clavariadelphus truncatus)* aussehen, die aber den Kalk-Nadelwald bevorzugt und ausgesprochen süß schmeckt. Eine winzige Kostprobe vom rohen Pilz füllt den ganzen Mundraum mit dem Geschmack von Cyclamat (Süßstoff). Für abgerissene oder schlampig geerntete Herkuleskeulen werden bisweilen die am gleichen Standort vorkommenden **Schweinsohren** (*Gomphus clavatus*, S. 223) gehalten, denn neben den typisch violett gefärbten kommen, besonders im Buchenwald, auch immer ockerliche Fruchtkörper vor. Das Schweinsohr zeigt in der Entwicklung der Fruchtschicht mit ihren tiefen Runzeln und Leisten eindrucksvoll einen Übergang zu den echten Leistenpilzen.

DEZ NOV OKT SEPT AUG JULI JUNI MAI APRIL MÄRZ FEB JAN

Tannen-Stachelbart

Hericium flagellum

Fruchtkörper Als verästelnder Knoten aus dem Substrat hervorbrechend, entwickelt sich ein bis zu 30 cm Durchmesser großer hängender Stachelbart. Direkt hinter der Austrittsstelle verästelt sich das Gebilde, um bis zur äußeren Bestachelung, immer wieder in Äste gegliedert, auch zwischen den Ästen und in deren Gabeln Fruchtschicht tragende Stacheln auszutreiben. Dieses Wuchsverhalten gibt dem ganzen Gebilde das kompakte Erscheinungsbild. Die Stacheln sind jung noch noppenförmig, bald spitz und bis zu 2 cm lang, stets hängend der Erde zugewandt, sodass die Sporenständerzellen seitlich horizontal wachsen. **Fleisch** jung weiß und schnittfest und weich, alt zäh und elastisch. Geruch angenehm, an Steinpilz erinnernd, Geschmack würzig, hat etwas von der Schärfe des Pfifferlings. Dieser seltene und wegen Substratmangel in der modernen Forstwirtschaft vom Aussterben bedrohte Pilz kann auch kultiviert werden. In freier Natur wächst er als Schwächeparasit, quasi als „Alterskrankheit", und kann als Folgezersetzer noch einige Jahre überdauern. **Verwechslungen** sind mit den beiden anderen Arten der Gattung denkbar. Der **Ästige Stachelbart** *(Hericium coralloides)* wächst an Laubholz, besonders an Buche, und hat regelmäßig angeordnete Stacheln. Der **Igel-Stachelbart** *(Hericium erinaceum)* ist ein Wundparasit an Eichen und länger bestachelt.

Steckbrief
Großer, wie eine hängende Koralle aussehender Pilz an Holz.

Vorkommen
An sehr alten absterbenden oder frisch abgestorbenen Weißtannen.

Tipp
Der Tannen-Stachelbart ist kultivierbar und wird gelegentlich als „Stachelbart", „Eiskoralle" oder „Pom-Pom-Blanc" angeboten.

Blutender Korkstacheling
Scharfer Korkstacheling

Hydnellum peckii

Steckbrief
Korkiger, kreiselförmiger Stachelpilz mit blutroten Guttationstropfen und scharfem Geschmack.

Vorkommen
In Nadelwäldern im Gebirge mit einer Tendenz zu mineralreichen Verhältnissen.

Tipp
Es gibt zwei „blutende“ Korkstachelinge, einer schmeckt nach Mehl (s. re. u.), der andere sehr scharf (Scharfer Korkstacheling).

Fruchtkörper in Hut- und Stielteil gegliedert, unregelmäßig gewölbt aus der Erde hervorbrechend, auch oft schon zu mehreren verwachsen, entwickeln sich die Pilze zu einem kreiselförmigen Habitus mit unterschiedlich deutlich vertiefter Mitte. Oberfläche zunächst samtig weißlich, gewölbt bis flach, dann radial in grobe abstehende Schuppen zerklüftet, bei feuchtem Wetter mit blutroten Guttationstropfen. Unterseits ist das Fruchtlager aus zähen, nicht ablösbaren, weißlichen Stacheln aufgebaut, die sich bei Sporenreife rotbraun verfärben. Das Stielteil ist dunkler gefärbt, unregelmäßig in der Oberfläche und neigt stärker als die übrigen Fruchtkörperpartien dazu, Fremdsubstrat einzuschließen. **Fleisch** korkigzäh, sehr faserig, rosabraun bis rostbraun, waagerecht gezont und von winzigen dunklen Punkten durchsetzt. Der schwach säuerliche, porlingsartige Geruch lässt nichts Schlimmes vermuten, der Geschmack ist jedoch beißend scharf, an Aronstab *(Arum maculatum)* erinnernd. **Verwechslungen** sind besonders mit dem links angedeuteten **Rostbraunen Korkstacheling** *(Hydnellum ferrugineum)*, der bisweilen gleich aussieht, möglich. Reibt man den frischen Fruchtkörper, so verrät der Mehlgeruch aber auch ohne Geschmacksprobe bereits die Doppelgängerschaft. Im Zweifelsfalle sollten Sie jemanden probieren lassen.

DEZ NOV OKT SEPT AUG JULI JUNI MAI APRIL MÄRZ FEB JAN

Semmel-Stoppelpilz

Hydnum repandum

Fruchtkörper Knopfförmig gewölbt kommen die jungen Fruchtkörper aus der Erde und verwachsen oft miteinander. Einzelfruchtkörper können bis 12 cm, verwachsene Fruchtkörperverbände bis 25 cm Durchmesser erreichen. Oberfläche feinsamtig, zunächst gewölbt mit lange eingerolltem Rand, schließlich abgeflacht, zahlreich knotig verwachsen und verbogen, unrund, bei Trockenheit zum felderigen Einreißen neigend. In den Farben sehr variabel von fast Weiß und Blassocker über gelbe Töne bis zu Orange und orangerosa Farben. Immer wieder wird eine Form oder sogar eigenständige rötliche Art abgetrennt. Die angeführten Unterschiede sind jedoch fließend. Auch der Geschmack ist gleich, sofern man das Kriterium Stachellänge für das Alter beachtet. Unterseits sind die blassen Stacheln zunächst nur als flache, noppenartige Ausstülpungen zu sehen. Mit zunehmender Reife werden sie dann schlanker, bis 0,6 cm lang, brüchig und leicht abwischbar. In diesem Zustand ist dann meist nur noch durch Überbrühen der Pilze, was viel Aroma kostet, ein bitterer Geschmack zu unterdrücken. Das Stielteil ist weißlich, zylindrisch und erweitert sich homogen in das Hutteil.
Fleisch weich, weiß, verfärbt sich bei Verletzung gelb.
Verwechslungen sind höchstens mit **Pfifferlingen** (*Cantharellus cibarius*, S. 219), die unterseits Leisten haben, möglich.

Steckbrief
Weichfleischiger, blassocker bis semmelgelb gefärbter Stachelpilz.

Vorkommen
In Laub- und Nadelwäldern, mit einer Tendenz zu mineralreichen Verhältnissen.

Tipp
Achten Sie auf die Stachellänge, nicht auf die Pilzgröße. Nur ganz kurzstachelige Pilze sind jung garantiert nicht bitter und wohlschmeckend.

Habichtspilz
Rehpilz

Sarcodon imbricatum

Steckbrief Weichfleischiger, graubrauner Stachelpilz mit grobem Schuppenrelief auf dem Hut.

Vorkommen In Nadelwäldern, besonders unter Fichte; ortshäufig in Deutschland, aber im Ganzen stark zurückgegangen.

Tipp Reife Habichtspilze schmecken streng und bitter, geben aber getrocknet noch ein gutes Pilz-Würzpulver.

Fruchtkörper jung auf dem Hutteil bereits schuppig aufgerissen, meist noch flach gewölbt, bald in der Mitte vertieft und schließlich meist in den hohl gewordenen Stiel hinein durchbohrt, 10 bis 25 cm Durchmesser. Im Schnitt ergibt der Pilz das Flugbild eines Greifvogels. Die fleischigen, reliefartig vorstehenden Schuppen sind graubraun bis fast schwarz und dunkler als die übrige samtige Oberfläche. Zum Rand hin liegen die Schuppen mehr an und werden dünner. Das graubraune Fruchtlager unter dem Hutteil läuft weit in das Stielteil hinab, ist beim jungen Pilz aus kurzen, 1 bis 3 mm langen, dicken Stacheln aufgebaut, die mit zunehmender Reife bis 1 cm lang werden, dann brüchig und dünn erscheinen und leicht abwischbar sind. In diesem Zustand sind die Pilze zu alt, ungenießbar bitter! Das weißlich graue Stielteil ist meist recht unregelmäßig, oft etwas keulig angeschwollen, setzt sich ohne Differenzierung in das Hutteil fort und ist zunächst vollfleischig. **Fleisch** homogen, weißlich, von angenehmem, etwas an Liebstöckel erinnerndem Geruch und mildem bis bitterlichem Geschmack. **Verwechslungen** sind mit anderen fleischigen, grauen bis braunen Stachelingen, besonders dem **Gallen-Stacheling** *(Sarcodon scabrosus)*, möglich. Dieser sehr bittere, ähnliche Pilz hat neben dem Geschmack als sicheres Merkmal blaugrünes Fleisch in der Basis.

Krause Glucke
Fette Henne

Sparassis crispa

Fruchtkörper jung wie ein oberflächlich rau gefältelter Ball aus der Nadelstreu schauend, entwickelt sich bald ein bisweilen recht stattliches Gebilde von Form und Aussehen eines Natur-Badeschwamms. Kleine Fruchtkörper von kaum 10 cm Ausdehnung kommen ebenso vor wie wahrer Riesenwuchs von über 40 cm Durchmesser, 30 cm Höhe und einem Gewicht um 5 kg. Aus einem gemeinsamen wurzelnden Strunk verästeln sich mit zahlreichen Rückverbindungen (Anastomosen) Spatel und Fächer, die in sich den schwammartigen Charakter ausmachen. Beim Streckungswachstum werden zahlreiche Ästchen, Nadeln und Erdpartikel eingeschlossen, was den Genuss bisweilen erschwert. Die Fächer und Spatel sind cremegrau bis ockerfalb, werden im Alter dunkler und beginnen schließlich vom Rand her zu bräunen. **Fleisch** frisch mit einem ausgesprochen angenehmen, kaum vergleichbaren Pilzgeruch, der mit zunehmendem Alter eine seifige, an Rosskastanien-Mus erinnernde Komponente bekommt. In diesem Zustand ist auch der sonst angenehme Geschmack schon etwas streng und die Pilze sollten nicht mehr verzehrt werden. Bei Rohgenuss (unzureichendem Erhitzen) können heftige Magen-Darm-Störungen auftreten. **Verwechslungen** sind nur mit der ebenfalls essbaren, aber weniger schmackhaften **Breitblättrigen Glucke** *(Sparassis laminosa)* denkbar.

Steckbrief
Großer, blumenkohlähnlicher Fruchtkörper mit spateligen, umgebördelten Ästen.

Vorkommen
Stets in Verbindung mit Kiefern, in deren Stammholz das Pilzgeflecht eine Braunfäule verursacht.

Tipp
Standorttreu, solange die Kiefer als Nahrungsquelle steht, erscheinen aber nicht jedes Jahr gleich.

JAN FEB MÄRZ APRIL MAI JUNI JULI AUG SEPT OKT NOV DEZ

Blasse Koralle
Bauchweh-Koralle
Ramaria pallida

Steckbrief
Jung blumenkohl-, bald korallenartiger, einfarbig beigebrauner Fruchtkörper mit derbem Strunk.

Vorkommen
In Laub- und Nadelwäldern meist auf mineralreichen, ungedüngten Böden – wie viele Korallen.

Tipp
Da Korallen in Farbe und Form oft sehr ähnlich sind und alle Arten seltener werden, sind es keine Speisepilze.

Fruchtkörper jung wie ein kleiner Blumenkohl aus der Laub- oder Nadelstreu hervorschauend, differenziert sich zunehmend die Form einer Koralle aus. Strunk dann bis 4 cm im Durchmesser, weißlich, allmählich in Richtung der ersten Verästelungen grau, graubeige. Die Verästelungen erster Ordnung sind 0,8 bis 1,5 cm dick und verzweigen sich alsbald mehrfach wieder. Die Tendenz der Astwinkel ist V-förmig. Gegen Ende sind die Spitzchen schließlich kammförmig aufgesetzt. Bisweilen sind die Spitzchen lila überhaucht. Vielfach werden die Äste und Ästchen braunfleckig, können milchkaffeebraun werden, aber auch vom Sporenpulver ockergelblich überfärbt sein. **Fleisch** brüchig, nur wenig in Längsfasern zerteilbar, relativ weich, im Geschmack angenehm mild, im Alter schwach bitterlich, der Geruch erinnert an Maggi-Würze (Liebstöckel) oder Samen vom Bockshornklee. **Verwechslungen** sind mit den meisten anderen Korallen möglich. Besonders häufig erlebe ich Verwechslungen mit dem **Hahnenkamm** *(Ramaria botrytis)* und kleineren Korallenartigen, wie der **Grauen Kammkoralle** *(Clavulina cinerea)*. Grundsätzlich ist jedoch zu bemerken, dass die meisten Korallen im Verlaufe der Fruchtkörperentwicklung Farbe und Aussehen derart verändern, dass sie nicht mehr gut auseinander zu halten sind. Deshalb, und wegen des allgemeinen Rückgangs, sind Korallen keine Speisepilze.

Aniszähling

Lentinellus cochleatus

Fruchtkörper wie ein Büschel einseitig eingeschnittener Tüten erscheinend. Die innere Fläche ist reh- bis rotbraun, glatt und kahl, meist etwas radialwellig und am Rand stets umgebördelt. Einzelne Stücke können auch mal trichterförmig geschlossen sein. **Lamellen** falbweißlich bis creme, weit herablaufend, unbestimmt in die Stielrunzeln übergehend, etwa so breit wie das „Hut"-Fleisch dick ist, stark schartig gesägt, untermischt und zum Rand hin mehr oder weniger gegabelt. Stielteil ohne Abgrenzung übergehend, tief gerillt, platt gedrückt, gelegentlich strunkartig tief wurzelnd. **Fleisch** am Tütenrand meist einreißend, relativ brüchig, zur Mitte hin bald zäher und in den Stielteil übergehend ausgesprochen zäh-elastisch. Geschmack mild, bei älteren Stücken bitterlich. Geruch sehr intensiv nach Anis. Es gibt eine Abweichung völlig geruchloser Fruchtkörper, die sich ansonsten durch nichts unterscheiden. Diese oft sogar als Unterart abgespaltene Form ist völlig identisch. Ich hatte 1982 mal das Glück, an einem Fichtenstumpf ineinander verwachsene stark riechende und geruchlose Exemplare zu finden. Im gleichen Areal wächst an Buchenstubben häufiger die geruchlose Form, die aber nicht selten doch einen leichten Duft nach gärenden Birnen aufweist. **Verwechslungen** sind zumindest bei den duftenden Formen kaum denkbar.

Steckbrief
Braune, büschelige, einseitig offene, lamellige Tüten mit starkem Anisgeruch.

Vorkommen
An Nadel- und Laubholzstümpfen, besonders an Buche und Fichte.

Tipp
Die Pilze sind wegen des Geruchs interessant, aber kaum genießbar, da das dünne Fleisch zäh bleibt.

Semmel-Porling

Scutiger confluens

Steckbrief
Semmelgelbe, oft rosastichige Pilzklumpen erinnern an Semmel-Stoppelpilze, haben aber kurze Röhren auf der Unterseite.

Vorkommen
In Nadel- und Laubmischwäldern besonders unter Fichten.

Tipp
Nur junge Fruchtkörper, bei denen man kaum die Röhren sieht, sind wohlschmeckend und nicht bitter.

Fruchtkörper in Hut- und Stielteil gegliedert, 3 bis 10 cm Durchmesser, 3 bis 8 cm hoch, meist jedoch zu vielen miteinander verwachsen, wobei die einzelnen Stiele auch zu einem ästigen Strunk verwachsen können. Oberseits knotig, gewölbt, unregelmäßig zerfurcht und bei trockenem Wetter oft spaltig und felderig zerrissen, semmelgelb meist mit rosa Einschlag. Unterseite zunächst mit ganz flachen Noppen, sodass man nicht sicher sagen kann, ob es Stacheln oder Poren werden. Bald organisieren sich die Noppen, die aussehen wie zugewachsene Poren, jedoch zu 2 bis 3 mm kurzen Röhren mit 0,3 bis 0,5 mm Porendurchmesser. Beginnen die Röhren im Alter zerschlitzt, stachelig auszusehen, sind die Pilze jedenfalls bitter. Stielteile oder Strünke sehr unregelmäßig, kurz und meist ineinander verwachsen, allmählich in das Hutteil übergehend. **Fleisch** recht fest, aber nicht faserig, brüchig wie sehr harte Täublinge oder ein alter Parmesankäse. Meistens Placken von 20 bis 30 cm Durchmesser ineinander verwachsener Fruchtkörper. **Verwechslungen** sind am ehesten mit den **Schafs-Porlingen** *(Scutiger ovinus, Scutiger subrubescens)* möglich. Sicher kann man sie bei der Zubereitung unterscheiden. Während der Semmel-Porling cremeweiß im Fleisch bleibt, laufen die Schafs-Porlinge beim Erhitzen kanariengelb an.

Ziegenfuß-Porling

Scutiger pescaprae

Fruchtkörper in Hut- und Stielteil gegliedert, 5 bis 15 cm Durchmesser, 8 bis 12 cm hoch, vom Gesamterscheinungsbild her eher an einen Röhrling erinnernd, aber meist exzentrisch gestielt. Hut und Stielteil ohne Abgrenzung ineinander übergehend. Hutteil unregelmäßig wellig-buckelig, flach gewölbt bis etwas niedergedrückt, im Umriss mehr oder weniger rund, aber vielfach eingedellt und ausgefranst, Stielansatz oft deutlich außerhalb der Mitte des Hutteils. Oberseite rehbraun, mit feinen labyrinthisch mäanderförmigen Adern zerfurcht und dadurch schuppig erscheinend. In den zahlreichen Verletzungs- und Fraßstellen wächst die Hutdeckschicht sofort wieder braun nach. Röhrenschicht unterseits creme, unregelmäßig löcherig mit bis zu 2-mm-Poren, etwas am Stielteil herablaufend. Stielteil wulstig-knotig, unregelmäßig ockergelb bis ockerbraun. **Fleisch** fest und zart, nicht faserig, an beste Täublinge erinnernd. Dieser seltene und in den letzten Jahrzehnten an seinen Standorten immer seltener gewordene Pilz bekommt kein Speisepilzsymbol, weil die letzten Standorte unbedingt geschützt werden sollten. **Verwechslungen** sind am ehesten mit dem **Kratzenden Kamm-Porling** *(Scutiger cristatus)* möglich, der deutlich häufiger ähnliche Standorte besiedelt, sich aber durch die immer untermischten Olivtöne im Hutteil und den bitter kratzenden Geschmack unterscheidet.

Steckbrief
Der rehbraune Hut des Erdbewohners kontrastiert scharf abgesetzt mit dem creme bis gelblichen Röhren- und Stielbereich.

Vorkommen
Auf sandiger Erde im bodensauren Milieu, oft an Böschungen, sehr selten geworden.

Tipp
Zeigt ganz besonders wertvolle Biotope an, wo auch z. B. verschiedene Korkstachelinge (S. 226) zu vermuten sind.

Dauer-Porling

Coltricia perennis

Steckbrief Kreiselförmig dünnfleischiger, erdbewohnender Porling mit auffälliger, konzentrischer, braunocker Zonierung.

Vorkommen Auf sandiger bodensaurer Erde, auf Wegen und ähnlichen verdichteten Standorten und Böschungen.

Tipp Auf einem Pfad in einer Fichtenpflanzung lässt er im Waldesinneren an moosigen Stellen Pfifferlinge vermuten.

Fruchtkörper in Hut- und Stielteil gegliedert, vom Gesamterscheinungsbild her kreiselförmig mit stark vertiefter Mitte. Oft stehen einige Pilze gesellig auf einer zusammenhängenden Fläche, sodass man auch einseitig spatelförmige Fruchtkörper, die immer wieder vorkommen können und völlig anders aussehen, eindeutig zuordnen kann, 2 bis 6 cm Durchmesser. Hutteil ganz jung flach, bald genabelt bzw. trichterförmig vertieft, eng konzentrisch graubraun, falb, ocker- und rehbraun gezont, meist wellig verbogen, vom Rand her zerrissen und oft etwas asymmetrisch. Nicht selten sind mehrere Hutteile vielfüßig ineinander verwachsen. Stielteil 2 bis 4 cm hoch, dunkel samtig-filzig, knotig, unregelmäßig, auch abgeplattet und zur Basis erweitert, allmählich in den dünnen Röhrenbereich übergehend. Poren unregelmäßig rundlich mit bis zu 0,2 cm Röhrentiefe. **Fleisch** lederig-filzig zäh mit radial zerteilbarer Faserstruktur. Die Pilzchen sind sehr widerstandsfähig und dadurch gut für Gestecke geeignet. Obwohl keine Stachelchen (= Setae) im Fruchtlager vorhanden, wird der Dauer-Porling in den Verwandtschaftskreis der Borstenscheiblingsartigen gerechnet. **Verwechslungen** Von oben sehen einige **Korkstachelinge** (*Hydnellum* spec., S. 226) sehr ähnlich aus. Diese haben aber, wie der Name schon sagt, Stacheln und keine Röhren auf der Unterseite.

Großer Schuppen-Porling
Schuppiger Schwarzfuß-Porling

Polyporus squamosus

Fruchtkörper Jung gewölbt mit lange eingerolltem Rand, später abgeflacht und niedergedrückt, rundlich erscheinend. Oberfläche in radialdreieckige Schuppen aufgerissen, bernstein- bis orangebräunlich, zwischen den Schuppen heller ockergelb, ganzrandig und scharf auslaufend. Unterseite mit länglichen, weiten, herablaufenden, nicht ablösbaren, cremefarbenen Röhren besetzt. Poren relativ groß, bis 4 mm weit. Stielansatz exzentrisch, allmählich stark erweitert in den Hutteil übergehend, cremefarben und in Richtung des beginnenden Röhrenmusters netzig, an der äußersten Basis schwarzsamtig abgesetzt. **Fleisch** fest, im Alter, besonders im Stielteil, bald zäh mit einem angenehmen, an Röhrlinge erinnernden, mitunter etwas mehlartigen Geruch. Geschmack mild, etwas mehlartig, nicht besonders ausdrucksvoll. Oft findet man an älteren Bäumen aus Astwunden heraus Jahr für Jahr Büschel von Schuppen-Porlingen und der Baum zeigt keine augenscheinliche Schwächung. Das kann so lange (Jahrzehnte!) gehen, bis über 75 % des Leitgewebes zerstört und das Holz überwiegend weißfaul ist. Dann erst stellen sich sichtbare Versorgungsmängel durch Absterben von Ästen oder schwächere Belaubung ein. **Verwechslungen** sind mit dem **Kleinen Schuppen-Porling** *(Polyporus tuberaster)* möglich, der zentral gestielt ist und keine schwarz abgesetzte Basis hat.

Steckbrief
Meist seitlich gestielter, weichfleischiger, großer Porling mit charakteristisch schwarz abgesetzter Stielbasis.

Vorkommen
Schwächeparasit und Folgezersetzer an Laubholz, meist im offenen Park- und Alleebereich.

Tipp
Selbst jung kaum genießbar, aber durch den Wolf gedreht als Frikadellen zubereitet – das hat was.

Leberpilz, Leberreischling Ochsenzunge

Fistulina hepatica

Steckbrief
Konsolenförmig wie ein Rindsleberlappen, unterseits freie Röhrchen wie kleine rote Orgelpfeifen.

Vorkommen
Schwächeparasit und Folgezersetzer, fast nur an Eiche.

Tipp
Der Pilz wird immer wieder als Leberersatz gepriesen. Ich würde als Vegetarier darauf verzichten und im Übrigen lieber Leber essen.

Fruchtkörper zunächst polsterförmig, dann zunehmend zungenförmig mit verschmälertem, aber kräftigem Stielansatz, später konsolenförmig ausgebreitet, 10 bis 20 cm lang und breit und bis 6 cm dick an der Ansatzstelle. Oberfläche warzig-rau, wie eine große Zunge, etwas klebrig, bei Feuchtigkeit wie eingespeichelt anzufassen, radialwellig eingedellt. Unterseite mit unzähligen feinen Röhrchen besetzt, die nicht miteinander verwachsen sind. Die etwa 1 mm dicken und 5 bis 10 mm langen Röhrchen hängen wie dicht gedrängte Orgelpfeifen am Fleisch der Konsole, eine einmalige Erscheinung. **Fleisch** weich, aber ausgesprochen radialfaserig, zunächst weißlich gelb, dann von der Oberseite her zunehmend weinrot, rotbraun durchfärbend. Die Farbe und rötlich braune Saftigkeit erinnern wieder an Leberfleisch, die Faserigkeit mehr an eine alte Zunge. Der eigentümliche Pilz ist der einzige in seiner Gattung und die einzige Gattung in der isolierten Pilzfamilie. Er verursacht eine rasch fortschreitende Braunfäule, ist aber allgemein selten und daher als Forstschädling nicht von großer Bedeutung. In der französischen Schweiz wurden erfolgreiche Kulturversuche unternommen, wobei ich die Art als Speisepilz wegen des sauren Geschmacks nicht schätze. **Verwechslungen** sind – beachtet man die einzelnen, nicht miteinander verwachsenen Röhrchen – kaum möglich.

Schwefel-Porling

Laetiporus sulfureus

Fruchtkörper faustförmig, unregelmäßig knollig, leuchtend orange und am Rand mit glasig gelborangen Tropfen geschmückt aus dem Substrat hervorbrechend. Bei weiterem Wachstum in mehrere fächerförmige Konsolen differenziert. Oberseits feinsamtig, nicht glänzend und ohne differenzierte oder harte Deckschicht, zum Rand hin wellig nach unten gebogen und in dicken Runzeln gezont. Unterseits mit feinen leuchtend gelben Röhren und Poren, an denen bei feuchtem Wetter oft glasig gelbe Guttationstropfen hängen. **Fleisch** gelb, weich, aber schnittfest, sehr saftig. Geruch angenehm, etwas säuerlich, durchaus an trocknende Steinpilze erinnernd, Geschmack mild und angenehm, bei älteren Fruchtkörpern bitterlich und zusammenziehend. Beschrieben wurde bisher Schwefel-Porling im noch genießbaren Zustand. Bald (im Sommer innerhalb weniger Tage) verlieren die Fruchtkörper ihre Saftigkeit, werden etwas trocken, krümelig im Schnitt und blassen in Richtung eines Zitronengelbs aus. Selbst wenn in diesem Zustand die Ränder der Konsolen noch stumpfwulstig sind, können solche Fruchtkörper nicht mehr genossen werden. Schließlich werden sie kreidebleich und schmecken auch wie Kreide. **Verwechslungen** Von Konsistenz, Form und Farbe her ist die Art unverwechselbar. Auch im Alter zerfällt kein anderer Pilz so wie ein Schwefel-Porling.

Steckbrief
Große, dachziegelige Büschel leuchtend gelber, weicher Konsolen.

Vorkommen
Schwächeparasit an Laub- und Nadelbäumen, besonders an Alleebäumen, Obst- und Auwaldgehölzen sowie Fichten und Lärchen.

Tipp
Knusprig gebackene Streifen ganz junger, noch tropfender Schwefel-Porlinge sind besser als Tofu und so gut wie Pute.

Zunderschwamm

Fomes fomentarius

Steckbrief
Dicker, ± grauer, konsolenförmiger Fruchtkörper, dessen Kruste mit Kalilauge vermischt eine blutrote Flüssigkeit ergibt.

Vorkommen
An lebenden und toten Laubhölzern, besonders Buche und Birke, ganz selten auch an Nadelholz.

Tipp
Aus dem Myzelialkern an der Ansatzstelle kann man leicht glimmbaren Zunder bereiten.

Fruchtkörper meist symmetrisch, konsolenförmig von einer breiten Ansatzstelle aus, erst etwas tropfenförmig nach unten – wie auslaufendes Wachs –, bald dreieckig horizontal ausgebreitet. Bis 30 cm breit, ebenso hoch und bis 25 cm vom Holz abstehend. Oberseits matt, jung feinfilzig, grau bis braun, oft mit algengrünem Beiton. Röhren im Alter mehrschichtig rostbraun mit graubraunen Poren. **Fleisch** in recht interessanter Weise aus der harten Hauptsubstanz, den nach Jahren mehr oder weniger zahlreichen Röhrenschichten (es können mehrere pro Jahr gebildet werden) und einem dicht an der Anwachsstelle befindlichen Myzelialkern aufgebaut. Dieser wie fester Filz aufgebaute Fruchtkörperteil kann gezupft und mit Salpetersäure behandelt, zur Gewinnung von Zunderstreifen verwendet werden. Zur Herstellung von Taschen und Hüten („Zundelmacherei") wird dagegen die Trama des Pilzes verarbeitet. Der legendäre österreichische Gletscher-Tote „Ötzi" hatte ein Stück Zunderschwamm bei sich. **Verwechslungen** Der Zunderschwamm ist sicher zu bestimmen, wenn man mit einem Tropfen 20 %iger Kalilauge etwas abgekratzte Konsolenrinde mischt und damit eine blutrote Flüssigkeit als Reaktion erzielt. Dieses „Fomentariol" ist ein absolut sicherer Nachweis. Irgendwie ähnlich sind über 20 andere Porlingsarten, Feuerschwämme, Lackporlinge, Baumschwämme und andere.

Rotrandiger Baumschwamm
Rotrandiger Schichtporling

Fomitopsis pinicola

Fruchtkörper meist symmetrisch, konsolenförmig von einer breiten Ansatzstelle aus, erst etwas tropfenförmig nach unten – wie auslaufendes Wachs –, bald aber horizontal ausgebreitet. Bis 40 cm breit und 25 cm vom Holz abstehend. Wenige Zentimeter messende, kleine, tropfenförmige Exemplare kommen aber auch vor. Oberseits von einer mit Hitze schmelzbaren Kruste bedeckt, grobwulstig gezont, im frischen Zuwachs cremeweißlich, dahinter ocker bis bernsteinfarben, dann orangerot bis rötlich und ganz zur Ansatzstelle hin graugrün bis olivanthrazit. Unterseits mit einer oder mehreren bis 6 mm breiten, cremefarbenen Röhrenschichten. **Fleisch** bis zu 5 cm dick, hell holzfarben, je nach Alter in Richtung Fruchtlager durch mehrere, von jüngeren Röhrenschichten wieder überwachsene Schichten alter Fruchtlager fortgesetzt. Der Geruch frischer Pilze ist besonders im geriebenen Fruchtlager typisch urinös, wie antrocknende Stoffwindeln, der Geschmack bitter. **Verwechslungen** Manchmal sehen sehr ordentlich gewachsene **Wurzelschwämme** (*Heterobasidion annosum*, S. 240) und andere recht ähnlich aus, unterscheiden sich aber durch Geruch und Kruste. In Wachstumsruhe befindliche Exemplare können dem **Zunderschwamm** (*Fomes fomentarius*, S. 238) gleichen, sind aber sicher durch den Fomentariol-Nachweis abzugrenzen.

Steckbrief
Halbkreisförmige, weiß-ocker-rot-olivumbra gezonte Konsolen mit unangenehm urinösem Geruch im Fruchtlager.

Vorkommen
An toten, sehr selten auch an lebenden Laub- und Nadelhölzern, besonders Fichte, Birke und Buche.

Tipp
Besonders gut für Gestecke und Bastelarbeiten geeignet. Er wird kaum von Insekten (Kleidermotten) befallen.

DEZ NOV OKT SEPT AUG JULI JUNI MAI APRIL MÄRZ FEB JAN

Wurzelschwamm Gemeiner Wurzelschwamm

Heterobasidion annosum

Steckbrief
Unförmig, oberseits und unterseits durch zahlreiche Verwachsungen gestört, meist steinpilzartig wohlriechend.

Vorkommen
An lebendem und totem Nadelholz, besonders Fichten, im Wurzelbereich von Stämmen und Stubben.

Tipp
In befallenen Fichtenforsten kann man zur Wetterseite einen unrund verdickten Holzzuwachs beobachten.

Fruchtkörper höchst unregelmäßig, ohne festes Gestaltmuster erscheinend, mit einer mehr oder weniger deutlichen Konsolenkante, die matt, rostbraun gefärbt und oft eng, den Anwachsstellen folgend, gezont ist. Häufig kriechen aus Wurzelachseln aber auch nur ganz anliegende weiße Röhrenlager hervor, die an der äußersten Kante kaum eine braune Färbung zeigen. Seitenwurzeln, umherliegende Ästchen, Nadeln usw. werden umwachsend eingeschlossen und an diesen Stellen ist das Fruchtlager dann etwas in Richtung der Fremdkörper im Wachstum verlängert. Die weißen Röhren werden bis 5 mm lang und sind oft in einigen Lagen übereinander geschichtet. Bei Feuchtigkeit mit Tränen besetzt. **Fleisch** äußerst zäh, holzartig und von angenehmem, an überständige Steinpilze erinnernden Geruch. Der Geschmack ist unauffällig mild. Meistens werden die Fruchtkörper erst gebildet, wenn der Baum schon sichtbar sehr weit geschädigt ist. Das Fällen befallener Bäume löst am Stubben fast immer die Fruchtkörperbildung im Folgejahr aus. **Verwechslungen** Viele Porlinge sind oben braun, dunkel und unten hell, weiß. „Ordentliche" Fruchtkörper können für den **Rotrandigen Baumschwamm** (*Fomitopsis pinicola*, S. 239) gehalten werden; im Übrigen kann man sich auf die Kombination sehr unregelmäßiger Wuchs und angenehmer Geruch verlassen.

Buckel-Tramete

Trametes gibbosa

Fruchtkörper als flacher Knoten oder Buckel weiß, nebelgrau oder auch falb ockerfarben aus dem Substrat hervorbrechend. Bei ersten Schritten der Differenzierung in Richtung Konsolenbildung treten meist labyrinthische Fruchtlagerdifferenzierungen auf, die in diesem Wachstumsstadium an Eichenwirrlinge *(Daedalea quercina)* erinnern, aber weißfleischig im Gegensatz zu dem hell holzfarbenen Eichenwirrling sind. Bald bilden sich dann eine oder mehrere scharfkantige Konsolen, die oberseits zunächst feinfilzig, bald aber matt verkahlend, wellig gezont sind und in Höhe der Ansatzstelle eine Verdickung (Buckel, Name!) haben. Von der Mitte her setzen sich alsbald Algen an, die der Oberseite eine flächige, in den äußeren Zonenwellen konzentrisch abgestufte, olivgrüne Farbe verleihen. Unterseits sind die Poren 0,5 bis 1,5 mm breit, aber bis zu 6 mm lang gestreckt, sodass ein radial sehr gestrecktes Muster entsteht. Die Röhren sind 5 bis 15 mm lang in das dicke, weiße, säuerlich riechende **Fleisch** eingesenkt. Alle Arten der Gattung *Trametes* haben weißes, korkiges Fleisch und sind damit auf Gattungsebene gut eingegrenzt. **Verwechslungen** sind mit üppigen Einzelfruchtkörpern anderer Trameten, aber auch mit dem **Eichen-Wirrling** *(Daedalea quercina)* möglich. Die „ordentlich" längs geschlitzten Poren stellen aber ein gutes Individualmerkmal dar.

Steckbrief
Milchweißer, großer Porling mit weißem Fleisch, weißen, längs geschlitzten Poren und Verdickung über der Anwachsstelle.

Vorkommen
An totem Laubholz, fast nur an Buche als Folgezersetzer, ganz selten auch als Schwächeparasit.

Tipp
Findet man diesen Pilz an einem Baumstumpf, ist es fast sicher – auch mitten im Fichtenforst – eine Buche.

Schmetterlings-Porling
Schmetterlings-Tramete

Trametes versicolor

Steckbrief
Konzentrisch gezonter, dünner Porling, der bei Reife oft wie Schmetterlingsflügel in verschiedenen Farben schillert.

Vorkommen
An totem Laub-, seltener auch Nadelholz, vom dünnsten Ästchen bis zum dicken Stubben, auch als Schwächeparasit.

Tipp
Wird besonders gern von Getreidemotten heimgesucht, die dort ihre Larven großziehen.

Fruchtkörper Meist aus einem stumpfen Knoten entstehende, rosettenförmige, auch dicht dachziegelige, halbkreis- bis flach-kreiselförmige Fruchtkörper von 2 bis 8 cm Ausdehnung, die in unterschiedlicher Größe dicht gedrängt den Eindruck eines Gesteck-Arrangements hinterlassen, seltener auch einzelne flach-konsolenförmige Exemplare und dann meist an sehr dünnem Substrat. Oberfläche meist samtig behaart, grau bis ockerbräunlich, sehr variabel in der Farbe, bei fortschreitender Reife und Ausbreitung verkahlend und dann in blauen, roten, gelben und schwärzlichen Mischtönen wellig gezont. In diesen Zonen im wechselnd auffallenden Licht schillernd. Unterseite mit weißen, im Alter gilbenden, sehr unterschiedlichen, eckigen, teilweise auch labyrinthischen Röhren, deren Porenniveau in Schräg-Aufsicht unterschiedlich ist. **Fleisch** dünn, 2 bis 5 mm, sehr zähfaserig, in radialer Richtung zur Anwachsstelle leicht, gegen die Faser nur schwer zerreißbar, ohne besonderen Geruch oder Geschmack. Baumstümpfe, die mit zahlreichen Rosetten auf der Stirnseite und noch mehr treppenförmigen Konsolen an der Seite besetzt sind, deren vielfarbige Zonierung noch durch algengrüne Partien unterstrichen wird, können sehr dekorativ wirken. **Verwechslungen** sind mit anderen Trameten, z. B. der **Blassen Zonentramete** *(Trametes unicolor)*, leicht möglich.

DEZ NOV OKT SEPT AUG JULI JUNI MAI APRIL MÄRZ FEB JAN

Birken-Blättling

Lenzites betulinus

Fruchtkörper knotig bis stumpf dreieckig aus dem Holz hervorbrechend, entwickeln sich bald mehr oder weniger flachkonsolenförmige Hüte, deren Oberfläche zunächst grauweiß oder ocker und dicht flaumig behaart ist, später aber härter, zunehmend striegelig, borstig behaart und grau wird und eine algengrüne Zonierung bekommt. Unterseits vermutet man jedenfalls Röhren, es sind aber deutliche und nur wenig quer verbundene Lamellen ausgebildet. Diese sind breiter als das Hutfleisch, dick und weiß, weißlich creme gefärbt. **Fleisch** weiß, korkig, zäh, ausgesprochen faserig und schlecht zerreißbar. Vielfach sieht man unter den Pilzen Kegel für Kegel dicke Wurmmehl-Haufen, die von den in den Pilzen lebenden Insektenlarven (= Maden) produziert werden. Geruch und Geschmack sind absolut unauffällig. **Verwechslungen** sind von oben mit allerlei Trameten, besonders der **Striegeligen Tramete** *(Trametes hirsuta)*, möglich. Die **Buckel-Tramete** (*Trametes gibbosa,* S. 241) hat zwar längs geschlitzte Poren, aber niemals ein lamelliges Fruchtlager. Ebenfalls ähnlich kann der **Aschgraue Wirrling** *(Cerrena unicolor)* aussehen. Dieser hat jedoch ein labyrinthisches, graues bis graubraunes Fruchtlager. In allen makroskopischen und mikroskopischen Merkmalen weicht der Birken-Blättling nur durch das Vorhandensein von Lamellen von der Gattung *Trametes* ab.

Steckbrief
Weißgrau bis algengrün gefärbte Konsole, die wie eine striegelige Tramete aussieht, aber Lamellen hat.

Vorkommen
An relativ frisch gefälltem Holz von Birken, aber auch Buchen, Eichen und anderen Laubhölzern.

Tipp
Zum Gesteckebasteln nicht geeignet, da er Lebensmittel- und Kleidermotten anzieht.

Zaun-Blättling Seppi dra di um

Gloeophyllum sepiarium

Steckbrief
Kleine, braune, braunfleischige Konsole mit labyrinthisch verbundenen Lamellen.

Vorkommen
An Nadelholz, besonders Fichte und Douglasie, auch an verbauten Balken, Brettern und an Fensterholz.

Tipp
Entdecken Sie den Zaun-Blättling an Pfadsicherungen, könnten Sie der Letzte sein, der darüber gehen wollte.

Fruchtkörper Meist quellen zwischen Rinden- und Holzspalten oder an anderen verletzten Stellen lang gestreckte oder punktförmige, kleine, orangebraune Wülste aus dem abgestorbenen Holz hervor, die sich dann zu kleinen, braunen Konsolen von 2 bis 8 cm Ausdehnung, mehr oder weniger vom Holz abstehend, bis 5 cm breit, entwickeln. Die braune, gezonte Oberseite ist striegelig-filzig und hat eine leuchtend ockergelbe Zuwachszone. Das Lamellenlabyrinth ist ockerbraun, hat aber besonders zu den Schneiden hin einen gräulichen Überzug. **Fleisch** lederig, korkig, faserig, tabak- bis rotbraun, ohne auffallenden Geruch oder Geschmack. Die vom Pilz verursachte, intensive Braunfäule beginnt innen und tritt oft erst zu Tage, wenn das befallene Geländer oder Brückenteil in sich zusammenbricht. Darauf bezieht sich der bayerische Volksname „Seppi dra di um", der eine Verballhornung des wissenschaftlichen Namens mit Witz und Hintergrund darstellt. **Verwechslungen** sind leicht mit dem nicht minder aggressiven **Tannen-Blättling** *(Gloeophyllum abietinum)* möglich, der bisweilen sogar am gleichen Substrat vorkommt, in der Zuwachszone jedoch blasser und mit der beschriebenen Art nicht kreuzbar ist. Der **Balken-Blättling** *(Gloeophyllum trabeum)* hat ein deutliches Porenlabyrinth, ist in unseren Breiten selten und als südeuropäisch zu betrachten.

Birken-Porling

Piptoporus betulinus

Fruchtkörper Oft kugelrund aus dem Holz, meist aus Rindenspalten hervorbrechend, entwickelt sich ein zur Erde gerichteter, stumpfrandiger, zungenförmiger Fruchtkörper. Die Anwachsstelle ist gegenüber dem Restfruchtkörper deutlich verschmälert und meist etwas buckelig mehr oder weniger stielartig ausgezogen. Oberseite weiß bis gräulich, im Alter oft pastellbräunlich, ähnlich wie Birkenrinde gefärbt, und auch die papierartige Kruste fühlt sich wie die leicht radial ablösbare Außenrinde von Birkenstämmen an. Unterseits differenzieren sich, gemessen an der allgemeinen Fruchtkörperentwicklung, erst relativ spät weiße, nadelstichfeine Poren und Röhren aus. **Fleisch** weiß und fest, erst im Alter ziemlich zäh. Der Geruch ist angenehm, der Geschmack ausgesprochen säuerlich und oft mit bitterer Komponente. Der Birken-Porling gilt als Totholzzersetzer, vielfach wurde aber schon vermutet, dass sich das Myzel bereits im stark geschwächten Holz ausbreiten kann, es sich also eigentlich um einen Schwächeparasiten handeln müsste, der eine intensive Braunfäule verursacht. **Verwechslungen** Von Konsistenz, Form und vor allem dem ausschließlichen Substrat Birke her ist die Art unverwechselbar. Junge Fruchtkörper können vom Birkenholz entfernt und deshalb – nicht mehr als Holzbewohner kenntlich – für Boviste gehalten werden.

Steckbrief
In der Jugend relativ weicher, weißlicher Zungenporling mit lederig-hautartiger Oberfläche.

Vorkommen
Ausschließlich an Birken, meist als Folgezersetzer, seltener auch als Schwächeparasit.

Tipp
Pilze sind in fast allen Bereichen des Lebens verwertbar. Aus Birken-Porlingen kann man z. B. sehr gut Papier schöpfen.

Zinnober-Tramete
Zinnober-Schwamm
Pycnoporus cinnabarinus

Steckbrief
Korkartig zäher, durch und durch roter Porling mit Hutkante, seltener auch flächig aufliegend.

Vorkommen
Fast nur an Laubholz, besonders Buche und Kirsche, oft an trockenen, kahlen Stellen.

Tipp
Im Idealfall färbt er das Holz der Maserung folgend rot und kann zu wunderschönen Intarsien verarbeitet werden.

Fruchtkörper Meist quellen zwischen Rindenspalten oder an anderen verletzten Stellen lang gestreckte oder punktförmig kleine zinnoberrote Wülste aus dem abgestorbenen Holz hervor, die sich dann zu kleinen orangeroten Konsolen von 2 bis 10 cm Ausdehnung, mehr oder weniger vom Holz abstehend, bis 6 cm breit, entwickeln. Die Oberseite, oft gegen Orange entfärbt, ist meist etwas samtig, aber bald verkahlt wird sie zunehmend uneben und höckerig. Die Röhren, bis 0,6 cm lang, und die Poren sind meist leuchtend zinnoberrot, ebenso wie das zähe, korkige **Fleisch** gefärbt. Den deutschen Namen Zinnober-Tramete trägt der Pilz, weil er in allen Merkmalen mit den Trameten übereinstimmt, außer der Farbe. Das ist auch der Grund, weswegen er in der wissenschaftlichen Benennung lange dort geführt wurde. Wegen der Abweichung in der Farbstoffentwicklung hat man ihm schließlich eine eigene Gattung zugedacht, in der dann auch Lamellen tragende Arten gleicher Färbung aus Fernost untergebracht wurden.
Verwechslungen Der Pilz ist bei normaler Entwicklung in unseren Breiten einmalig und unverwechselbar. Das verfärbte Holz indes kann auch durch andere Pilze, z. B. den **Rotfleckenden Porling** *(Physisporinus sanguinolentus)*, verursacht werden. Es ist also keineswegs nur auf Grund der Holzverfärbung auf den Zinnober-Schwamm zu schließen.

DEZ NOV OKT SEPT AUG JULI JUNI MAI APRIL MÄRZ FEB JAN

Tannen-Lackporling
Braunschwarzer Lackporling

Ganoderma carnosum

Fruchtkörper entstehen zunächst als säulen- bis fingerförmige, glänzende, braune Auswüchse mit ockergelber, matter Spitze. Dann verbreitert sich die Spitze zu einer Seite, bekommt oberseits ebenfalls eine glänzende Kruste. Teile der matten, ockerfarbenen Spitze organisieren sich zu einem unterseitigen porigen Fruchtlager. Der wulstige Rand der so entstehenden seitlich gestielten Konsole bleibt bis zur völligen Reife mit 5 bis 15 cm Durchmesser und bis 20 cm Höhe mehr oder weniger blass ockerlich und wie weicher Kork in der Konsistenz. **Fleisch** zäh und ausgesprochen faserig von mit Wildleder vergleichbarer Festigkeit. Obwohl es sich um ein für unsere Vorstellungen recht eigentümliches, relativ weichfleischiges, in verschiedene Richtungen wachsendes Gebilde handelt, ist der Pilz ausgesprochen Substrat umschließend. Selbst zarte Grashalme werden nicht beiseite geschoben, sondern, genau wie dünne Ästchen oder was auch immer in die Quere kommt, einfach umwachsen und sehen dann aus wie in den Fruchtkörper gesteckt. **Verwechslungen** Ähnlich ist nur der **Glänzende Lackporling** *(Ganoderma lucidum)*, der meist viel heller ist und ausschließlich an Laubholz zu finden ist. Früher wurden die beiden Arten nicht voneinander unterschieden und sie sind somit auch in der traditionellen Medizin vermischt worden.

Steckbrief
Seitlich gestielter, dunkel schwarzbrauner Porling an Weißtanne.

Vorkommen
Fast nur an alten, großen Weißtannenstubben. Wo es noch alte Weißtannen gibt, nicht selten.

Tipp
Wird in der traditionellen chinesischen Medizin eingesetzt. Ohne diese Einbindung ist die Wirkung zweifelhaft.

Zottiger Schillerporling

Inonotus hispidus

Steckbrief
Braune, oberseits zottige, weiche Konsole mit bräunendem Fleisch und im Gegenlicht schillernden, silbrigen Poren.

Vorkommen
Meist an noch lebenden, seltener frisch abgestorbenen Obstbäumen, Baumnuss und Eschen.

Tipp
Weisen bei der Streuobst-Ernte zu größter Vorsicht: Scheinbar intakte Äste können unvermittelt abbrechen.

Fruchtkörper faust- bis knollen-, schließlich konsolenförmig an Stämmen und Astaustritten scheinbar intakter Bäume, 10 bis 30 cm Durchmesser und an der Ansatzstelle bis 10 cm hoch. Oberseite ganz jung schwefelgelb, bald schön fuchsigrotbraun, schließlich schwarzbraun; dicht, wie ein Nadelfilz mit verwobenen Zotten bekleidet; Rand stumpf und wulstig. Unterseite mit für Porlinge recht langen, bis 4 cm erreichenden Röhren, deren Mündungen (= Poren) von Saft führenden Zellen silbrig erscheinen. Bei Verletzung oxidiert der Saft sofort und färbt schmutzig braun. **Fleisch** weich, gelblich, an der Luft sofort bräunend, mit wenig auffälligem, säuerlichem Geruch und Geschmack. Der Pilz verursacht eine intensive Weißfäule und kann bereits hohe Stabilitätsverluste verursachen, ohne dass der gleich bleibend hohe Nussertrag oder das dichte Blätterkleid eine Schädigung vermuten lassen. **Verwechslungen** Ähnlich ist der sehr seltene **Tropfende Schillerporling** *(Inonotus dryadeus)*, der auf alte Eichen spezialisiert ist und keine zottige Oberfläche aufweist. Der **Schwefel-Porling** (*Laetiporus sulphureus*, S. 237) ist nur in der Konsistenz ähnlich, bräunt aber nirgends und hat auch niemals silbrig schillernde Poren. Die anderen ähnlichen Arten wachsen treppenförmig.

Eichen-Feuerschwamm

Phellinus robustus

Fruchtkörper flächig, knollig oder konsolenförmig an Stämmen und Astwurzeln scheinbar intakter Eichen. Oberseite konzentrisch gezont und rissig, wobei die Risse bei zunehmendem Alter und bei Trockenheit auch radial auftreten, sodass die Fläche gewürfelt erscheint. Sie ist kohleartig schwarzbraun oder von Algen überwachsen grünlich. Die Poren sind ockerbraun und erreichen weder den Substratrand noch den Konsolenrand; es bleibt also rundherum ein steriles Rändchen ohne Poren und Röhren. Oft bilden sich in den Rindenspalten um einen oder einige Fruchtkörper braune Krusten, die so aussehen, als wollten sie auch noch richtige Porlinge werden. **Fleisch** und Röhren sind sehr hart, härter als das geschädigte Holz und im Schnitt (durchsägen!) dunkel rostbraun. Bei größeren Fruchtkörpern liegen bis zu 10 Röhrenschichten übereinander, die im Laufe der Jahre ältere Partien überwachsen. Voll anliegende (= resupinate) Fruchtkörper werden oft gar nicht als Pilz erkannt, sondern für „Baumkrebs" gehalten. **Verwechslungen** sind mit vielen anderen Feuerschwämmen, besonders dem **Weißtannen-Feuerschwamm** *(Phellinus hartigii)* möglich. Auch der **Zunderschwamm** (*Fomes fomentarius*, S. 238) wächst selten mal an Eiche und könnte dann verwechselt werden.

Steckbrief
Braune, oberseits oft veralgte Konsole oder Wulst an lebenden Eichen; härter als das geschädigte Holz.

Vorkommen
Meist an noch lebenden, seltener frisch abgestorbenen Eichen.

Tipp
Feuerschwämme wurden in Zeiten vor dem Streichholz abends zuletzt im Ofen aufgelegt und hielten dann bis morgens noch die Glut.

DEZ NOV OKT SEPT AUG JULI JUNI MAI APRIL MÄRZ FEB JAN

Tabakbrauner Borstenscheibling

Hymenochaete tabacina

Steckbrief
Sehr häufiger, Hutkanten bildender, brauner, harter Pilz mit glatter, unter der Lupe ganz fein dunkler, stacheliger Fruchtschicht.

Vorkommen
An abgestorbenem Laubholz, oft an noch stehenden Stämmchen von Haselnuss.

Tipp
Findet man diese dunklen Stacheln bei einem Holzbewohner, ist es immer ein Borstenscheiblingsverwandter.

Fruchtkörper wenige Zentimeter bis über ein Meter lang und so breit, wie es das Substrat zulässt; an der Unterseite und den Flanken von Ästen und Stämmen meist mit 1 bis 4 cm breiten Hutkanten, am stehenden Holz oft dachziegelartig zu vielen übereinander. Oberseits tabak- bis schön rostbraun, in frischem Zuwachs mit einem leuchtend ockergelben Rändchen, feinfilzig und den Zuwachskanten nach gezont. Unterseits samtig glatt erscheinend, vielfach höckerig und radial gezont wie die Wasserkreise nach einem Steinwurf, frische Zuwachskanten blassgelb. Mit 10 bis 20facher Lupenvergrößerung kann man die feinen Stachelchen (= Setae) in der Fruchtschicht entdecken, die für die Familie der Borstenscheiblingsverwandten typisch sind. **Fleisch** von frisch wachsenden Fruchtkörpern ist lederig zäh, nimmt in durch Trockenheit bedingten Wachstumspausen und ausgewachsen eine plexiglasähnliche Konsistenz an. **Verwechslungen** sind mit vielen irgendwie braun gefärbten Rindenkrustenpilzen und Ähnlichem möglich, zumal auch der Tabakbraune Borstenscheibling flach anliegend flächige Fruchtkörper ohne Hutkanten machen kann. Am ähnlichsten ist dann der **Rissige Borstenscheibling** *(Hymenochaete corrugata)*, der auch das gleiche Substrat besiedelt. Auch der **Rotbraune Borstenscheibling** *(Hymenochaete rubiginosa)* kann ähnlich sein.

Mennigroter Rindenkrustenpilz Mennigroter Zystidenrindenpilz

Peniophora incarnata

Fruchtkörper wenige Zentimeter bis mehrere Dezimeter ausgedehnt an der Unterseite und den Flanken von Ästen und Stämmen, fest anliegend ohne Hutkanten. Das Holz bzw. die Rinde werden oft von mehreren Initialfruchtkörpern aus zusammenwachsend von der orangerosa Schicht überzogen. Dabei bleiben an für den Pilz unwirtlichen Stellen Bereiche frei und an Stellen besonders günstiger Wuchsbedingungen, z. B. in Substratspalten oder an abgestorbenen Aststummeln von hoher Oberfläche, entwickelt er sich besonders üppig. Die Fruchtkörperschicht ist unregelmäßig flachhöckerig und stellenweise angedeutet treppchenförmig ausgebildet. Der weißlich ausgefranste Zuwachsrand ist gegenüber der gefärbten reifen Schicht klar abgegrenzt. Mit einer guten Lupe sieht man im schräg auffallenden Licht, dass aus der Fruchtschicht feine Fäserchen, wie eine samtige Bereifung, austreten. Bei 400- bis 1000facher Mikroskopvergrößerung entpuppt sich diese flaumige Bereifung als Ansammlung vieler, tausender Sterilzellen (= Zystiden), die über den Rasen aus Sporenständerzellen hinausragen. Diese Zellen sind gestielt und nach oben mit zahlreichen wirr zusammengesetzten Kristallen besetzt, sodass sie vom Aussehen her an mikroskopisch kleine Spitzmorcheln erinnern. **Verwechslungen** sind mit anderen Pilzarten und natürlich auch mit Farbanstrichen möglich.

Steckbrief
Sehr häufiger, orangerosa, bis 1 mm dicker Überzug auf der Rinde, seltener auch an Stamm- und Stirnholz.

Vorkommen
An abgestorbenem Laub-, seltener Nadelholz. Gern an Besenginster.

Tipp
Bitte neugierigen Kindern diesen Pilz erläutern, ihnen also diese Besonderheit der Natur aufzeigen.

Striegeliger Schichtpilz

Stereum hirsutum

Steckbrief
Hutkäntchen bildender, oberseits striegelhaariger, unterseits ockergelber, glatter Krustenpilz.

Vorkommen
An totem Holz, besonders Stümpfen und Ästen von Eiche und Buche.

Tipp
Schichtpilze heißen wegen ihres dreischichtigen Aufbaues so, nicht wegen des glatten Fruchtlagers.

Fruchtkörper wenige Millimeter bis über 10 cm ausgedehnt an der Unterseite von Ästen und Stämmen, fest anliegend mit wenige Millimeter bis 3 cm abstehenden Hutkäntchen oder dachziegelartig, wenig am Substrat herablaufend, mit 1 bis 3 cm Hutkanten an Stubben und an der Stirnseite liegender Stämme. Die Oberseite der Hutkanten ist jung leuchtend ockergelb und von gleichfarbenen Striegelhaaren besetzt. Mit zunehmendem Alter verblassen zuerst die Striegelhaare und dann die Oberseite als Ganzes in Richtung Grau, um schließlich, von Algen verursacht, etwas Patina anzunehmen. Unterseite oft etwas narbig oder höckerig uneben, der Gesamtfläche nach aber glatt, das heißt, die Schicht der Sporenständerzellen bedeckt die ganze Fläche wie ein Rasen. **Fleisch** korkig, zäh und aus mindestens drei Schichten (Name) aufgebaut. Der Rindenschicht mit Striegelhaaren folgt farblich abgesetzt eine ca. 0,5 mm starke Schicht „Fleisch“ (= Trama = Context) und der Erde zugewandt eine wiederum farblich abgesetzte Schicht mit Sporenständerzellen darauf (= Hymenialschicht). Die Fruchtkörper erreichen 0,5 bis 2 mm Dicke. **Verwechslungen** mit einigen ähnlich aussehenden Schichtpilzen, besonders dem **Eichen-Schichtpilz** *(Stereum gausapatum)*, der jedoch in der verletzten Fruchtschicht rötet, oder dem **Samtigen Schichtpilz** *(Stereum subtomentosum)*.

DEZ NOV OKT SEPT AUG JULI JUNI MAI APRIL MÄRZ FEB JAN

Wetterstern

Astraeus hygrometricus

Fruchtkörper (2) 3 bis 4 cm Durchmesser, meist unterirdisch oder zumindest tief in die Streu eingebettet, rundlich, runzelig, hart und hohl erscheinend. Bei Sporenreife reißt die derbe äußere Hülle vom Mittelpunkt her in spitzdreieckige Lappen auf und biegt sich wie Krakenfüße nach außen. Dabei löst sich der Fruchtkörper vom Myzel und wird mit den „Füßen" an die Oberfläche gehoben. Bei Feuchtigkeit zeigt er dann die felderig zerrissene, an das Muster eines Schildkrötenpanzers erinnernde Innenseite der äußeren Hülle. Die innere Hülle ist pergamentartig, bleibt kugelig und öffnet sich in der Mitte zum Sporenaustritt. Regentropfen usw. sorgen dafür, dass schubweise etwas von der pulverigen Sporenmasse ausgeschleudert wird. Bei Trockenheit klappen die Lappen der äußeren Haut wieder zusammen und es entsteht wieder eine Kugel, wenn auch mit bereits radial gespaltener Außenhülle. In diesem Zustand, wie auch im unreifen Stadium, ist der Pilz kaum zu entdecken. An einem Waldweg, den ich fast täglich gehe, sehe ich bei Regen oft mehr als 10 Fruchtkörper, bei Trockenheit finde ich oft nicht einen, wohl wissend, dass sie noch da und nach dem nächsten Regen wieder sichtbar sind. **Verwechslungen** sind mit einigen ähnlich aussehenden Erdsternen möglich. Der Wetterstern ist ein Mykorrhizapilz aus der entfernten Röhrlingsverwandtschaft.

Steckbrief
Erdsternähnlicher Pilz, der seine „Füße" bei Trockenheit einklappt und bei Feuchtigkeit wieder ausbreiten kann.

Vorkommen
Auf nährstoffarmen Böden, besonders unter Kiefern auf sandigen Böden, ortshäufig und standorttreu.

Tipp
Kann auch noch nach Jahren trockener Aufbewahrung auf einem nassen Teller „turnen".

Gestreifter Teuerling

Cyathus striatus

Steckbrief
Kleine, gestreifte, jung struppig verschlossene Becherchen, in denen noch mal viel kleinere, münzenförmige Bovistchen an Schnüren hängend liegen.

Vorkommen
In Laub- und Nadelwäldern, an Wegrändern und in Parks, sehr häufig an und um Reisig.

Tipp
Früher glaubte man, dass er ein Indiz für schlechte Ernten sei, weil er Trockenheit toleriert.

Sammel-Fruchtkörper 0,5 bis 2 cm hoch und 0,6 bis 1,2 cm im Durchmesser, ei- oder verkehrt kegelförmig, dunkel graubraun, rostbraun oder umbra, rundherum dicht mit groben, bürstigen Stacheln der äußeren Haut besetzt. Die Innenseite der später geöffneten Becherchen ist silbrig graubraun gestreift, die Außenseite dauerhaft mit Stachelbürsten besetzt. Bei zunehmender Reife verschwinden die Stacheln auf der Oberseite, die, zunehmend flach werdend, dann von einem weißlichen Deckelchen verschlossen ist, das schließlich zerreißt und den Innenraum freigibt. Dort liegen, an kleinen Schnürchen hängend, 10 bis 15 winzige, 1 bis 2 mm große, linsenförmige Bovistchen (= Peridiolen), jedes mit einem kurzen Faden (= Funiculus) am Boden nabelschnurartig befestigt. Bei Reife bekommen die Fädchen Sollbruchstellen, die Peridiolen können z. B. vom Regen aus der Schale des Sammelfruchtkörpers geschleudert werden und so als Sporenpakete der Verbreitung dienen. An geeigneten Standorten, z. B. auf und zwischen verrottendem Reisig finden sich oft zig, ja hunderte Fruchtkörper von geselligem, manchmal regelrecht büscheligem Wuchs. **Verwechslungen** sind nur mit anderen Teuerlingen, z. B. dem ebenfalls häufigen **Tiegel-Teuerling** *(Crucibulum laeve)*, möglich, die aber alle nicht außen struppig und innen gestreift sind.

DEZ NOV OKT SEPT AUG JULI JUNI MAI APRIL MÄRZ FEB JAN

Riesen-Bovist

Calvatia gigantea

Fruchtkörper (5) 15 bis 40 (60) cm Durchmesser, meist etwas breiter als hoch und manchmal einseitig eingedrückt, oft mit mitwachsenden Narben auf der Oberfläche, weiß mit einer derben Außenhaut, die sich wie Wildleder anfühlt. Bei beginnender Reife färbt sich die Außenhaut Richtung Gelboliv und schließlich olivbraun. **Fleisch** jung weiß, porös, aber fest, im Alter zunehmend weich, olivgelb und in sich zusammenhaltend matschig, um schließlich in olivbraunem Ton wie Zellwatte und zugleich staubend zu erscheinen. Dabei löst sich die äußere Haut in großen Lappen ab und verteilt – vom Winde verweht – noch eine Menge Sporen über weite Entfernungen. An der Anwachsstelle hat der Fruchtkörper ein reduziertes, zumeist schwach entwickeltes Sterilteil, das sich ein wenig in das Innere der Kugel und nicht als Stielrest nach außen entwickelt. Diese Tatsachen verweisen die Art in die Verwandtschaft des **Hasen-Bovistes** *(Calvatia utriformis)* und weg von den eigentlichen Bovisten, wie z. B. **Schwärzender Eier-Bovist** *(Bovista nigrescens)*. Ausgewachsene, aber zum Verzehr noch geeignete, innen schnittfest-weiße Fruchtkörper können durchaus mehrere Kilogramm wiegen. **Verwechslungen** sind bei großen, normal entwickelten Fruchtkörpern nicht recht vorstellbar und kleinere Exemplare erkennt man nicht.

Steckbrief
Mit 10 bis 50 cm Durchmesser, weiß, wie ein Ball auf der Wiese liegend, einer der massigsten Fruchtkörper.

Vorkommen
Auf nährstoffreichen Böden in Gärten, auf Wiesen und grasigen Wegen, im Gebüsch von Wegböschungen.

Tipp
Schnitzel vom Riesenbovist niemals in der Frittöse ausbacken, da sie sich so voll Fett saugen, dass einem schlecht wird.

Flaschen-Stäubling

Lycoperdon perlatum

Steckbrief
Birnen- bis flaschenförmige Erdbewohner, deren Außenhaut auf jeweils eine Zentralnoppe zugerichtete Stacheln aufweist.

Vorkommen
In Laub- und Nadelwäldern, an Wegrändern und in Parks sehr häufig.

Tipp
Die Stacheln und Noppen der Außenhaut müssen entfernt werden, weil sie sonst wie ungekochter Grieß im Essen schwimmen.

Fruchtkörper 4 bis 8 (10) cm hoch und 2 bis 5 (7) cm dick, Kopfteil bis 6 cm hoch, Stielteil bis 4 cm hoch und 2 bis 4 cm dick, dicht besetzt mit Stacheln und Noppen. Diese organisieren sich in charakteristischer Weise immer zu mehreren um eine zentrale Noppe herum, sodass unter der Lupe ein geordnetes Relief zu sehen ist. Die darunter liegende mittlere Haut hält den Fruchtkörper zusammen und verleiht ihm auch bei Sporenreife noch seine charakteristische Form. Fleisch im Kopfteil zunächst fest und weiß, bald wattig, gelblich und schließlich über ein matschiges Stadium pulverig olivgrün werdend, mit einer zentralen Öffnung zum passiven Sporenaustritt, im Stielteil porös, weiß, schließlich von strohblumenartiger Konsistenz oder wie Wespennester und auch ähnlich grauoliv gefärbt. Die abfallenden Stacheln und Noppen hinterlassen ein charakteristisches Wabenmuster auf der Oberfläche. **Verwechslungen** sind am häufigsten mit dem ähnlichen, auf Holz wachsenden **Birnen-Stäubling** *(Lycoperdon pyriforme)* gegeben. Andere Stäublinge sind auch in der Jugend nicht weiß gefärbt, an anderem Standort zu finden oder mit wattig-mehliger Außenhülle versehen. Grundsätzlich wird darauf hingewiesen, dass auch gefährliche Knollenblätterpilze, noch in der Gesamthülle eingeschlossen, eine mehr oder weniger stäublingsähnliche Form haben können.

Stinkmorchel
Leichenfinger
Phallus impudicus

Fruchtkörper 1. Hexenei: 2 bis 5 cm Durchmesser, 3 bis 7 (9) cm hoch in einer weißlichen, prallen oder faltigen Hülle steckender Fruchtkörper, der sich infolge der äußeren gelatinösen Masse wabbelig anfühlt. An der Basis findet sich ein charakteristischer, bis 2 mm dicker Myzelstrang. 2. Stinkmorchel: Mit Hilfe des Druckes, den die gelatinöse Masse bei Streckung des Stielteils entwickelt, platzt die Hülle und das schwarzgrüne, stinkende Kopfteil wird unter Streckung des Stielteils bis zu 15 cm in den Wind gereckt. Das Stielteil ist styroporartig porös und innen hohl, dort sind oft noch unverbrauchte Reste des „Treibmittels“ zu finden. **Fleisch** von Hexenei und Stielteil riecht und schmeckt wie frischer Kohlrabi. Der Top-Geruch geplatzter Hexeneier hält allerdings im Allgemeinen von einer Geschmacksprobe ab. Oft sieht man Stinkmorcheln nicht, kann sie aber sehr wohl riechen. **Verwechslungen** Hexeneier können mit allem Möglichen verwechselt werden, beachtet man die wabbelig anliegende Außenhülle und das dicke, weiße „Würzelchen“ nicht oder schneidet sie nicht durch. Ich habe mal einer Gruppe von Pilzfreunden Hexenei, **Wiesen-Stäubling** *(Vascellum pratense)* und **Grünen Knollenblätterpilz** (*Amanita phalloides*, S. 113), noch völlig in der Gesamthülle verborgen, zur Beurteilung vorgelegt. Fehldeutungen und Unsicherheiten haben mir da sorgenvoll zu denken gegeben.

Steckbrief
Als „Hexenei“ aus der Erde hervorbrechend, entwickelt sich bei Streckung die am Kopf stinkende, dicke Rute.

Vorkommen
In bodensauren Nadel- und Mischwäldern, auch in Parkanlagen meist sehr häufig.

Tipp
Im Gegensatz zum essbaren Hexenei ist das stinkende, erwachsene „Morchel“-Stadium nur für Schmeißfliegen genießbar.

Rötliche Wurzeltrüffel

Rhizopogon roseolus

Steckbrief Weichelastischer, ± kugeliger, halb unterirdisch wachsender Pilz mit der Neigung, stellenweise rosarot zu verfärben.

Vorkommen In Kalk-Kiefernwäldern ortshäufig, aber im Ganzen seltener werdend.

Tipp Nicht alles, was unter der Erde wächst und Trüffel im Namen führt, ist auch ein Trüffel.

Fruchtkörper 1 bis 3 (6) cm Durchmesser, knollig, kugelig, kissenförmig, auch furchig eingedrückt, gelegentlich nestartig zu mehreren, unterirdisch und zum Teil bei Reife mit dem Scheitel hervorbrechend. Die äußere Hülle (= Peridie) ist dünn, matt, auch etwas schorfig einreißend und von der Basis her mit eng anliegenden Myzelsträngen umsponnen. Auf Druck verfärben sich Peridie und Myzelstränge unterschiedlich deutlich rosarötlich bis bräunlich. **Fleisch** der Innenmasse (= Gleba) fein gekammert oder zumindest porös erscheinend, zunächst hell gelblich marmoriert, bald olivbraun und schließlich schmutzig braun, breiig zerfließend. Geruch und Geschmack bei schnittfesten Fruchtkörpern unbedeutend, bei Reife entwickelt sich ein unangenehmer knoblauchartiger Geruch, den Geschmack mag man dann nicht mehr prüfen. Alles unterirdisch knollige, was eben nicht Trüffel ist und Sporenständerzellen ausbildet, wurde früher einfach als unterirdisch wachsende Bauchpilze zusammengefasst. Heute wissen wir, dass diese Pilze sehr verschiedenen Verwandtschaften zuzurechnen sind und „Bauchpilze“ als künstliche Gruppe nicht haltbar sind. **Verwechslungen** innerhalb der Gattung sind wegen der großen Ähnlichkeit der rund 10 Arten sicher, mit Trüffeln, z. B. der **Mäander-Trüffel** (*Choiromyces venosus*, S. 263), die sehr hartes Fleisch hat, aber kaum möglich.

Gemeiner Kartoffel-Bovist
Dickschaliger Kartoffel-Bovist
Scleroderma citrinum

Fruchtkörper (1) 5 bis 10 (15) cm Durchmesser, knollig, kugelig, kissenförmig, auch furchig eingedrückt oder zwei ineinander verschmelzend. Oberfläche der dicken Außenschicht (= Peridie) jung manchmal glatt und falbfarben, meist jedoch in grobe, braune Schuppen zerrissen. Stärke der im Schnitt hell sahnefarbenen Außenschicht bis 0,5 cm. Innenmasse (= Gleba) ganz jung grauweiß, beige, bald mehr oder weniger violettschwarz verfärbend, mit weißer Marmorierung. Bei völliger Reife ist diese zu Sporenmasse umgewandelte, staubige oder bei starker Nässe matschige Gleba olivschwarz gefärbt. Sollten diese Verfärbung und der anschließende Zerfall unterdrückt sein und die Masse hell bleiben, eventuell sogar gekammert sein, ist das ein Zeichen für das Vorhandensein des **Schmarotzer-Röhrlings** *(Xerocomus parasiticus)*. Die Basis der Knollen ist kurz und meist undeutlich stielartig verlängert und mit einem üppigen Wurzelschopf aus Myzelfäden besetzt. Nach neuerer Forschung stehen Kartoffel-Boviste eindeutig in Symbiose mit Bäumen und gehören in den Verwandtschaftskreis der Röhrlinge. **Verwechslungen** sind mit anderen Hartbovisten, z. B. dem **Getupften Hartbovist** *(Scleroderma areolatum)*, möglich. Verwechslungen mit essbaren Bovisten und Stäublingen sind auszuschließen, da diese im Schnitt rein weiß sein müssen.

Steckbrief
Kugel- bis kissenförmiger Fruchtkörper mit schorfiger bis rissiger, ockerfahler Oberfläche.

Vorkommen
Sehr häufiger in Laub- und Nadelwäldern wachsender Symbiosepilz auf sauren Böden.

Tipp
Ist bei heranreifenden Fruchtkörpern die Innenmasse hell und gekammert, sind am Standort Schmarotzer-Röhrlinge zu erwarten.

Judasohr
Chinamorchel
Auricularia auricula-judae

Steckbrief
Brauner, gelatinöser, ohrförmiger Winterpilz an Holz mit glänzender, aderwulstiger Innen- bzw. Unterseite.

Vorkommen
Vor allem an totem Laubholz, besonders an Holunder.

Tipp
Judasohren gehören wegen der Konsistenz in die asiatische Küche, nicht ins Mischgericht.

Fruchtkörper 2 bis 7 (12) cm, muschel-, ohr- bis umgekehrt schüsselförmig, am Scheitel oder exzentrisch seitlich dem Substrat ansitzend, braun mit rötlichem, seltener auch olivfarbenem Einschlag; Oberseite samtig, an der Ansatzstelle auch haarig, filzig, unterseits glänzend glatt, wie die Oberseite gefärbt, aber durch den Glanz mit einem silbrigen Schimmer. **Fleisch** gelatinös, dünn im Querschnitt wie ein sitzen gebliebener Hefekuchen erscheinend, mit wässrigem Mittelstreifen, trocken hornartig-hart, befeuchtet immer wieder auflebend und dadurch im Winterhalbjahr über Monate bei feuchtem Wetter frisch erscheinend. Geschmack und Geruch nicht signifikant wahrnehmbar. **Verwechslungen** sind mit anderen Arten der Gattung, aber auch mit anderen gelatinösen Pilzen anderer niederer Ständerpilzgruppen möglich. Am meisten ähnelt ihm der **Rotbraune Zitterling** *(Tremella foliacea)*, der aber büschelig wächst, viel weicher und von allen Seiten glänzend ist. Das **Judasöhrchen** *(Auriculariopsis ampla)* ist viel kleiner und oberseits weißlich bis grau und der **Gezonte Ohrlappenpilz** *(Auricularia mesenterica)* bildet dachziegelige, große, gezonte, haarige Hutkanten aus. Das Judasohr, aber auch nahe verwandte asiatische Arten werden in Fernost zahlreich und in großen Mengen angebaut und kommen bei uns als „Chinamorcheln" in den Handel.

Klebriger Hörnling
Wurzelnder Händling

Calocera viscosa

Fruchtkörper 3 bis 7 (10) cm, meist aus mehreren Ursprüngen mit gabelig verzweigten Ästen, an deren Spitzen zumeist auch wieder in mehrere Ästchen auslaufend, gelb, orangegelb, bei trockenem Wetter kupferorange, zäh, gelatinös, bei Feuchtigkeit schmierig. Das untere Teil des Fruchtkörpers läuft in eine, je nach Substratkonsistenz, bis 15 und mehr Zentimeter lange, weißliche, wurzelartige Verlängerung aus. Beim Eintrocknen werden die Pilze sehr hart, hornartig, um, wieder eingeweicht, alsbald die alte Konsistenz wiederzugewinnen. Diese Erkenntnis ist wichtig, falls man die Pilze zum Garnieren verwenden wollte. Da sie nämlich eingetrocknet und wieder befeuchtet wochenlang im Wald gestanden haben können, muss mit einer erheblichen Oberflächenkontamination mit Mikroorganismen gerechnet werden, die durch die zähe Klebrigkeit noch begünstigt wird. **Verwechslungen** gibt es meist zunächst mit Korallen, die aber meist brüchiges, jedenfalls nie gelatinöses Fleisch haben. Weitere Verwechslungen sind mit den kleineren Arten der Gattung, wie z. B. dem **Gegabelten Hörnling** *(Calocera furcata)* auf Weißtannenholz, möglich. Diese werden dann oft als junge Formen vom Klebrigen Hörnling verkannt. Der **Pfriemförmige Hörnling** *(Calocera cornea)* ist noch kleiner und wächst auf Laub-, besonders Buchenholz.

Steckbrief
Korallenförmiger, leuchtend gelber, elastischer, gelatinöser Holzbewohner.

Vorkommen
Vor allem an totem, schon weit vermorschtem und mit Moos überzogenem Nadelholz.

Tipp
Diese Art zeigt Ihnen schon im Sommer, wo es sich im Oktober lohnt, nach Rauchblättrigen Schwefelköpfen (S. 142) zu suchen.

DEZ NOV OKT SEPT AUG JULI JUNI MAI APRIL MÄRZ FEB JAN

Zitterzahn
Eispilz

Pseudohydnum gelatinosum

Steckbrief
Seitlich bis ungestielter Fruchtkörper von gelatinöser, wabbeliger Konsistenz mit Zähnchen auf der Unterseite.

Vorkommen
Vor allem an totem, schon weit vermorschtem und mit Moos überzogenem Nadelholz.

Tipp
Zitterlinge und Gallertpilze sind roh essbar. Wegen der Verunreinigung mit Mikroorganismen ist kurzes Überbrühen ratsam.

Hut 2 bis 7 cm, zungen- bis halbkreis- oder kreiselförmig, weiß, grau oder braun getönt mit rauer, pusteliger, narbiger bis körniger Oberfläche. Hutunterseite zunächst noppig-rau, bald zu deutlichen Stacheln ausgewachsen, weiß oder sonst zumindest heller als die Oberseite. Sporenpulver weiß. **Stiel** fehlend oder bis 2 cm lang und keilförmig in den Hutteil übergehend, an der Ansatzstelle filzig-haarig. **Fleisch** glasig durchscheinend, gelatinös; man muss es schon mögen, draufzubeißen. Beim Eintrocknen bleibt nur ein hauchdünnes hornartiges Häutchen zurück, das in ein Glas Wasser gelegt in wenigen Stunden wieder die Frischform annimmt. Ein Eigengeruch ist meist nicht festzustellen, der Geschmack ist fade, nichts sagend. **Verwechslungen** sind eigentlich nicht möglich, da es weltweit nur diese eine Art in der Gattung gibt. Andere Stachelpilze aus ganz anderen Verwandtschaften haben entweder brüchiges oder korkartig zähes Fleisch. Weiße und braune oder graue Fruchtkörper verschiedenen Varietäten zuzuordnen, hat sich als wenig sinnvoll erwiesen, da aus dem gleichen Holz gleichzeitig unterschiedlich gefärbte Fruchtkörper und in verschiedenen Jahren mal nur braune, mal nur weiße Pilze erscheinen können.

Mäander-Trüffel
Deutsche Trüffel
Choiromyces venosus

Fruchtkörper (2) 5 bis 10 (15) cm Durchmesser, oft breiter als hoch, unregelmäßig knollenförmig, an Kartoffeln oder noch ähnlicher an Topinambur-Knollen erinnernd. Oberfläche weißlich bis creme oder ockergrau, runzelig, faltig, oft auch aufgerissen. Die Fruchtmasse im Inneren ist sehr fest, weiß und von zahlreichen labyrinthischen grauen Gängen (Name!) durchzogen. Der Geruch verändert sich von kaum wahrnehmbar beim jungen Pilz über würzige Maggi- und Knoblauchkomponenten bis zu einem widerlichen, süßlich fäkalen, auch robuste Nasen beleidigenden Gestank. Da die Pilze oft mit dem Scheitel bis zu einem Drittel aus dem Boden ragen, sind sie relativ leichter zu finden als echte Trüffeln. Ein Seminarteilnehmer der Schwarzwälder Pilzlehrschau hatte einmal an einem Vormittag acht Knollen im Gesamtgewicht von fast 2,5 kg erbeutet und wurde zum Trüffelkönig des Seminars ernannt, obwohl einige Stücke schon deutlich stanken und den Raum innerhalb kurzer Zeit mit ihrem Duft unbenutzbar machten. Aber auch Stücke im besten Reifezustand erreichen bei weitem nicht den Genusswert echter Trüffeln. Da die Pilze roh giftig sind, wird von der klassischen Verwendung als Würzpilz abgeraten.

Steckbrief Schmutzig weiße bis gelbliche, unregelmäßige Knolle, ähnlich einer Kartoffel, die oft zu einem Drittel aus dem Boden ragt.

Vorkommen Sommer bis Herbst in schweren, kalkhaltigen Böden, unter Fichte, Tanne und Buche.

Tipp Keine echten Trüffeln, nur Verwandte davon verursachen bei Rohgenuss oft erhebliche Durchfälle und Bauchschmerzen.

Speise-Morchel
Graue Morchel
Morchella esculenta

Steckbrief
Aus einem Guss entstandener Fruchtkörper mit unregelmäßig wabenartigem, gelbem bis graubraunem Kopf- und grubig weißkleiigem Stielteil.

Vorkommen
Streuobstwiesen, Bachauen, auf mineralreichen, kalkhaltigen Böden.

Tipp
Sind zwar vermutlich nicht an Bäume gebunden, aber standorttreu, auch wenn sie nicht jedes Jahr gleich erscheinen.

Hutteil 3 bis 10 (20) cm hoch, glockig, konisch, rundlich, mit unregelmäßig versetzten und verschieden großen Wabengruben, wie Bienenwaben erscheinend. Die äußersten Ränder der Waben sind hell, oft weißlich, die Wabenkammern gelblich graubraun oder selbst anthrazitgrau gefärbt. Innen ist das Kopfteil hohl und weißkleiig ausgepudert. **Stielteil** 3 bis 10 (15) cm lang, zylindrisch, bauchig, basal stark angeschwollen, oft verbogen und der Länge nach oft sehr uneben, wie verbeult aussehend, weißlich bis blassocker, ebenfalls hohl und außen wie innen kleiig. **Fleisch** elastisch, bis 5 mm dick, mild im Geschmack und fein aromatisch im Geruch. Es werden von Speisemorcheln je nach Autorenauffassung einige Varietäten oder sogar über 10 Arten unterschieden. Nach bisheriger persönlicher Beobachtung sind Formen, die an einem Ort wirklich gut nach Aussehen und Standort zu trennen sind, an anderem Ort durcheinander und mit allen Übergängen zu finden. **Verwechslungen** Als Verwechslungspilz gilt die **Frühjahrs-Giftlorchel** *(Gyromitra esculenta)*, die jedoch einen hirnartig gewundenen, niemals gekammerten Hutteil hat. Essbare **Käppchen-Morcheln** *(Morchella gigas)* und **Verpeln** (*Verpa* spec.) haben ein nicht am Hutrand verwachsenes Kopfteil, können aber durchaus am gleichen Standort vorkommen und schmecken ebenfalls gut.

Blasiger Becherling
Blasen-Becherling

Peziza vesiculosa

Fruchtkörper (1) 3 bis 7 (10) cm. Zunächst entwickeln sich, oft büschelig und halb in das Substrat eingesenkt, unregelmäßig rundliche, blasenförmige Gebilde, deren Randöffnung am Scheitel so eng ist, dass man sie für geschlossene Kugeln halten kann. Beim weiteren Öffnen verbiegen sich die eng aneinander wachsenden Fruchtkörper aus Platzmangel derart, dass oft skurrile Formen aus geknüllten Schüsseln und Bechern entstehen und die Ränder einreißen. Häufig werden bei diesem Wachstum auch Substratteile, wie Stroh und Streu, mit eingeschlossen. Die Farben der innenseitigen Fruchtschicht variieren zwischen blassem Lehmbraun und Ockergrau. Außen sind die Becher und Schalen heller, creme bis blassocker, und stark kleiig bis körnig aufgeraut. Das **Fleisch** ist schnittkäseartig brüchig und kann bei großen Fruchtkörpern über einige Millimeter dick werden. Der Geschmack ist unbedeutend, oft aber etwas vom Standort beeinflusst und da der Pilz roh jedenfalls giftig ist, wird vom Genuss abgeraten. **Verwechslungen** Ähnlich kann der **Kronen-Becherling** (*Sarcosphaera coronaria*, S. 266) aussehen, der aber andere Standortansprüche hat. Andere Arten, wie der **Kastanienbraune** *(Peziza badia)* oder der **Gelbmilchende Becherling** *(Peziza succosa)*, weisen auch Ähnlichkeit auf, sind aber ebenfalls nicht zum Verzehr geeignet.

Steckbrief
Fleischiger, großer Becherling, der sich kugelig, oft büschelig entwickelt und dann unregelmäßig ausbreitet.

Vorkommen
Ab April auf allen humusreichen Substraten oder Pflanzenresten, z. B. nassem, altem Stroh, Misthaufen usw.

Tipp
Schauen Sie sich den Standort an und entscheiden Sie selbst, ob Sie diesen roh unbekömmlichen Pilz gekocht essen wollen.

Kronen-Becherling
Violetter Kronen-Becherling
Sarcosphaera coronaria

Steckbrief
Fleischiger, großer Becherling, der sich halb unter der Erde kugelig entwickelt und dann sternförmig öffnet.

Vorkommen
Ab April in Fichten- und Mischwäldern auf mineralreichen, kalkhaltigen Böden. Gern am sonnigen Waldrand.

Tipp
Selbst recht fleischige Becherlinge sind keine Speisepilze. Solche mit sternförmig aufgesprungenem Rand können unbekömmlich sein.

Fruchtkörper (3) 5 bis 12 (15) cm. Zunächst wachsen – nur mit dem Scheitel aus der Erde ragend – unregelmäßig rundliche, blasenförmige, innen hohle Gebilde heran. Am Scheitel bricht die Blase auf und bekommt, von der Öffnung ausgehend, radiale Risse, wobei sich die entstehenden Spitzen kronenförmig (Name!) nach außen umschlagen und den Fruchtkörper bald ganz an die Erdoberfläche heben. Die Farbe der Fruchtschicht variiert von blassen lehmbraunen Tönen über Ocker bis zu einem deutlichen Violettstich, besonders im Zentrum. Die Außenseite ist blass. **Fleisch** hartkäseartig brüchig, kann bei großen Fruchtkörpern über 5 mm dick werden. Der Geschmack wird als angenehm beschrieben. Vielerorts (z. B. Nordkroatien) wird der Kronen-Becherling als Speisepilz betrachtet. Es sind aber auch zahlreiche Unbekömmlichkeiten, besonders in Ostdeutschland und angrenzenden Ländern, beschrieben worden. Roh ist der Pilz jedenfalls stark giftig, und solange nicht eindeutig bekannt ist, wie Vergiftungen ausgeschlossen werden können, müssen wir die Art weiterhin vom Speiseplan verbannen. **Verwechslungen** Ähnlich ist nur der **Blasige Becherling** (*Peziza vesiculosa*, S. 265). Der essbare **Morchel-Becherling** (*Disciotis venosa*) ist von vornherein ausgebreitet und riecht nach Chlorgas.

Flächiges Eckenscheibchen

Diatrype stigma

Sammelfruchtkörper oft mehr als den halben Astumfang bedeckend und einige Dezimeter lang, zunächst eine rotbraune, oberflächlich feinsamtige Schicht wie eine Hautschwellung bildend, dann zu einer einheitlichen, schwarzen Kruste verschmelzend. Die Entwicklung erfolgt immer im Bereich der Korkrinde unter der äußeren Rindenschicht (= Epidermis), die sich früher oder später ablöst. Bei Reife ist die Sammelfruchtkörperfläche meist querrissig und von zahllosen winzigen, schwarzen „Pickeln" übersät. Diese stellen nichts anderes dar als die Öffnungen der einzelnen Schlauchbehälter (= Perithezien), die – jeder für sich ein Fruchtkörper – in ein im Schnitt gelbliches Trägergeflecht (Stroma) eingebettet sind. Jeder Schlauchbehälter ist im Grunde ein winziger zu einem Bocksbeutel zusammengefasster Becherling. **Verwechslungen** Es gibt eine große Zahl mehr oder weniger brauner, flächig an Holz wachsender Folgezersetzer. Die meisten entwickeln sich jedoch entweder auf der Rinde, z. B. Borstenscheiblinge (*Hymenochaete* spec.), die zu den Ständerpilzen gehören, oder direkt auf dem entrindeten Massivholz, z. B. der **Maulbeerförmige Kugelpilz** *(Bertia moriformis)*, der auch größere Flächen bedecken kann, aber grobhöckerig erscheint, weil jeder Schlauchbehälter alleine steht.

Steckbrief
Schwarzbraune, flache Kruste an abgestorbenem Holz, die sich unter der Rinde entwickelt und diese dann ablöst.

Vorkommen
Das ganze Jahr an abgestorbenen Laubholzästen, besonders von Buchen, Birken, Vogelbeeren, häufig im Frühjahr.

Tipp
Ohne diese und verwandte Arten wäre der Laubwald nicht lebensfähig, würde im Müll der trockenen Äste ersticken.

Gemeine Kohlenbeere

Hypoxylon fragiforme

Steckbrief
Schwarzbraune, wie pickelig aussehende, halbrunde Kissen, oft dicht gesät, auf der Rinde toter Äste, besonders Buche.

Vorkommen
Das ganze Jahr hindurch an abgeworfenen Laubholzästen, besonders von Buchen, häufig im Frühjahr.

Tipp
Kinder finden es spannend, dass Kohlenbeeren und Eckenscheibchen kein „Dreck“ sind. Wecken Sie ihre Neugierde!

Sammelfruchtkörper (3) 5 bis 10 mm, rundlich, etwa so hoch wie breit oder etwas breiter im Durchmesser, stets auf der Rinde entwickelt. Die Oberfläche ist zunächst rotbraun und uneben, bei Reife dunkel purpurbraun und schließlich fast schwarz, wobei sich die Unebenheiten zu regelmäßig angeordneten „Pickeln“, den hervortretenden Mündungen der Schlauchbehälter, entwickelt haben. Im Schrägschnitt erkennt man ein gelegentlich wie Holzkohle gezontes schwarzes Trägermaterial, das so genannte Stroma, und darin in ein bis zwei Schichten die einzelnen Schlauchbehälter (= Perithezien), die jeder für sich einen Einzelfruchtkörper darstellen. Unreife Perithezien sind von einem weißlichen Schleim gefüllt, der, zunächst gräulich werdend, bei Reife zum Aufbau der Sporen tragenden Schicht im Inneren verbraucht wird. Die Sporen tragende Schicht ist ein bei Reife glänzender Rasen von vielen hundert nur mit dem Mikroskop sichtbaren Schlauchzellen, in denen je acht Sporen produziert werden. Abgestorbene Buchenäste sind manchmal von einigen hundert Sammelfruchtkörpern übersät. Andere Substrate, wie Haselnuss, Hainbuche oder Amerikanische Spitzeiche, werden nur ausnahmsweise besiedelt. Der Holzabbau durch Weißfäule schreitet nur langsam voran.

Geweihförmige Holzkeule

Xylaria hypoxylon

Sammelfruchtkörper werden erst zum Winter gebildet. Das ganze Jahr hindurch findet man die geweihförmigen 3 bis 6 (8) cm großen, 0,2 bis 1 cm breiten Konidienträger. Sie entspringen stirnseitig oder seitlich zwischen den Holzfasern, niemals auf der Rinde. Im unteren Drittel schwarz, sind sie bis zu den Spitzen von weißlichem, am äußersten Ende auch blassrosa gefärbtem Konidienstaub überdeckt. Dies sind viele Millionen von ungeschlechtlichen Vermehrungszellen, die während des ganzen Jahres für die Ausbreitung der Art zuständig sind. Im Spätjahr, zum Winter, stellen die Geweihe die Konidienproduktion ein. Viele sterben ab oder sind von Insekten und Schnecken zerfressen worden. Einige von ihnen beginnen aber sozusagen ein zweites Leben: Das Konidien tragende Teil wird von innen her ein wenig verstärkt und dicker; es entwickelt sich zu einem weißfleischigen, zähen Stroma. In der äußeren schwarzen Schicht entwickeln sich nun Schlauchbehälter als Einzelfruchtkörper, wie es bereits für das Eckenscheibchen beschrieben wurde. Dieses Stadium des Pilzes ist noch unscheinbarer. Die Schlauchbehälter entsenden geschlechtlich gebildete Sporen und dienen der Überlebens-Anpassung der Art, wie übrigens jede geschlechtliche Vermehrung von Lebewesen.

Steckbrief
Meist findet nur das weiß bepuderte, geweihförmige, elastisch-harte Konidien-Pilzchen von 3 bis 6 cm Höhe Beachtung.

Vorkommen
Das ganze Jahr hindurch auf dem Holz verschiedenster Laub-, seltener auch Nadelbäume.

Tipp
Die unübersehbaren kleinen, weißen Geweihe werden im Winter zu unscheinbar schwarzen, stäbchenförmigen Fruchtkörpern.

Unterscheidung Sporenständerpilze und Schlauchpilze

Beispiel eines Sporenständerpilzes (Basidiomycet) mit Sporenständerzellen (Basidien) und Sporen darauf:

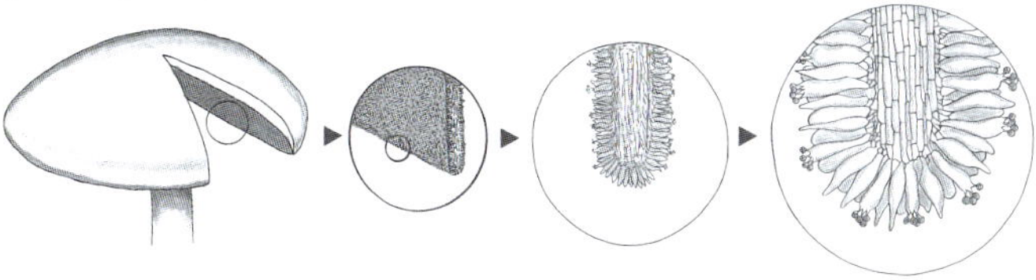

Vergrößerung ca. × 8 ca. × 200 ca. × 500

Weitere typische Formen von Ständerpilzen:

Porling

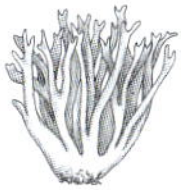

Koralle

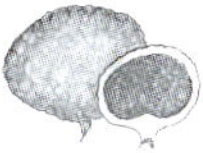

Bovist

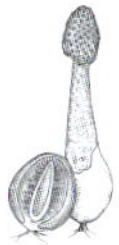

Stinkmorchel

Beispiel eines Schlauchpilzes (Ascomycet) mit Schlauchzellen (Asci) und Sporen darin:

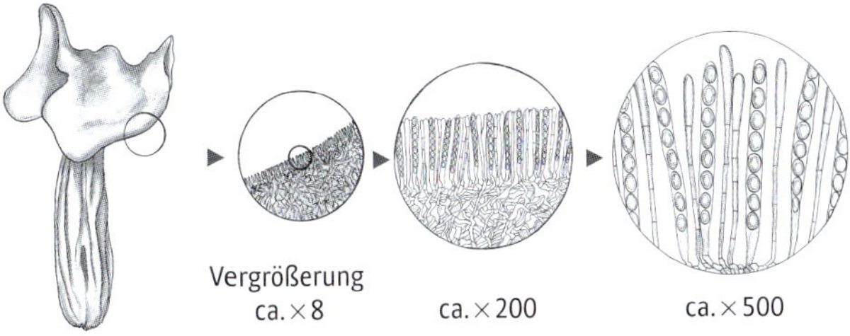

Vergrößerung ca. × 8 ca. × 200 ca. × 500

Weitere typische Formen von Schlauchpilzen:

Morchel

Becherling

Kohlenbeere

Eckenscheibchen

Fruchtkörpertypen erkennen lernen

Auf dieser Doppelseite finden Sie einen Überblick häufiger Fruchtkörpertypen, die im Schlüssel, an passender Stelle wiederholt, die Orientierung erleichtern.
Viele schwarz-weiße Detailzeichnungen im Schlüssel selbst, z.B. Skizzen von Stielbasis-Merkmalen bei Wulstlingen und Knollenblätterpilzen, lassen zusätzlich eine eindeutige vergleichende Bestimmung zu.

Blätterpilz

Röhrling

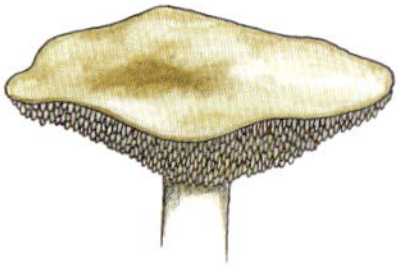

Stoppelpilz

Trüffel

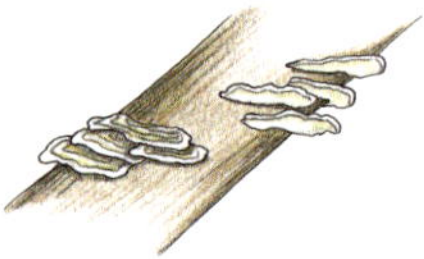

Schichtpilz

Erdstern

Leistenpilz

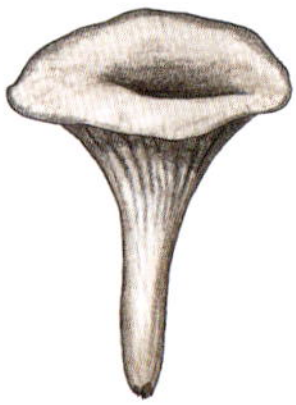

Pilz mit aderigem Fruchtlager

Stinkmorchel

Morchel

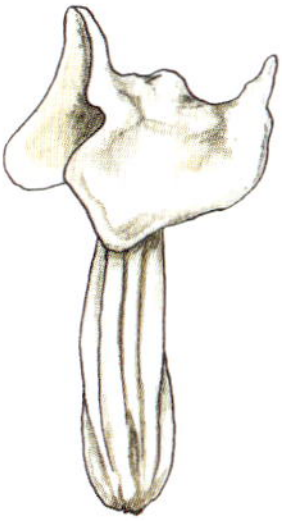

Lorchel

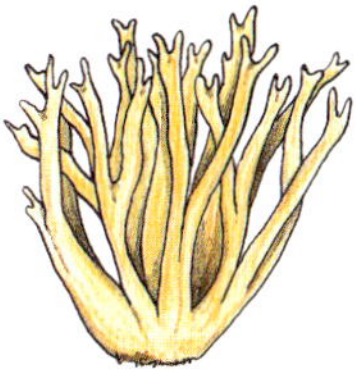

Koralle

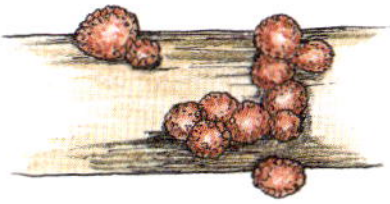

Kohlenbeere

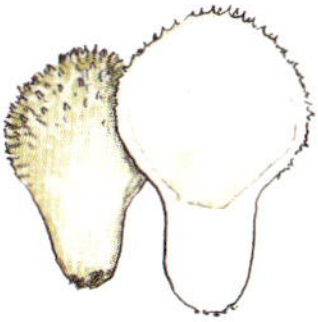

Stäubling

Becherling

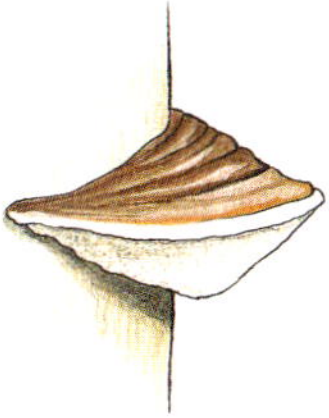

Porling

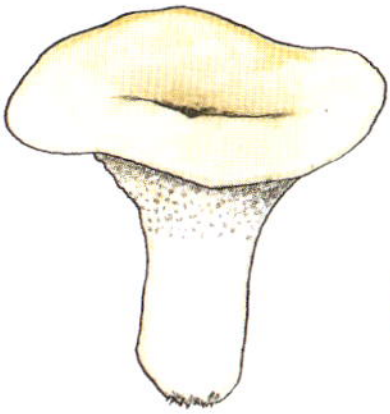

Stielporling

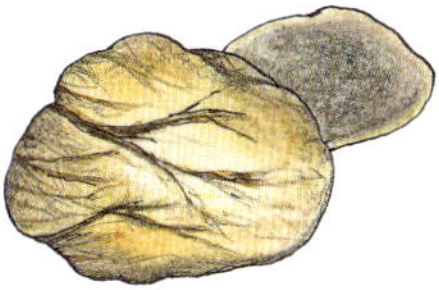

Wurzeltrüffel

Generalschlüssel (G. S.)

1.1 Die Sporen tragende Schicht bedeckt außen auf bzw. unter dem Fruchtkörper das Fruchtlager, z. B. Röhren, Lamellen, Stoppeln oder undifferenzierte Schichten, wie z. B. die Schüssel-/Scheibenoberfläche von Becherlingen oder die äußere Kruste von Rindenpilzen. ▸ 2

1.2 Die Sporen tragende Fruchtmasse ist in kleinen Behältern in der Rinde von kugelförmigen Fruchtkörpern auf Holz oder in Adern von unterirdisch wachsenden Fruchtkörpern eingeschlossen. ▸ 31

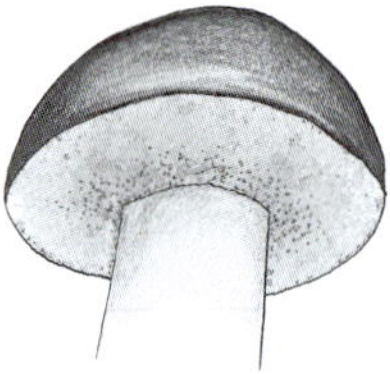
zu 1.1
Röhrling

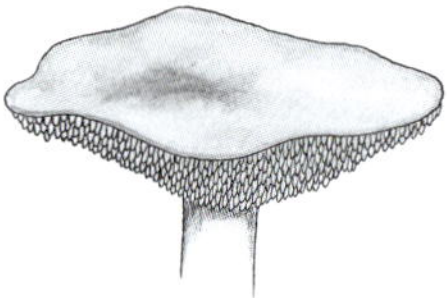
zu 1.1
Stoppelpilz

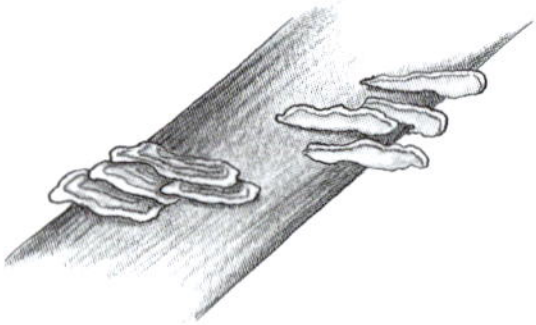
zu 1.1
Schichtpilz

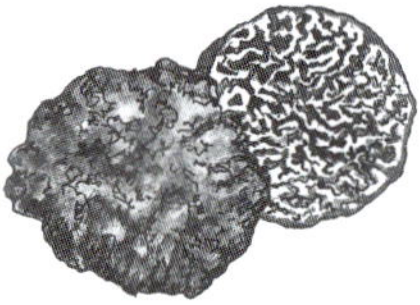
zu 1.2
Trüffel

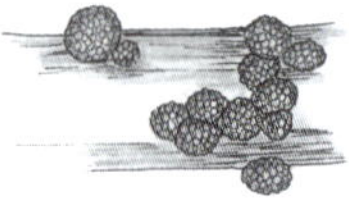
zu 1.2
Kohlenbeere

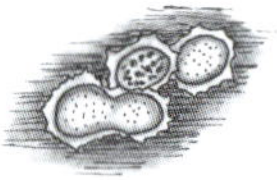
zu 1.2
Eckenscheibchen

1.3 Die Sporen tragende Fruchtmasse entwickelt sich im Inneren, in einem Gerüst, und zerfällt dann bei Reife zu Staub oder wird matschig oder sie wird bei Reife als stinkende Masse nach außen gestülpt.

› Teilschlüssel für Bauchpilze ▸ S. 306

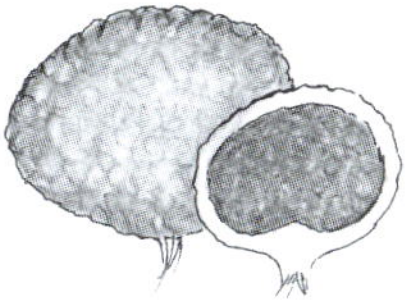

zu 1.3
Kartoffel-Bovist

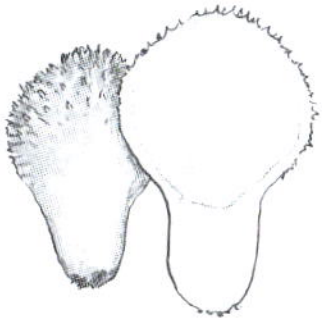

zu 1.3
Stäubling

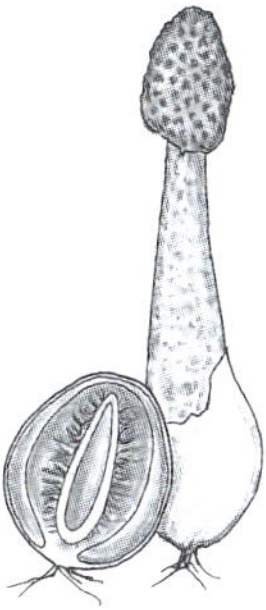

zu 1.3
Stinkmorchel

zu 1.3
Teuerling

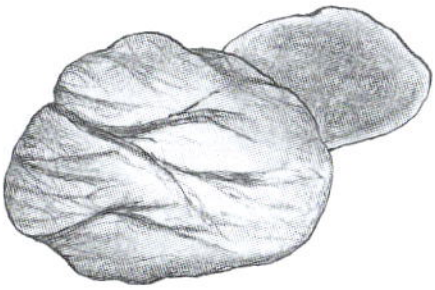

zu 1.3
Wurzeltrüffel

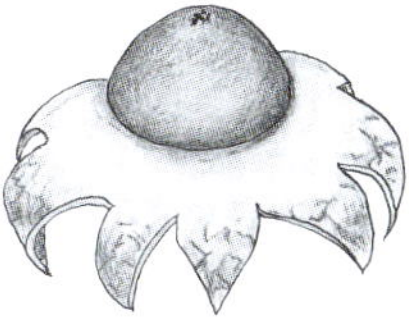

zu 1.3
Erdstern

2.1 (1.1) Die Fruchtschicht bedeckt ein differenziertes Fruchtlager, zumeist auf der Unterseite von Pilzhüten, Konsolen oder fächer- bis tütenförmigen Fruchtkörpern. Auch wenn das Fruchtlager eine glatte Kruste darstellt, ist es geotrop, d.h. meist der Erde zugewandt. ▸ 3

2.2 Die Fruchtschicht bedeckt Teile der Seiten- und Oberfläche bzw. der Flanken von vielfältig gestalteten Fruchtkörpern. Die Fruchtschicht ist nicht oder nur zufällig geotrop angeordnet. ▸ 27

3.1 (2.1) Hutunterseite mit einer ablösbaren oder zumindest in Konsistenz und Farbe deutlich differenzierten Schicht aus miteinander verwachsenen Röhrchen (Schwamm) bedeckt ▸ 4

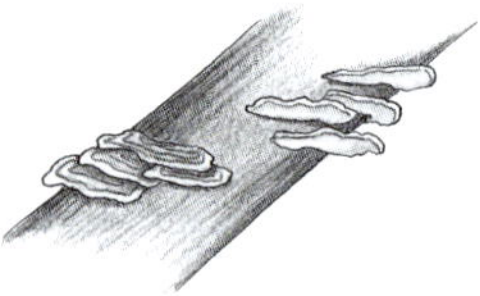

zu 2.1
Schichtpilz

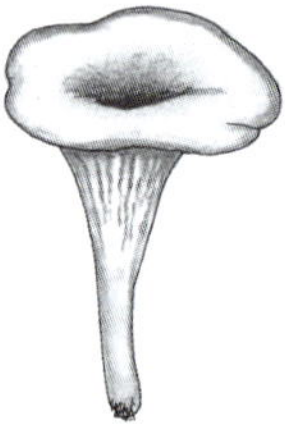

zu 2.1
Totentrompete

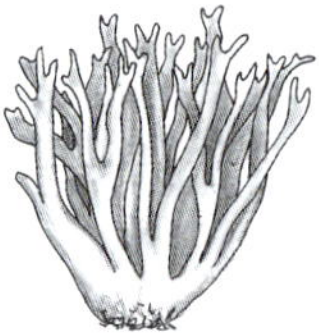

zu 2.2
Koralle

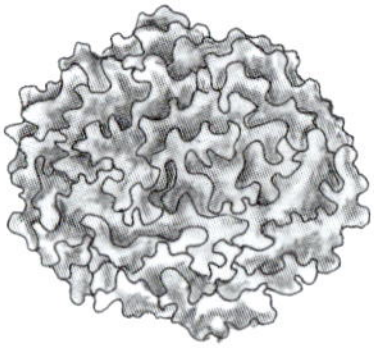

zu 2.2
Glucke

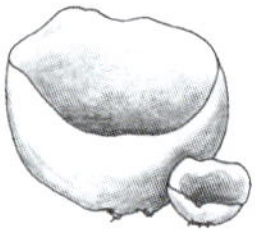

zu 2.2
Becherling

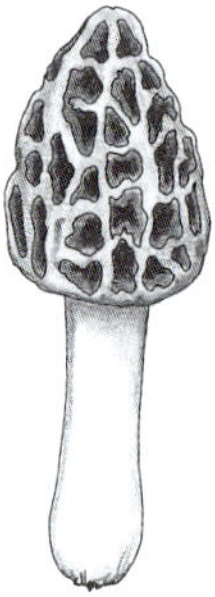

zu 2.2
Morchel

3.2	Hutunterseite mit wie in das Fleisch gebohrten, oft kurzen Löchern oder schlitzförmig verlängerten Öffnungen versehen. Diese löcherig-porige Schicht ist nicht vom darüber liegenden Fruchtfleisch trennbar.	▸ 12
3.3	Hutunterseite mit Lamellen, Stacheln, Noppen, Leisten, Runzeln, Adern oder glatt	▸ 22
4.1 (3.1)	Stiel im Längsschnitt gekammert, Hut mattsamtig, Röhren und Poren sehr hell > Blassspor-Röhrlinge *Gyroporus*	▸ S. 89
4.2	Stiel im Längsschnitt vollfleischig, meist faserig, Röhren hell bis dunkel oder gelb bis rot oder rostrot gefärbt	▸ 5
5.1 (4.2)	Fast weiße Röhren und Poren, die bei Reife zunehmend rosastichig bis rosabräunlich werden; Pilzgeschmack bitter > Gallen-Röhrling *Tylopilus*	▸ S. 99
5.2	Weißliche bis graue bis schmutzig porphyrbraune Röhren und Poren, die beim reifenden Fruchtkörper höchstens Ton in Ton heller oder dunkler werden	▸ 6

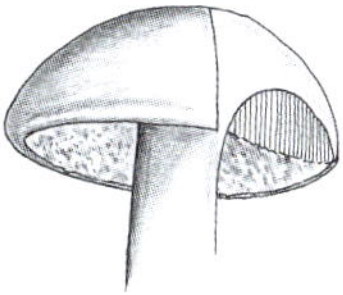

zu 3.1
Röhrenpilz

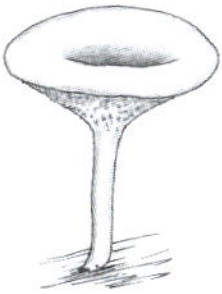

zu 3.2
Stielporling

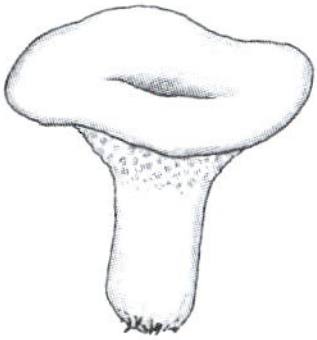

zu 3.2
Stielporling

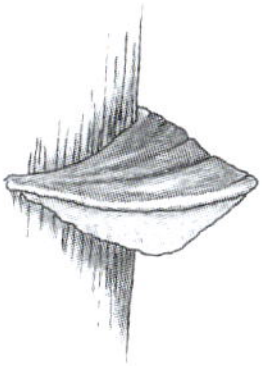

zu 3.2
Konsole

5.3	Röhrenmündungen (= Poren) beim reifenden Fruchtkörper orangerot bis purpurrot, Röhren gelb bis oliv gefärbt › rotporige Dick-Röhrlinge *Boletus* p.p.	▸ S. 85
5.4	Röhren und Poren rost-, orange-, falb- bis umbrabraun	▸ 7
5.5	Ganz junge Fruchtkörper mit weißlichen bis intensiv gelben Röhren und Poren; beim reifen Fruchtkörper entweder gelb bleibend oder zunehmend olivstichig	▸ 8
6.1 (5.2)	Hut und Stiel schuppig mit Teilhülle und rötendem Fleisch › Strubbelkopf-Röhrling *Strobilomyces*	▸ S. 94
6.2	Hut schmierig mit Teilhülle › Grauer Lärchen-Röhrling *Suillus viscidus*	▸ S. 95
6.3	Pilz mit glattem Stiel und ± samtigem Hut › Porphyr-Röhrling *Porphyrellus*	▸ S. 93
6.4	Pilze mit weißen bis grauschwarzen rauschuppigen Stielen, aber glatten Hüten › Raustielröhrlinge *Leccinum*	▸ S. 90
7.1 (5.4)	Röhren und Poren falb- bis umbrabraun, selten olivstichig › Sand- und Kuh-Röhrling *Suillus* p.p.	▸ S. 98
7.2	Röhren und Poren gleichfarbig rostrot, orangerot; Pilzhüte schmierig, Stiele mit Teilhülle › einige Lärchen-Röhrlinge *Suillus* p.p.	▸ S. 96
7.3	Ähnlich 7.2, aber ohne Teilhülle und Stielfleisch chromgelb › Pfeffer-Röhrlinge *Chalciporus*	▸ S. 88
8.1 (5.5)	Röhren und Poren beim jungen Fruchtkörper (d.h. der Hut ist noch halbkugelig bis dick polsterförmig und der Rand eingerollt oder zumindest nach innen gebogen) weiß, später gelb bis oliv, nicht blauend, Stiel mit Netz › Steinpilze *Boletus* p.p.	▸ S. 80
8.2	Röhren beim jungen Fruchtkörper nie ganz weiß, blassgelb oder helloliv bis umbra, im Alter zunehmend oliv werdend	▸ 9
8.3	Röhren schon beim jungen Fruchtkörper intensiv gelb, kaum oliv werdend	▸ 10
9.1 (8.2)	Stiel schlank, z. T. mit Teilhülle, Hut schmierig › einige Schmierröhrlinge *Suillus* p.p.	▸ S. 97
9.2	Stiel stets ohne Netz, wie Holz längs gemasert, meist	

	schlank, aber auch bauchig. Hut samtig, filzig; beim Maronen-Röhrling oft verschleimt › Maronen-Röhrling und einige andere Filzröhrlinge *Xerocomus* p.p.	► S. 100
9.3	Stiel mit gelbem bis rotem Netz, das auf Druck schwärzt › Schönfuß-Röhrling *Boletus calopus*	► S. 82
10.1 (8.3)	Fleisch oder zumindest Röhren intensiv blauend › Schwarzblauender Röhrling, Blutroter und ähnliche Filzröhrlinge *Boletus pulverulentus* und *Xerocomus* p.p.	► S. 83 oder 101
10.2	Fleisch und Röhren nicht oder nur langsam und schwach blauend	► 11
11.1 (10.2)	Stiel meist schlank, Hut filzig › übrige Filzröhrlinge	► S. 102
11.2	Hutunterseite eher lamellig mit zahlreichen Queradern dazwischen oder undeutlich grobporig › Goldblatt *Phylloporus pelletieri*	↑ S. 92
11.3	Stiel oft mit Teilhüllresten, schlank; Hut schmierig › übrige Schmierröhrlinge *Suillus* p.p.	► S. 98
11.4	Stiel zumindest jung bauchig angeschwollen, Pilze oft mit Netz und "Steinpilz -Habitus"; viele seltene bis sehr seltene Arten › Anhängsel- und übrige Dick-Röhrlinge *Boletus* p.p.	► S. 82
12.1 (3.2)	Erdbewohner, d.h. die Basis entspringt aus Erde oder Humus, ohne eine Verbindung des Myzels zu Holzteilen	► 13
12.2	Holzbewohner, lebendes oder totes Holz, oberirdische oder vergrabene Teile verschiedener Holzarten besiedelnd	► 15
13.1 (12.1)	Fruchtkörper lederig zäh, konzentrisch gezont › Dauer-Porling *Coltricia perennis*	► S. 234
13.2	Fruchtkörper zumind. jung weichfleischig (s. Abb. S. 282 u.li.)	► 14
14.1 (13.2)	Ganzer Fruchtkörper einfarbig weiß bis semmelfarben › Schafs- und Semmel-Porlinge *Scutiger* p.p.	► S. 232
14.2	Hutoberfläche dunkler braun oder olivlich › Ziegenfuß- und Kamm-Porling *Scutiger* p.p.	► S. 233
15.1 (12.2)	± deutlich in Hut und Stiel gegliedert	► 16
15.2	Fruchtkörper zungen- bis konsolenförmig (s. Abb. S. 282 u.Mi.)	► 18

15.3 (12.2) Fruchtschicht mit Lamellen, Stacheln, Noppen, Leisten, Adern, Runzeln oder glatt; zurück auf › ↑ 3.3

16.1 (15.1) Stiel deutlich außerhalb der Mitte oder seitlich angeordnet, Fruchtkörper korkartig
› einige Lackporlinge *Ganoderma* p.p. ▸ S. 247

16.2 Stiel zentral oder Fruchtkörper zumindest in jungem Zustand, d.h. mit eingerolltem oder zumindest stumpfem Hutrand, weichfleischig ▸ 17

17.1 (16.2) Viele Stiele strunkförmig, stark büschelig oder fächerförmig verwachsen
› Eichhase, Klapperschwamm *Dendropolyporus umbellatus* u. Ä.

17.2 Fruchtkörper einzeln, gesellig oder selten zu wenigen verwachsen, meist im Fleisch lederig, einige Arten in der Jugend und vom zähen Stiel zum Hut hin weichfleischig
› Schwarzfuß-Porlinge und ähnliche Arten der Gattung *Polyporus* p.p. ▸ S. 235

18.1 (15.2) Weichfleischig, meist treppenförmig angeordnete Konsolen, jung feuerorange, dann nach gelb und schließlich weiß-kreidig ausblassend › Schwefel-Porling *Laetiporus* ▸ S. 237

18.2 Einzelne weichfleischige, zungenförmige Konsolen; blutrot bis rotbraun mit wässrig rotem Saft; Unterseite dicht mit einzelnen ausgestülpten Röhrchen besetzt
› Ochsenzunge, Leberreischling *Fistulina* ▸ S. 236

18.3 Fruchtkörper meist zäh bis holzig oder farblich ganz anders als 18.1 und 18.2 ▸ 19

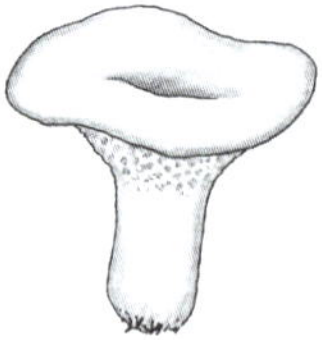

zu 13.2
Stielporling

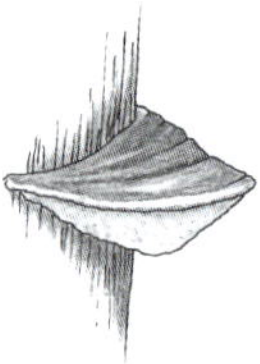

zu 15.2
Konsole

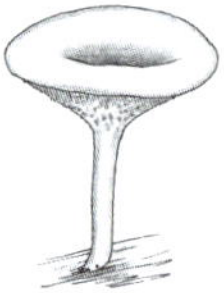

zu 16.2
Stielporling

19.1 (18.3)	Fleisch, Röhren und Poren hell bis weißlich	▸ 20
19.2	Fleisch und Röhren dunkel holzfarben, Poren weißlich; krustig feste glänzende Oberfläche der korkartigen Konsole oft mit Sporenpulver bestäubt › Lackporlinge *Ganoderma* p.p.	▸ S. 247
19.3	Fleisch, Röhren und Poren dunkel holzfarben bis dunkelbraun	▸ 21
19.4	Fleisch, Röhren und Poren rot › Zinnober-Schwamm, Zinnober-Tramete *Pycnoporus*	▸ S. 246
20.1 (19.1)	Fleisch weiß, weich bis korkig, Hutoberseite hautartig berindet › Birken-Porling *Piptoporus*	▸ S. 245
20.2	Fleisch weiß, zäh bis holzig › Trameten und ähnliche Arten *Trametes* u. Ä.	▸ S. 241
20.3	Wie oben, aber mit Lamellen › s. Birken-Blättling *Lenzites*	↑ S. 243
20.4	Fleisch hell holzfarben, Poren weißlich, Geruch unangenehm urinös › Rotrandiger Baumschwamm *Fomitopsis*	▸ S. 239
20.5	Fleisch hell holzfarben, Poren weißlich, Geruch angenehm, an überständige Steinpilze erinnernd › Gemeiner Wurzelschwamm *Heterobasidion*	▸ S. 240
21.1 (19.3)	Fleisch und Röhren dunkler holzfarben, Poren heller graubraun, abgeschabte Krümel aus der Kruste bilden mit Kalilauge vermischt blutrotes Fomentariol › Zunderschwamm *Fomes*	▸ S. 238
21.2	Fleisch sehr hart und dunkel, keine Fomentariol-Reaktion › Feuerschwämme *Phellinus* p.p.	▸ S. 249
21.3	Fleisch weich, bald korkig, dann wie sehr morsches Holz, äußerer Porenrand hellgrau schillernd › Schillerporlinge *Inonotus*	▸ S. 248
21.4	Fruchtkörper zäh, holzig und Unterseite bei einigen Arten labyrinthisch bis lamellig › s. Zaun-Blättling *Gloeophyllum*	↑ S. 244
22.1 (3.3)	Hutunterseite mit Lamellen › Hauptschlüssel für Lamellenpilze	▸ S. 287

22.2 Unterseite des Hutes oder Flanken des kreiselförmigen Fruchtkörpers mit Leisten, Runzeln, Adern oder fast lamelligem Labyrinth etc. (s. Abb. unten) ▸ 23

22.3 Fruchtkörper-Unterseite mit Stacheln, Noppen oder glatt ▸ 24

23.1 (22.2) Pilze in Hut- und Stielteil gegliedert oder zumindest kreiselartig geformt; Unterseite mit Adern, Runzeln oder fast lamellig erscheinenden Leisten, die jedoch gekräuselt, stark quer verbunden oder unregelmäßig gegabelt sind; stets erdbewohnende Mykorrhizapilze
› Pfifferlingsähnliche und Schweinsohr
Cantharellus u. Ä., *Gomphus* ▸ S. 219

23.2 Pilze ohne Stiel, seitlich eingeschnitten tütenförmig, seitlich angewachsen oder eine aderige, labyrinthartige Kruste bildend, Fruchtkörper an Holz
› Zählinge, Aderzählinge und Fältlinge
Lentinellus, *Plicatura*, *Merulius* u. Ä. ▸ S. 231

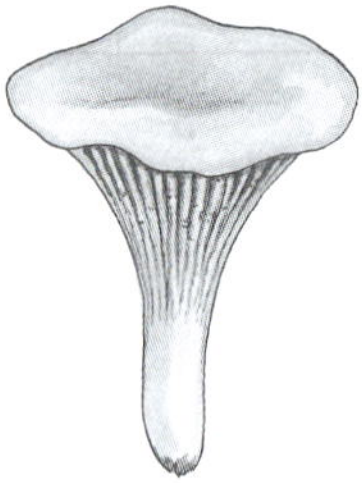
zu 22.2
Pfifferling

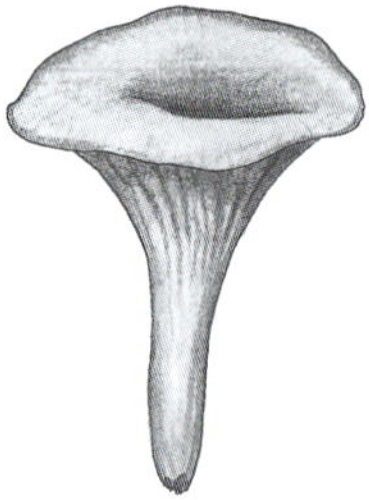
zu 22.2
Totentrompete

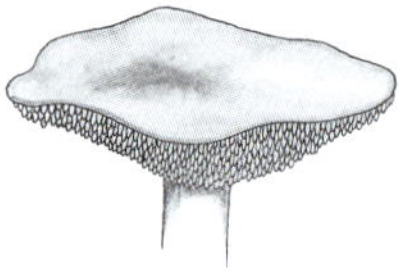
zu 24.1
Stoppelpilz

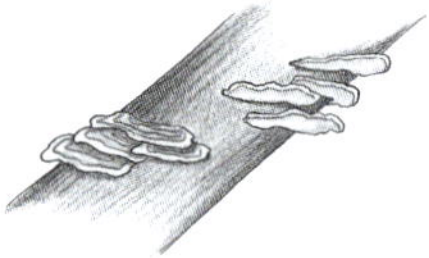
zu 24.2
Schichtpilz

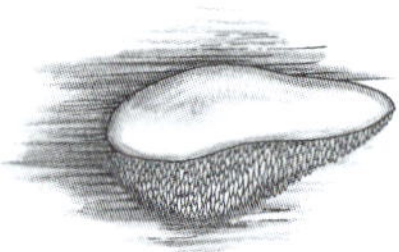
zu 24.2
Zitterzahn

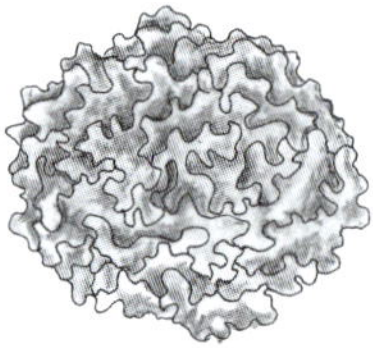
zu 27.1
Glucke

23.3	Harte konsolenförmige Fruchtkörper an Holz › Blättlinge, Wirrlinge *Gloeophyllum*, *Daedalea*, *Lenzites*	▸ S. 243
24.1 (22.3)	Unterseite mit Stacheln, Noppen (s. Abb. S. 284 u. li., u. M.)	▸ 25
24.2	Unterseite der oft nur krustenförmigen Fruchtkörper glatt erscheinend oder narbig-höckerig (s. Abb. S. 284 o. re.)	▸ 26
25.1 (24.1)	Pilze mit oder ohne Stielansatz, seitlingsartig wabbelig an Fichtenholz › Zitterzahn *Pseudohydnum*	▸ S. 262
25.2	Pilze in Hut und Stiel gegliedert, weichfleischig, Stoppeln bei älteren Pilzen leicht ablösbar › Stoppel- und Habichtspilzähnliche	▸ S. 227
25.3	Pilze in Hut und Stiel gegliedert, oft mehrere verwachsen › Korkstachelinge *Hydnellum*, *Phellodon*	▸ S. 226
25.4	Pilze seitlingsartig an Holz oder seitlich gestielt an Kiefernzapfen › Stachelbärte und Ohrlöffelstacheling *Hericium*, *Auriscalpium*	▸ S. 225
26.1 (24.2)	Harte, teilweise Hutkanten bildende Überzüge an Holz, hellfleischig › Schichtpilze *Stereum* u. Ä.	▸ S. 252
26.2	Harte, teilweise Hutkanten bildende Überzüge an Holz, das hauchdünne harte Fleisch braun oder blutrot › Borstenscheiblinge *Hymenochaete*	▸ S. 250
26.3	Harte, teilweise Hutkanten bildende Überzüge an Holz, das hauchdünne lederartige Fleisch wie das Fruchtlager oder schwarz gefärbt (rosa, graulila etc.) › Krustenpilze *Peniophora* u. Ä.	▸ S. 251
26.4	Gelatinöse, weiche, gekröse- oder ohrmuschelartige Fruchtkörper an Holz, leuchtend gelb, braun oder schwarz oder tütenförmig und dann rosa gefärbt auf der Erde › Drüslinge, Zitterlinge, Ohrlappenpilze *Exidia*, *Tremella*, *Tremiscus*, *Auricularia* u. Ä.	▸ S. 260
27.1 (2.2)	Fruchtkörper wie ein Blumenkohl, Keulen oder Korallen geformt	▸ 28
27.2	Fruchtlager wie Schalen, Scheiben oder Schüsseln oder auf einem Stielteil hirnartig, sattelförmig, pokal- bis lappenartig oder in wabenartigen Strukturen aufgebaut	▸ 29

28.1 (27.1)	Fruchtkörper vielästig, wie ein Blumenkohl oder Badeschwamm › Glucken *Sparassis*	► S. 229
28.2	Fruchtkörper weichfleischig, wie Keulen oder Kreisel, weiß, gelb, grau etc., nie schwarz › Keulenähnliche *Clavariadelphus* u. Ä.	► S. 224
28.3	Fruchtkörper zäh, vielgestaltig-keulenförmig, außen schwarz, innen weiß › Holzkeulen *Xylaria* p.p.	► S. 269
28.4	Fruchtkörper korallen- bis geweihförmig, weichfleischig, aber nicht gelatinös › Echte Korallen, Ziegenbärte *Ramaria* u. Ä.	► S. 230
28.5	Fruchtkörper zäh, geweih-korallenförmig, außen schwarz, innen weiß › Holzkeulen *Xylaria* p.p.	► S. 269
28.6	Fruchtkörper korallen- bis geweihförmig, gelb bis orangerot, frisch gelatinös und elastisch, trocken hornartig › Hörnlinge *Calocera*	► S. 261
29.1 (27.2)	Fruchtkörper weichfleischig; becher-, scheiben-, schüsselförmig; ungestielt oder ganzer Pilz sehr klein (< 5 bis 10 mm) › echte Becherlinge und ähnliche Schlauchpilze *Peziza* u. Ä., *Ascomycetes*	► S. 265
29.2	Fruchtkörper hart, klein, aus der Rinde von abgestorbenem Holz hervorbrechend › Eckenscheibchen *Diatrype* u. Ä.	► S. 267
29.3	Fruchtkörper gestielt	► 30
30.1 (29.1)	Fruchtlager wabenartig gekammert › Morcheln *Morchella*	► S. 264
30.2	Fruchtlager pokal-, lappen- bis sattelförmig › Lorcheln *Helvella*	► S. 264

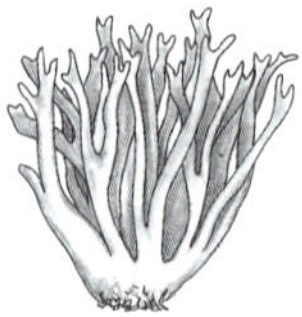

28.4 Koralle

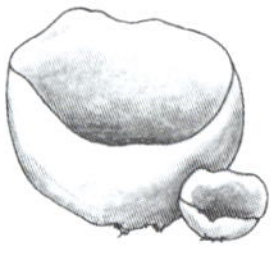

29.1 Becherling

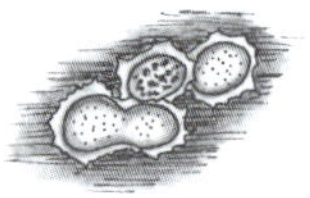

29.2 Eckenscheibchen

31.1 (1.2) Fruchtkörper hart, außen und innen dunkel rotbraun bis schwarz, auf Holz › Kohlenbeeren und Holzkohlenpilze *Hypoxylon*, *Daldinia* etc. ▸ S. 268

31.2 Unterirdisch wachsende Kugel bis knollenförmige Fruchtkörper mit fein marmoriertem, festem Fruchtfleisch › Trüffelverwandte *Tuberales* ▸ S. 263

31.3 Unterirdisch wachsende Fruchtkörper, die bei Reife matschig werden › Teilschlüssel für Bauchpilze ↑ S. 306

Hauptschlüssel für Lamellenpilze (H. L.)

Hier werden ungeachtet der vermuteten Verwandtschaften von Pilzen alle leicht kenntlichen Arten und Gruppen erfasst, deren Fruchtlager lamellig oder zumindest labyrinthisch aufgebaut sind.

Sie kommen vom Generalschlüssel (G.S. Nr. 22.1).

1.1 (G.S. 22.1) Fruchtkörper kräftig, konsolenförmig, holzig hart oder zumeist seitlich gestielt an Holz und vom Stiel her bald zäh werdend ▸ 2

1.2 Fruchtfleisch weich, zumindest im Stiel körnig und nicht in Längsfasern zerteilbar; Pilz ohne Gesamt- und Teilhülle, Sporenpulver weiß bis dottergelb (s. Abb. S. 288) › Teilschlüssel Sprödblättler *Russulales* (Täublinge und Milchlinge) ▸ S. 303

1.3 Fruchtfleisch weich, zumindest beim heranreifenden Pilz im Stiel in Längsfasern zerteilbar. Bei einigen kleinen, dünnstieligen Arten kann das Fleisch auch zäh sein (s. Abb. S. 288) › Teilschlüssel für Blätterpilze mit faserigem Fruchtfleisch Teilschlüssel Faserblättler *Agaricales* ▸ S. 289

2.1 (1.1) Fruchtkörper holzig, konsolenförmig; Fleisch braun › Blättlinge, Wirrlinge *Gloeophyllum*, *Daedaleopsis* ▸ S. 244

2.2 Fruchtkörper holzig, konsolenförmig; Fleisch weiß › Birken-Blättling *Lenzites* ▸ S. 243

2.3 Fruchtkörper meist seitlich gestielt an Holz, weichfleischig, aber vom Stiel her bald zäh werdend, Sporenpulver weiß oder ganz blasslila › Seitlinge und Sägeblättlinge *Pleurotus*, *Lentinus*, *Panus* ▸ S. 192

Abbildungen zu 1.2 und 1.3 auf Seite 287

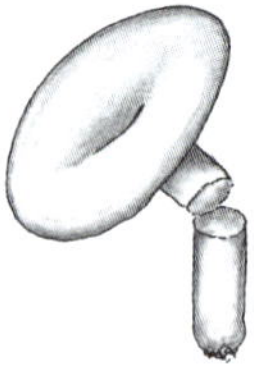

zu 1.2
Täubling

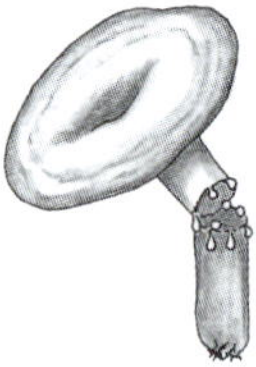

zu 1.2
Milchling

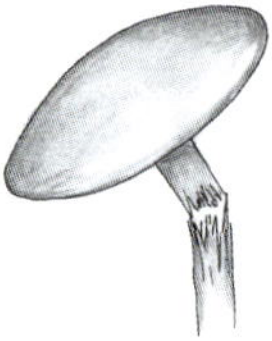

zu 1.3
Faserblättler
ohne Hüllen

zu 1.3
Faserblättler
mit Schleier

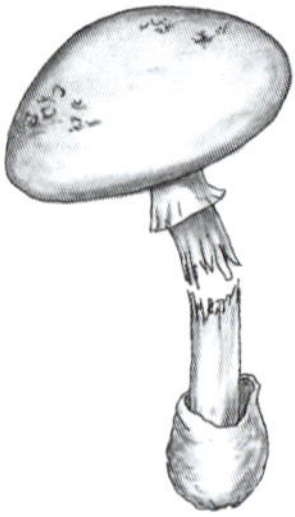

zu 1.3
Faserblättler mit
Gesamt- und Teilhülle

Teilschlüssel Faserblättler *(Agaricales)* und Röhrlingsverwandte *(Boletales)* mit lamelligem Fruchtlager (T. F.)

Sie kommen vom Hauptschlüssel für Lamellenpilze (H. L. Nr. 1.3)

1.1 (H.L. 1.3)	Stiel deutlich exzentrisch, bei fast allen Exemplaren außerhalb der Mitte angeordnet, Lamellen herablaufend, weich, nicht auffallend dick (s. Abb. u. li.)	▸ 2
1.2	Stiel in aller Regel zentral, bei einzelnen Exemplaren aber infolge von Wachstumsstörungen durchaus auch mal etwas außerhalb der Mitte angeordnet	▸ 3
2.1 (1.1)	Graubeige oder ± braune, nie leuchtend gelbe Pilze, Sporenpulver weiß bis ± lila › Seitlinge *Pleurotus*	▸ S. 192
2.2	Gelbe bis orangegelbe Pilze, Sporenpulver weiß, Lamellen leicht ablösbar › s. exzentrische Formen von Ölbaumpilz und Afterleistlingen *Omphalotus, Hygrophoropsis*	↑ S. 105
2.3	Sporenpulver rostbraun gefärbt, Holzbewohner › Samtfuß- und Muschel-Krempling *Tapinella*	▸ S. 107
2.4	Sporenpulver rostbraun gefärbt, Erdbewohner › s. exzentrische Formen von Kremplingen *Paxillus*	↑ S. 106

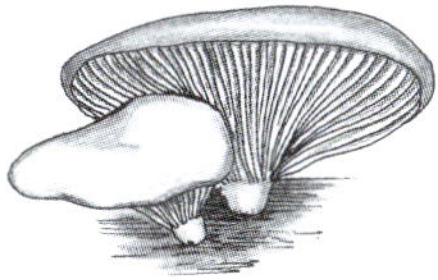

zu 1.1
Seitling

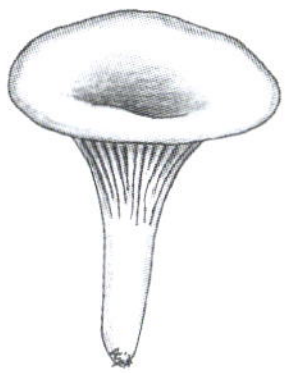

zu 3.2
Trichterling

3.1 (1.2)	Ganze Pilze, besonders im jungen Zustand, auffallend weich, Lamellen (herablaufend, ausgebuchtet angewachsen oder nur angeheftet) dick, entfernt und leicht, wie handwarmes Kerzenwachs zerdrückbar, Sporenpulver immer weiß!	▸ 29
3.2	Lamellen deutlich herablaufend, weder besonders entfernt voneinander noch besonders weich und wachsartig in der Konsistenz (s. Abb. S. 289 u. re.)	▸ 4
3.3	Lamellen nicht oder höchstens bei einigen Exemplaren undeutlich herablaufend, falls entfernt stehend und dicklich, sind die Pilze besonders im Stiel recht zähfaserig, in einigen Fällen wurzelnd oder mit auffallenden Rhizomorphen behaftet	▸ 11
4.1 (3.2)	Pilze mit Ring oder Ringzonen am Stiel, die Reste der Teilhülle darstellen	▸ 5
4.2	Pilze ohne Ring(-zonen)	▸ 6
5.1 (4.1)	Büschelig an Holz, Stielspitze gerillt, Basis hart berindet › Hallimasch *Armillaria* p.p.	▸ S. 183
5.2	Einzeln bis gesellig an Holz, Stielfleisch von der Basis her zäh, fast holzig › Sägeblättlinge *Lentinus* p.p.	
5.3	Einzeln wachsende große Pilze mit wurzelnder Basis › Wurzelmöhrling *Catathelasma*	▸ S. 184
5.4	Sporenpulver fast schwarz, olivschwarz; Nadelwaldpilze mit Mykorrhiza-Bindung an Kiefern, Lärchen oder Fichten › schmierige und filzige Gelbfüße *Gomphidius*, *Chroogomphus*	▸ S. 103
6.1 (4.2)	Spp. weiß bis höchstens cremefarben oder ganz blassrosa	▸ 7
6.2	Spp. satt altrosa bis rosabraun. Stark nach Mehl riechender Pilz mit dünnen, sehr leicht zerdrückbaren Lamellen; weiß bis grau, auch blass beigebraun › Mehlräsling *Clitopilus*	▸ S. 127
6.3	Sporenpulver ockergelb, Pilz mit dem Aussehen eines Filzröhrlings › Goldblatt *Phylloporus*	▸ S. 92
6.4	Sporenpulver rostbraun, erdbraun	▸ 10
7.1 (6.1)	Sporenpulver weiß	▸ 8
7.2	Sporenpulver gelblich, creme, blassrosa	▸ 9

8.1 (7.1)	Ganzer Pilz weißlich, grau, blass fleischfarben, ocker, jedoch nie leuchtend gelb oder orange; wenn büschelig, vergleiche auch Raslinge › Trichterlinge, u. a. Nebelkappe *Clitocybe*	▸ S. 185
8.2	Ganzer Pilz leuchtend gelb oder ockerorange, büschelig an Laubholz › Ölbaumpilz *Omphalotus*	▸ S. 105
8.3	Ganzer Pilz hellgelb bis gelborange, gesellig an Nadelholz, oft scheinbar auf dem Boden an vergrabenem Holz › Falscher Pfifferling *Hygrophoropsis*	▸ S. 104
9.1 (7.2)	Ganzer Pilz schmutzig weiß, falb, ocker, rosabraun, Streuzersetzer › Röteltrichterlinge *Lepista* p.p.	▸ S. 164
9.2	Ganzer Pilz leuchtend gelb oder ockerorange, büschelig an Laubholz › Ölbaumpilz *Omphalotus*	↑ S. 105
9.3	Ganzer Pilz hellgelb bis gelborange, gesellig an Nadelholz, oft scheinbar auf dem Boden an vergrabenem Holz › Falscher Pfifferling *Hygrophoropsis*	↑ S. 104
9.4	Fleischige, weißliche, graublaue bis braune Pilze an Laub- oder Nadelholz › s. zentral gestielte Formen von Seitlingen *Pleurotus*	↑ S. 192
10.1 (6.4)	Einzeln bis gesellig auf der Erde, Mykorrhizapilze › Kremplinge *Paxillus*	▸ S. 106
10.2	Einzeln bis büschelig an Nadelholz, oft sehr groß (20 cm) › s. zentral gestielte Formen vom Samtfuß-Krempling *Tapinella*	↑ S. 107
11.1 (3.3)	Lamellen frei, d. h. den Stiel nicht oder kaum erreichend; bei frischen Pilzen lässt sich der Stiel oft mit einem hörbaren Knacken leicht vom Hut trennen und es entsteht dicht unter dem Hut oder im Hutfleisch eine ± glatte Bruchstelle (s. Abb. S. 292 o. li. **und o. Mi.**)	▸ 12
11.2	Lamellen angewachsen, nicht frei, aber auch nicht herablaufend	▸ 22
12.1 (11.1)	Sporenpulver weiß, höchstens ganz leicht in creme, lila oder pastelloliv abweichend	▸ 13
12.2	Sporenpulver fleischrosa, altrosa, rosabräunlich	▸ 19
12.3	Sporenpulver purpurschwarz bis schwarz	▸ 20

13.1 (12.1) Pilze mit Gesamthülle, d.h. an der Basis findet sich eine lappige Scheide oder (oft undeutlich) Flocken oder Wärzchen einer brüchigen Hülle, in der das kleine Pilzchen „verpackt“ war; brüchige Hüllreste schmücken dann meistens den Hut. ▸ 14

13.2 Pilze ohne sichtbare Gesamthülle, wohl aber mit Teilhülle, d.h. stets mit einem Ring oder einer Ringzone im oberen Stieldrittel ▸ 16

14.1 (13.1) Pilze ohne zusätzliche Teilhülle, Stielbasis meist schlank
› Scheidenstreiflinge *Amanita* ▸ S. 112

14.2 Pilze mit Gesamt- und Teilhülle ▸ 15

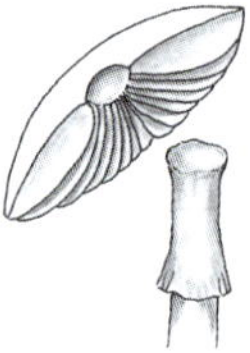

zu 11.1
glatte Bruchstelle

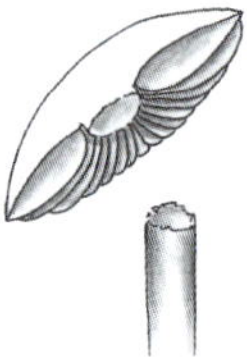

zu 11.1
glatte Bruchstelle

zu 13.2
doppelter Ring

zu 13.2
gestiefelt mit Ringzone

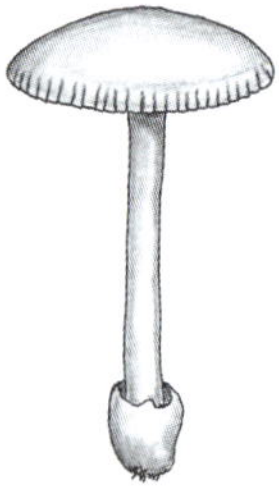

zu 14.1
Scheidenstreifling

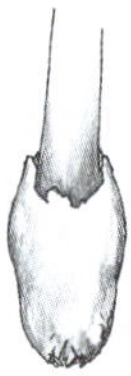

zu 14.1
Gesamthülle hautartig

15.1 Pilze mit zwiebelartig verdickter Basis. Die Gesamthülle bleibt als lappige, sackartige Scheide an der Stielbasis zurück. Ganz junge Exemplare sehen aus wie Eier in geschlossener Schale. › Knollenblätterpilze *Amanita* p.p. ► S. 113

15.2 Pilze mit zwiebelartig verdickter Basis. Die brüchigen Gesamthüllreste sind jedoch flächig auf dem Hut verteilt. Pilze oder zumindest gequetschte Lamellen mit auffallendem Geruch nach altem Rettich oder im Keller keimenden Kartoffeln. › Porphyr-Wulstling u. Ä. *Amanita porphyria* u. Ä. ► S. 115

15.3 Pilze mit schlanker, aber durch die abgerissene Gesamthülle deutlich abgesetzter Basis. Die Hüllreste bilden oft noch ein, zwei schräge Gürtel im unteren Stieldrittel; meist als „Kindersöckchen", „Bergsteigersöckchen" benannt. › Pantherpilz u. Ä. *Amanita pantherina* u. Ä. ► S. 117

15.4 Pilze mit schwach bis rübenförmig verdickter Basis. Gesamthüllreste deutlich als Warzengürtel an der Stielbasis und zugleich als kleine, aber reliefartig erhöhte Flocken auf dem Hut verteilt. › Fliegenpilze u. Ä. *Amanita muscaria* u. Ä. ► S. 118

zu 14.2

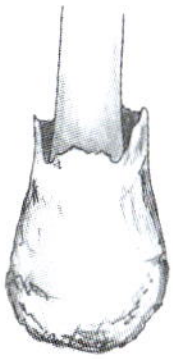
zu 15.1

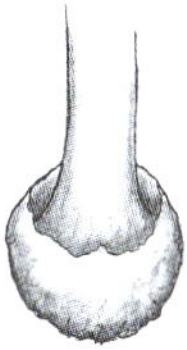
zu 15.2

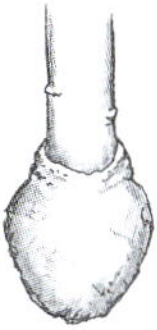
zu 15.3

zu 15.4

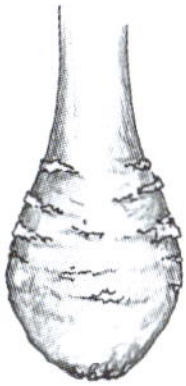
zu 15.5

15.5 Pilze mit ± rübenförmig verdickter Basis; Gesamthüllreste an der Stielbasis meist kaum sichtbar, auf dem Hut in unterschiedlich großen Flocken flach verteilt
› Perlpilz u. Ä. *Amanita rubescens* u. Ä. ▸ S. 119/120

16.1 (13.2) Teilhülle als doppelter Ring ausgebildet, der am Stiel ± verschiebbar ist, meist große Pilze ▸ 17

16.2 Teilhülle als schlaffer Ring, von der Stielbasis gestiefelt oder nur als flüchtige Ringzone ausgebildet ▸ 18

17.1 (16.1) Gedrungener, stämmiger Pilz mit sehr dunkelbrauner, glatter Hutmitte, bei Verletzung stark safranrötlich verfärbendem Fleisch, schlecht verschiebbarem Ring und unangenehm gasartig fäkalem Geruch
› Riesen-Giftschirmling *Macrolepiota venenata* ▸ S. 121

z. B. zu 22.4
Beispiel eines Sporenabwurfes von *Cortinarius variecolor*

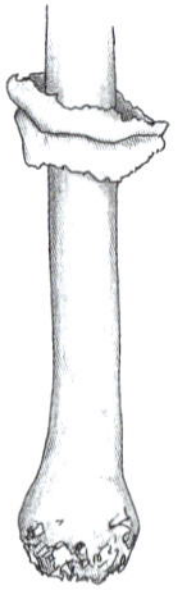

zu 16.1

zu 16.2

17.2	Nicht mit dieser Merkmalskombination, größtenteils nicht oder schwach verfärbendes Fleisch › übrige Riesenschirmlinge *Macrolepiota*	▸ S. 122
18.1 (16.2)	Ganzer Pilz Ton in Ton körnig bekrümelt, rostrot, amiantocker, gelbbraun oder falb, meist mit deutlichem Geruch nach Scheunenstaub › Körnchenschirmlinge *Cystoderma*	▸ S. 124
18.2	Hutoberfläche schuppig zerrissen, spitzschuppig oder faserig, bisweilen wie mit feinem Mehl bepudert, Ring meist sehr vergänglich › Schirmlinge u. ä. Gattungen *Lepiota* u. Ä.	▸ S. 123
19.1 (12.2)	Pilze mit Gesamthülle (Scheide an der Basis) › Scheidlinge *Volvariella*	▸ S. 126
19.2	Pilze ohne Gesamthülle, stets an Holz oder in Verbindung mit holzigem Substrat wachsend › Dachpilze *Pluteus*	▸ S. 125
20.1 (12.3)	Pilze jung halbkugelig, bei Reife ausgebreitet	▸ 21
20.2	Pilze walzenförmig und so bleibend, Hut im Alter vom Rand her zerfließend › einige große Tintlinge *Coprinus* p.p.	▸ S. 130
21.1 (20.1)	Pilze in allen Teilen bei Verletzung rötend oder unveränderlich › rötende Egerlinge *Agaricus* sect. *Rubescentes*	▸ S. 108
21.2	Pilze in allen Teilen gleichmäßig gilbend, oft mit Anis-/Bittermandel-Geruch › gilbende Egerlinge *Agaricus* sect. *Flavescentes*	▸ S. 110
21.3	Pilze, besonders bei Verletzung der äußersten Stielbasis, chromgelb verfärbend, oft mit Geruch nach Tinte oder Holzschutz-Teer › Karbol-Egerlinge *Agaricus* sect. *Xanthodermatei*	▸ S. 111
22.1 (11.2)	Sporenpulver weiß	▸ 23
22.2	Sporenpulver creme bis ganz hellrosa oder ganz blasslila	▸ 30
22.3	Sporenpulver satt fleischrosa, rosabräunlich	▸ 31
22.4	Sporenpulver rostbraun, ohne Beimischung von Grau	▸ 32
22.5	Sporenpulver schmutzig braun, mit deutlichen Grautönen, auch erd- oder tabakbraun genannt	▸ 37
22.6	Spp. dunkel violettgrau, purpurschwarzbraun bis schwarz	▸ 38

23.1 (22.1) Pilze bei Sporenreife flach ausgebreitet bis flach gebuckelt und relativ fleischig (Hutfleisch in der Mitte > 2 mm). Stiel faserig oder knorpelig bis wattig ausgestopft ▸ 24

23.2 Pilze bei Sporenreife flach ausgebreitet, dünnfleischig bis fast fleischig (Hutfleisch in der Mitte 0,5 bis 3 mm); Stiel weichfleischig, Lamellen oft relativ entfernt und weich; Pilze mit Rettichgeruch › Rettich-Helmlinge *Mycena* ▸ S. 174

23.3 Pilze bei Sporenreife flach ausgebreitet bis flach gebuckelt und relativ dünnfleischig (Hutfleisch in der Mitte < 2 mm); Stiel ausgesprochen zäh, rosshaarartig dünn, hornartig steif oder knorpelig berindet, wattig ausgestopft und dann hohl werdend ▸ 27

23.4 Pilze bei Sporenreife meist halbkugelig bis glockig bleibend, dünnfleischig, leicht vergänglich und Stiel oft hohl ▸ 28

zu 23.1

zu 23.1

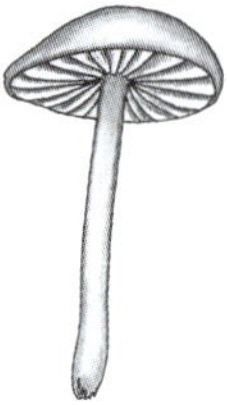
zu 23.2

zu 23.3

zu 23.3

zu 23.4

24.1 (23.1) Meist büschelig wachsende Arten, weiß bis graubraun
› Büschel-Raslinge *Lyophyllum* sect. *Difformia* ▸ S. 181

24.2 Gesellig oder einzeln im Frühjahr wachsend, meist weiß mit starkem Mehlgeruch › Maipilz *Calocybe gambosa* ▸ S. 182

24.3 Spät im Jahr oft in Hexenringen wachsend, ± grau und mit eigenartig parfümiertem Geruch
› Nebelkappe, Nebelgrauer Trichterling *Clitocybe nebularis* ↑ S. 187

24.4 Gesellig oder einzeln in der Hauptsaison wachsende Artengruppen; Stiel faserig ▸ 25

24.5 Gesellig oder einzeln in der Hauptsaison wachsende Arten; Stiel knorpelig bis zäh, steif und biegsam ▸ 26

25.1 (24.4) Mykorrhizapilze der Wälder, Parkanlagen und Alleen; Hut- und Stielfleisch homogen faserig
› Ritterlinge u. ä. Weißsporer *Tricholoma* u. Ä. ▸ S. 179

25.2 An Holz wachsend, rot- bis gelb-, gelboliv-schuppig, Fleisch und Lamellen ± gelb › Holzritterlinge *Tricholomopsis* ▸ S. 177

25.3 Streuzersetzer mit auffallendem Geruch nach altem Rettichsalat › Rettich-Helmlinge *Mycena* sect. *Purae* ▸ S. 174

25.4 Folgezersetzer meist am Wegesrand; Hutfleisch gemessen an dem recht steifen, faserigen Stiel relativ weich, Hutmitte oft mit flachem Buckel › Weichritterlinge *Melanoleuca* ▸ S. 178

26.1 (24.5) Folgezersetzer direkt an Holz oder mit auffallenden Myzelsträngen in Verbindung mit Holz; Lamellen auffallend breit, Hutfleisch relativ dünn
› Breitblatt, Breitblättriger Holzrübling *Megacollybia platyphylla* ▸ S. 171

26.2 Meist gesellig wachsende Streuzersetzer
› große Formen von Rüblingen *Gymnopus* p.p. ▸ S. 168

26.3 Stielbasis tief wurzelnd in Verbindung mit Holz
› Wurzelrüblinge *Xerula* ▸ S. 170

27.1 (23.3) Ganzer Pilz dumpfrot, fleischfarben oder lilablau, stark wasserzügig und der Hut beim Eintrocknen sofort verblassend, während die dicken, zähen Lamellen die ursprüngliche Farbe lange behalten
› Lackpilze, Bläulinge *Laccaria* ▸ S. 188

27.2 Gesellige Streuzersetze; Stiel knorpelig berindet, wattig ausgestopft bis hohl, biegsam
› Rüblinge u. Ä. *Gymnopus* u. Ä. ▸ S. 166

27.3 Ähnlich, aber meist büschelige Holzbewohner
› große Formen von Helmlingen *Mycena* p.p. ▸ S. 176

27.4 Spät im Jahr, oft im Winter wachsende, büschelige Holzbewohner mit klebrigem Hut und dunkelsamtigem Stiel
› Samtfuß-Rüblinge *Flammulina* ▸ S. 172

27.5 Stiel rosshaarartig dünn bis nagelsteif
› Schwindlinge u. Ä. *Marasmius* u. Ä. ▸ S. 173

28.1 (23.4) Stiel hohl, an der Basis verletzt mit Flüssigkeitsabsonderung › Milchfuß-Helmlinge *Mycena* sect. *Lactipedes* ▸ S. 175

28.2 Stiel hohl, ohne Flüssigkeitsabsonderung; Streu- und Holzzersetzer, oft mit auffallenden Gerüchen
› übrige Helmlinge u. Ä. *Mycena* p.p. ▸ S. 174

29.1 (3.1) Mykorrhizapilze der Wälder; Lamellen herablaufend, ganzer Pilz mit dominierend weißen bis graubraunen Farben
› März-Schneckling, Natternstieliger Schneckling u.Ä. *Hygrophorus* p.p. ▸ S. 189

29.2 Mykorrhizapilze der Wälder; Lamellen ausgebuchtet bis kaum herablaufend, ganzer Pilz mattorange oder rotweinrot gesprenkelt
› Rasiger Purpur-Schneckling u. Ä. *Hygrophorus* p.p. ▸ S. 190

29.3 Folgezersetzer der Moore, Magerrasen und Wegraine; Farben meist leuchtend Gelb, Orange, Rot oder glasig Weiß; Pilze wie aus Wachs modelliert erscheinend
› Saftlinge *Hygrocybe* inkl. *Camarophyllus* ▸ S. 191

29.4 Ganzer Pilz zähfaserig, dumpfrötlich, fleischfarben oder lilablau › Lacktrichterlinge *Laccaria* ↑ S. 188

29.5 Ganzer Pilz zähfaserig, weißgrau bis schwarzbraun, an Holz, oft mit Myzelsträngen
› Holzrübling *Megacollybia* ↑ S. 171

29.6 Pilze mit Rettichgeruch
› Rettich-Helmlinge *Mycena* sect. *Purae* ↑ S. 174

30.1 (22.2) Fleischige Streuzersetzer mit faserigem Stiel, oft in Hexenringen; weiß bis grau oder lila(braun)
› Rötelritterlinge *Lepista* p.p. ▸ S. 165

30.2 Auffallend fleischiger, blasser, meist in Scharen wachsender Pilz mit steifem, eng-hohlem Stiel und bitterem Geschmack
› Gefleckter Rübling *Rhodocollybia maculata* ▸ S. 166

30.3 Dünnfleischigere Mykorrhizapilze mit grauem bis braunem Hut und knorpelig berindetem, an der Basis oft aufgeblasenem Stiel
› große Rüblinge, Rötelrüblinge *Rhodocollybia* p.p. ▸ S. 166

30.4 Dünnfleischigere Pilze an Holz, meist büschelig
› Rosablättriger Helmling *Mycena galericulata* ▸ S. 176

31.1 (22.3) Fleischige Pilze mit Ritterlings-Habitus
› Riesen-Rötling und Verwandte *Entoloma* p.p. ▸ S. 128

31.2 Kleiner bis mittelgroßer Pilz mit aufdringlichem Lebertrangeruch › Gurken-Schnitzling *Macrocystidia cucumis* ▸ S. 163

31.3 Dünnfleischige Pilze (Hutfleisch < 2 mm in der Mitte) mit Rüblings- oder Helmlings-Habitus; viele seltene Arten der Moore und Magerrasen › übrige Rötlinge *Entoloma* p.p. ▸ S. 129

32.1 (22.4) Fleischige Mykorrhizapilze mit Ritterlings-Habitus (s. Abb. S. 300) ▸ 33

32.2 Dünnfleischige Mykorrhizapilze mit meist flach ausgebreitetem oder kegeligem Hut (s. Abb. S. 300) ▸ 34

32.3 An Hut und Stiel gänzlich schleimige Mykorrhizapilze
› Schleimfüße *Cortinarius* subgen. *Myxycium* ▸ S. 153

32.4 Büschelig, seltener einzeln; Folgezersetzer an Holz (s. Abb. S. 300) ▸ 35

32.5 Einzeln bis gesellig wachsende Streuzersetzer (s. Abb. S. 300) ▸ 36

33.1 (32.1) Pilz mit einem schmalen, deutlich ausgeprägten, sich leicht vom Stiel lösenden Ring; Hut in der Mitte meist silbrig bereift, oft in der Bereifung lilastichig
› Zigeuner, Reifpilz, Runzelschüppling *Rozites caperatus* ▸ S. 159

33.2 Ganzer Pilz weißlich, falb, dumpfocker, falbbraun, oft mit Rettich-, Marzipan-, Zuckergebäck- oder Kakaogeruch; Lamellen meist weiß gezähnelt und oft fleckig; Hut meist etwas schmierig › Fälblinge *Hebeloma* ▸ S. 149

zu 32.1
Ritterlingstyp

zu 32.1
Schlanker Typ

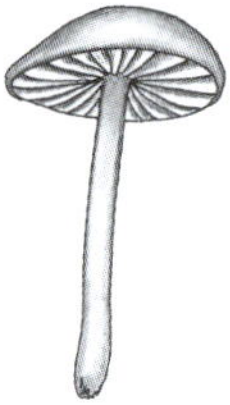

zu 32.2
Rüblingstyp

zu 32.4
Stockschwämmchentyp

zu 32.5
Feldschwindlingstyp

33.3 Hut schleimig, Stiel trocken, mit spinnwebiger Teilhülle
› Schleimköpfe, Klumpfüße *Cortinarius* subgen. *Phlegmacium* ► S. 151

33.4 Hut und Stiel trocken, schuppig, seidig bereift oder eingewachsen faserig; einige Arten mit auffallendem Stielschmuck oder wasserzügigem Hut; oft mit blauen (ohne Rostbraun, Grün oder Ockergelb) Tönen
› Dickfüße, größere Gürtelfüße *Cortinarius* subgen. *Cortinarius* und *Telamonia* p.p. ► S. 150

33.5 Hut sichtbar und fühlbar radialfaserig, auffallend orangefuchsig, ockerorange oder olivgrün gefärbt; ohne in Alkohol lösliche Farbstoffe
› Rauköpfe *Cortinarius* subgen. *Cortinarius* sect. *Leprocybe* ► S. 155

33.6 Ganzer Pilz mit in Alkohol leicht löslichen Farbstoffen
› s. größere Hautköpfe *Cortinarius*, subgen. *Cortinarius* sect. *Dermocybe* ↑ S. 157

34.1 (32.2) Ganzer Pilz mit in Alkohol löslichen Farbstoffen
› Hautköpfe *Cortinarius*, subgen. *Cortinarius* sect. *Dermocybe* ▸ S. 157

34.2 Alkohollösliche Farbstoffe fehlen; Hut oft wasserzügig, Stiel oft von Velumbändern geschmückt; ganzer Pilz meist mit trüben, braunen, graubraunen Farben
› kleinere Gürtelfüße und Wasserköpfe *Cortinarius* subgen. *Telamonia* p.p. ▸ S. 158

34.3 Hut sichtbar und fühlbar radialfaserig, auffallend orangefuchsig, ockerorange oder olivgrün gefärbt; ohne in Alkohol lösliche Farbstoffe
› s. kleinere Rauköpfe *Cortinarius* subgen. *Cortinarius* sect. *Leprocybe* ↑ S. 155

35.1 (32.4) Lamellen gelb, Fleisch gelblich, Geschmack bitter
› Flämmlinge *Gymnopilus* ▸ S. 146

35.2 Lamellen nie gelb, Hut goldbraun, rostbraun, oft konzentrisch oder strahlig zweifarbig austrocknend, Stiel mit (flüchtigem) Ring
› Stockschwämmchen und Gift-Häublinge *Kuehneromyces mutabilis* und *Galerina* p.p. ▸ S. 140, 147

35.3 Hut schleimig, klebrig oder sparrig-schuppig, tonweiß, falb, gelb, rostbraun, orangerot bis rot, nicht typisch zweifarbig austrocknend › Schüpplinge *Pholiota* ▸ S. 139

36.1 (32.5) Hut meist kegelig bis glockig
› übrige Häublinge u. Ä. *Galerina* u. Ä. ▸ S. 148

36.2 Hut bald flach ausgebreitet, Lamellen entfernt und dick
› Trompetenschnitzlinge *Tubaria* ▸ S. 137

37.1 (22.5) Hut radial eingewachsen faserig und zum Einreißen neigend, radialfaserig oder wirr wollig-schuppig, oft kegelig geschweift, Pilzgeruch oft spermatisch oder auffällig angenehm wie Obstblüten oder Marzipan; Mykorrhizapilze der Wälder und besonders in Parkanlagen und Alleen
› Risspilze *Inocybe* ▸ S. 160

37.2 Hut matt, glatt kahl, Streu- oder Holzzersetzer
› Ackerlinge *Agrocybe* ▸ S. 138

37.3 Hut klebrig oder mit spärlichen Gesamthüllresten bedeckt
› s. Kahlköpfe *Psilocybe* ↑ S. 144

38.1 (22.6) Sporenpulver dunkel violettgrau, meist büschelig oder gesellig an Holz, Stiel festfaserig, im Alter fast holzig
› Schwefelköpfe *Hypholoma* p.p. ▸ S. 141

38.2 Sporenpulver dunkel violettgrau; gern auf stark gedüngten Flächen, auf Strohabfällen oder direkt auf Mist und Dung oder einzeln an Holz wachsende Pilze; Hut ± schmierig
› Träuschlinge und Kahlköpfe *Stropharia* und *Psilocybe* ▸ S. 144

38.3 Sporenpulver dunkel violettgrau; gesellig bis büschelig wachsende Streu- und Holzzersetzer mit zarten, beim Abbrechen (etwas nachgeholfen) sternförmig auffasernden Stielen
› Faserlinge, Mürblinge *Psathyrella* ▸ S. 136

38.4 Sporenpulver purpurschwarzbraun bis schwarz ▸ 39

39.1 Hut oder zumindest Lamellen bei Reife zerfließend
› Tintlinge *Coprinus* ▸ S. 130

39.2 Hut nicht zerfließend, Fruchtkörper jedoch vielfach kurzlebig ▸ 40

40.1 Sporen ungleich reifend und dadurch die Lamellen wie marmoriert, fein gefleckt; Pilze bei Sporenreife glockig oder kegelig
› Düngerlinge *Panaeolus* p.p. ▸ S. 133

40.2 Sporen ungleich reifend und dadurch die Lamellen wie marmoriert, fein gefleckt; Pilze bei Sporenreife flach ausgebreitet
› Dunkelrandiger Düngerling und Saumpilze *Panaeolus cinctulus* und *Lacrymaria* p.p. ▸ S. 134, 135

40.3 Reife Lamellen einheitlich dunkel, fast schwarz, Hut klebrig
› s. Kahlköpfe *Psilocybe* p.p. ↑ S. 144

40.4 Pilze < 2 cm und wie dicht gesät an oder um Holz herum
› Zwergfaserling und Gesäter Tintling *Psathyrella pygmaea* und *Coprinus disseminatus* ▸ S. 132

Teilschlüssel für Sprödblättler *(Russulales)* (T. S.)

Russulales umfassen die Lamellenpilze mit quer brechendem, nicht in Längsfasern zerteilbarem Stielfleisch. Sie haben je nach Art oder Sektion weißen, über Creme- und Ockertöne, bis dottergelben Sporenstaub und nie eine Gesamt- oder Teilhülle bzw. Reste davon.

Sie kommen vom Hauptschlüssel Lamellenpilze (H. L. Nr. **1**.2).

1.1 (HL.1.2)	Heranreifende Pilze bei Verletzung der Lamellen in Stielnähe Flüssigkeit absondernd	▸ 2
1.2	Heranreifende Pilze bei Verletzung keine Flüssigkeit absondernd	▸ 3
2.1 (1.1)	Flüssigkeitsabsonderung karotten- bis weinrot › Reizker, Blutreizker sect. *Dapetes*	▸ S. 193
2.2	Flüssigkeitsabsonderung weiß, an der Luft bräunend und mit Fischgeruch › Brätling *Lactarius volemus*	▸ S. 194
2.3	Flüssigkeitsabsonderung weiß, ganzer Pilz weißlich › Pfeffer-Milchlinge und Wollschwämme subgen. *Lactarius* und sect. *Albati*	▸ S. 195
2.4	Flüssigkeitsabsonderung weiß, ± rosa verfärbend, ganzer Pilz blass graubraun bis rußig oder fast schwarz › Rußige Milchlinge sect. *Plinthogali*	▸ S. 197

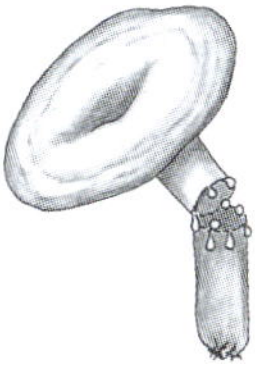

zu 1.1
Milchling

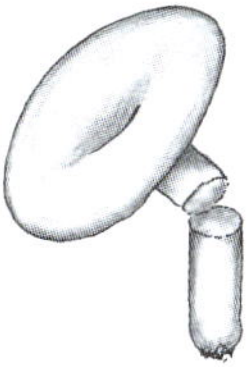

zu 1.2
Täubling

2.5 Flüssigkeitsabsonderung weiß bis molkig, sahnefarben oder wasserklar, Hut gelbbraun, fuchsig bis lederbraun und nicht schmierig › Trockene Milchlinge *Lactarius* p.p. ► S. 198

2.6 Flüssigkeitsabsonderung weiß, bei einigen Arten gelb, lila oder pastellgrün verfärbend; zumindest der noch eingerollte Hutrand fransig, zottig, ältere Pilze zum Teil von der Mitte her verschleimend
› Olivgrüner Milchling *Lactarius plumbeus* und
› Fransen- und Birken-Milchlinge subsect. *Aspideini* und *Scrobiculati* sect. *Piperites* ► S. 201

2.7 Flüssigkeitsabsonderung weiß, oft grauend oder grünend, selten lila oder gelb verfärbend; Hut schmierig bis schleimig ›Schmierige Milchlinge *Lactarius* p.p. ► S. 200

3.1 (1.2) Ganzer Pilz mit schmutzigen weißen bis graubraun oder anthrazit dominierten Farbtönen, sehr festfleischig, Huthaut kaum abziehbar › Hartfleisch-Täublinge *Compactae* ► S. 204

3.2 Ganzer Pilz schmutzig gelbockergrau, Hut ± schmierig und der ausgebreitete Hutrand auffällig kammrandig gerieft › Stink-, Kamm- und Mandel-Täublinge *Ingratae* ► S. 205

3.3 Weiß bis gelb, rosa, rot, lila, fleischfarben bis braun oder grün gefärbte Täublinge mit meist gut abziehbarer Huthaut; keine düsteren, schmutzig wirkenden, oftmals aber sehr blasse oder mattbraune, bisweilen sehr dunkle Farbmischungen ► 4

4.1 (3.3) Bei roher Kostprobe von etwas Fleisch vom Hutrand auch nach längerem Kauen mild schmeckende Arten (Kostprobe nicht schlucken, wieder ausspucken!) ► 5

4.2 Bei roher Kostprobe von etwas Fleisch vom Hutrand zumindest nach längerem Kauen scharf schmeckende Arten (Kostprobe nicht schlucken, wieder ausspucken!) ► 7

zu **4.1** und 2
Geschmacksprobe

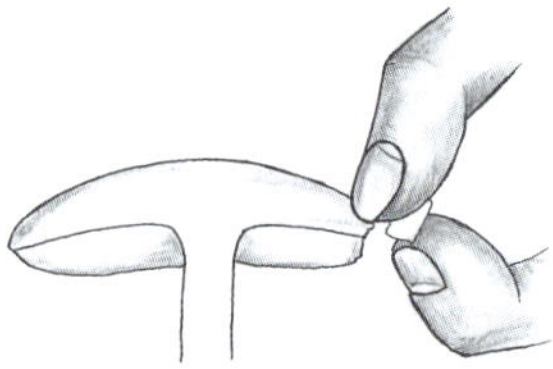

5.1 (4.1)	Reifer Pilz mit auffallendem Heringsgeruch und grüner Eisensulfat-Reaktion ($FeSO_4$) › Herings-Täublinge subgen. *Genuinae* p.p.	▸ S. 210
5.2	Pilze an Schnitt- und Kratzstellen, besonders am Stiel, meist erst rötend, schließlich (nach 10 bis 30 min) aber immer rußgrau verfärbend › Graustiel-Täublinge *Genuinae* p.p.	▸ S. 213
5.3	Ohne auffallenden Heringsgeruch, grüne $FeSO_4$-Reaktion und ohne rußgraue Verfärbung in der Stielrinde	▸ 6
6.1 (5.3)	Hut mit vielfarbig verschwommenen Tönen (grün, lila fleischfarben), selten einheitlich fleischfarben oder (gelb-) grün, Sporenpulver weiß, creme oder blassocker › Frauen-, Speise- und Reif-Täublingsähnliche subgen. *Genuinae* p.p.	▸ S. 206
6.2	Hut weiß bis gelb, rosa oder rot ohne andere Mischfarben; ziemlich hartfleischig › Zinnober-Täublingsähnliche	▸ S. 208
6.3	Gebrechliche, oft vielfarbige Pilze mit meist gerieftem Hutrand, jedoch nie schmierig; Sporenpulver ocker bis gelb › milde gebrechliche Dottersporer subgen. *Genuinae* p.p.	▸ S. 209
6.4	Kräftige Pilze mit braunem, olivgrünem oder vielfarbigem Hut, wobei oliv und trüb rotbraune Farben vorherrschen; Sporenpulver ocker bis gelb › kompakte milde Dottersporer subgen. *Genuinae* p.p.	▸ S. 211
7.1 (4.2)	Hut zitronengelb, schmutzig gelb, ocker bis olivstichig, Fleisch scharf, es kommen aber fast milde Exemplare vor › Ocker- und Gallen-Täubling *R. ochroleuca*, *R. fellea*	▸ S. 214
7.2	Hut glänzend weiß bis rot, höchstens dazwischen gelbfleckig; Sporenpulver weiß bis creme › Spei-Täublinge, Verblassender Täubling u. ä. Gruppen subgen. *Genuinae* p.p.	▸ S. 216
7.3	Ähnlich vorigen, aber oft noch grüne und lila Farbtöne untermischt › Hohlfuß-Täubling u. Ä. subgen. *Genuinae* p.p.	
7.4	Kräftige Täublinge mit meist metallisch glänzendem Stiel, der oft der Hutfarbe ähnlich heller überhaucht ist; Sporenpulver satt creme bis gelb › Blut-Täublingsähnliche und kompakte scharfe Dottersporer subgen. *Genuinae* p.p.	▸ S. 218

Teilschlüssel für Bauchpilze (T. B.)

Hier sind Pilze verschiedener Verwandtschaftsgruppen zusammengefasst, deren Fruchtlager sich im Inneren des Fruchtkörpers entwickelt und deren Sporen sich nicht aktiv verbreiten können.

Sie kommen vom Generalschlüssel (G. S. Nr. **1.**3).

1.1 Fruchtkörperentwicklung größtenteils unterirdisch, entweder bei Reife sternförmig oberirdisch aufreißend oder in der äußeren Form unveränderlich ▸ 2

1.2 Fruchtkörperentwicklung größtenteils oberirdisch ▸ 3

zu 1.1
Wetter-Erdstern

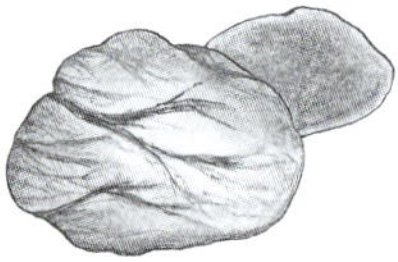

zu 1.1
Wurzeltrüffel

zu 1.2
Teuerling

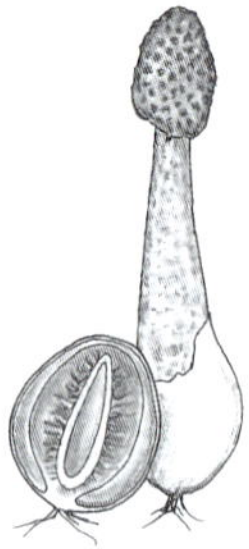

zu 1.2
Stinkmorchel

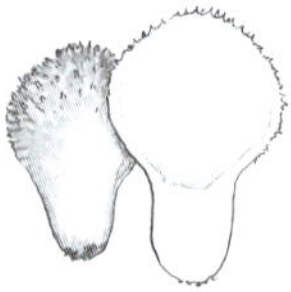

zu 1.2
Stäubling

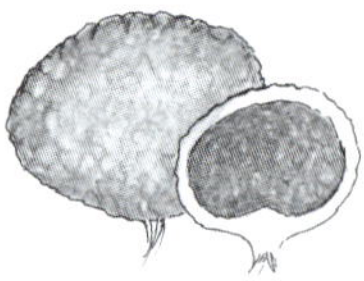

zu 1.2
Bovist

2.1 (1.1)	Fruchtkörper bei Reife sternförmig aufreißend, oft vom Standort gelöst mit staubendem, zentralem Sporenbehälter (Es gibt auch Schlauchpilze mit ähnlichem Entwicklungszyklus, z. B. den Eingesenkten Borstling *Sepultaria sumneriana*) › Erdsterne und Wetterstern *Geastrum* und *Astereus*	▸ S. 253
2.2	Fruchtkörper kugelig oder knollig unterirdisch wachsend, bei Reife bisweilen mit dem Scheitel hervorbrechend, oft von Tieren freigescharrt; reife Fruchtmasse matschig oder zumindest weich werdend; mit aromatischem, oft nicht angenehmem Geruch › Wurzeltrüffeln, Schleimtrüffeln u. Ä. *Melanogaster, Rhizopogon* u. Ä.	▸ S. 258
3.1 (1.2)	Stinkende Fruchtmasse bei Reife von einer porösen Trägersubstanz stiel-, gitter- oder sternförmig nach außen gestülpt › Ruten- und Blumenpilze *Phallus, Clathrus* u. Ä.	▸ S. 257
3.2	Fruchtmasse im Inneren reifend und durch eine zentrale Öffnung bzw. durch lappigen Zerfall passiv nach außen tretend oder als ganze Einzelpilzchen verfrachtet	▸ 4
4.1 (3.2)	Sammelfruchtkörper, bei dem in einem becherförmigen Schälchen eine Anzahl winziger Einzelpilzchen liegen › Teuerlinge *Crucibulum, Cyathus*	▸ S. 254
4.2	Einzelfruchtkörper selbstständig entwickelt	▸ 5
5.1 (4.2)	Fruchtkörper in ein Sporen tragendes Kopfteil und nicht zerfallendes Basisteil gegliedert › Stäublinge *Lycoperdon* u. Ä.	▸ S. 256
5.2	Fruchtkörper ohne sichtbare Gliederung, jung meist weiß, Außenschale weich › Riesenbovist, Wiesenboviste u. Ä. *Calvatia, Bovista* u. Ä.	▸ S. 255
5.3	Mykorrhizapilze mit Fruchtkörpern ohne Gliederung, aber mit starker Rhizomorphenbildung und gelegentlich stielartiger Verlängerung an der Basis, schon jung gelb, grauocker bis braun, Außenschale hart › Kartoffel-Boviste, Hartboviste *Scleroderma*	▸ S. 259

Stichwortregister

Artenregister

Die **fett** gedruckten Seitenzahlen verweisen auf die Artvorstellung des Pilzes im Kapitel „Welches sind die wichtigsten Arten?“ ab Seite 79.

Impressum

Mit 252 Farbfotos: 246 von **Hans E. Laux**, 1 von **Reinhard Agerer** (S. 35), 1 von **Achim Bollmann** (S. 59), 1 von **Otmar Diez** (S. 48/49), 1 von **Belozorova Elena/Shutterstock** (S. 54) und 3 von **Stefanie Tommes** (S. 60/61, 62, 72).
Mit 110 Zeichnungen: 18 Farbzeichnungen und 89 Schwarz-Weiß-Zeichnungen von **Dr. Rita Lüder**, 3 Wertigkeitssymbole von **Wolfgang Lang**.

Umschlaggestaltung von Nele Schütz Design, unter Verwendung von shutterstock/FotograFFF (Pfifferling), Arie v. d. Wolde (Fliegenpilz), Tomasz Czadowski (Morchel), Tanhu (Sammlerin), Smolina Marianna (Kind), Fedorovadz (Pilzpfanne), vitals (Steinpilze/Buchrücken), Art tori (diverse Pilze/Innenteil) und AdobeStock/Gabriella88 (Steinpilz). Gestaltung des Vor- und Nachsatzes von Eva Schmidt unter Verwendung von 30 Farbfotos von **Hans E. Laux** und 48 Farbzeichnungen von **Dr. Rita Lüder**.

Die **Aufmacherfotos** zeigen folgende Motive: Doppelseite 2/3: Schopf-Tintlinge (Coprinus comatus), Doppelseite 8/9: Waldlichtung mit Maipilzen (Calocybe gambosa), Doppelseite 42/43: Mädchen prüft gesammelte Pilze auf Madigkeit im Stiel, Doppelseite 48/49: Geschmacksprobe bei der Pilzbestimmung, Doppelseite 52/53: Giftpilze: Grünblättrige Schwefelköpfe (Hypholoma fasciculare), Doppelseite 60/61: Utensilien vor der Zubereitung von Pilzen, Doppelseite 78/79: Speise-Morcheln (Morchella esculenta), Doppelseite 270/271: Karbol-Egerlinge (Agaricus xantho derma).

Wichtige Hinweise für den Benutzer
Auch die ausführlichste Diagnose mit einem Pilzbuch kann die umfassende Erfahrung nicht ersetzen, die ein Pilzsammler erst im Laufe der Zeit erwirbt. Lassen Sie deshalb selbst bestimmte Pilze beim geringsten Zweifel an der Diagnose vorsichtshalber von einem Fachmann nachbestimmen (Pilzberatungsstellen, anerkannte Pilzberater). Im Zweifelsfall sollten Sie eine fragliche Art nicht verwenden. Verlag und Autor tragen keinerlei Verantwortung für Fehlbestimmungen durch den Leser dieses Buches und für individuelle Unverträglichkeiten.
Allgemein gilt: Pilze nie roh essen! Sofern nicht anders angegeben, schließt der Hinweis „essbar" stets ein, dass der Pilz zuvor durch Braten, Kochen etc. eine Hitzebehandlung erfuhr.

Genehmigte Lizenzausgabe 2024 für Nikol Verlagsgesellschaft mbH & Co. KG, Hamburg

Lektorat: Stefanie Tommes, Julia Grimm
Produktion: Siegfried Fischer, Johannes Geyer, Lilo Pabel
Grundlayout: eStudio Calamar
Vor-, Nachsatz- und Schlüsselgestaltung: Eva Schmidt, Isabell Schart
Druck und Bindung: Abedik SA
Printed in Poland
ISBN 978-3-86820-830-6
www.nikol-verlag.de

Die hier abgebildeten Pilze stellen exemplarisch Gattungsvertreter aus großen Ständerpilz-Gruppen dar. Auf der letzten Seite sind außerdem einige exemplarisch ausgewählte Gattungsvertreter aus Schlauchpilz-Gruppen zu sehen. Diese Darstellung soll einen Einblick in die Vielfalt und die Verwandtschaft der im Buch vorgestellten Pilze geben.

Röhrlingsverwandte
S. 80–107

Faserblättler
S. 108–192

Sprödblättler
S. 193–218

Großpilze
(Macromycetes)

Ständerpilze
(Basidomycetes)

Schlauchpilze →
(Ascomycetes)

Leistenpilzähnliche
S. 221–223

Stoppelpilzähnliche
S. 224–236

Porlingsähnliche
S. 239–250

auf der letzten Seite (b.w.)

Bauchpilzähnliche
S. 252–266

Niedere Ständerpilze
S. 260–264

Schlauchpilze
(Ascomycetes)

Becherlingsverwandte
S. 263–266

Kohlen-und Kugelpilze
S. 267–269